电化学工作站导论

Introduction to Electrochemical Workstation

陈昌国　刘渝萍　编著

化学工业出版社
·北京·

内容简介

本书系统介绍了电化学工作站的方法原理、相关理论、测试操作、应用实例分析。全书内容分为四部分。第一部分是电化学测试基础简介；第二部分是电化学分析测试系统，其中包括电化学工作站及其发展、运算放大器及其在电化学测试中的应用；第三部分是电化学实验技术的详细介绍；第四部分是核心内容，按照计时法（开路电位、电位阶跃、电流阶跃、电流扫描、电化学噪声等）、电位扫描伏安法、电位调制伏安法、交流阻抗法等分类，选择能够在多数电化学工作站运行的主要测试方法，对电位或电流激励波形与响应信号、常见操作界面及参数设置、相关理论基础、应用示例等内容进行逐一详细介绍。

本书可供电化学、电池、电镀、电解、腐蚀与防护、电分析化学和材料物理与化学等相关领域的科技人员参考。

图书在版编目（CIP）数据

电化学工作站导论/陈昌国，刘渝萍编著. --北京：化学工业出版社，2024.6
ISBN 978-7-122-45204-7

Ⅰ. ①电⋯ Ⅱ. ①陈⋯ ②刘⋯ Ⅲ. ①电化学-工作站 Ⅳ. ①O646

中国国家版本馆 CIP 数据核字（2024）第 051300 号

责任编辑：韩霄翠
文字编辑：毕梅芳　师明远
责任校对：李雨函
装帧设计：王晓宇

出版发行：化学工业出版社
　　　　　（北京市东城区青年湖南街 13 号　邮政编码 100011）
印　　装：大厂聚鑫印刷有限责任公司
710mm×1000mm　1/16　印张 17¾　字数 306 千字
2024 年 8 月北京第 1 版第 1 次印刷

购书咨询：010-64518888
售后服务：010-64518899
网　　址：http://www.cip.com.cn
凡购买本书，如有缺损质量问题，本社销售中心负责调换。

定　　价：128.00 元

前　言

　　电化学分析测试系统称为电化学工作站，是进行现代电化学分析测试的主要仪器。电化学工作站经历了与计算机发展和普及几乎同步的历程。从 20 世纪 80 年代出现，到近二十年的逐渐普及，正好满足了材料电化学、能源电化学、环境电化学以及太阳能电池等相关领域近年来大发展的需要。面对跨专业广泛使用电化学工作站的情况，笔者深感急需专门介绍电化学工作站的方法原理、相关理论、测试操作、应用实例分析等内容的专业书籍。

　　基于计算机化电化学分析测试系统的发展与普及，笔者多年前就有兴趣并计划撰写专门介绍现代电化学分析测试方法的专著。本书的撰写结合了笔者三十多年的现代电化学研究、理论教学、实验指导等经历，以及二十余年的电化学分析测试仪器及其计算机化软硬件开发经验。

　　本书包括四部分内容。第一部分是电化学测试基础简介；第二部分是电化学分析测试系统，其中包括电化学工作站及其发展、运算放大器及其在电化学测试中的应用；第三部分是电化学实验技术的详细介绍；第四部分是核心内容，按照计时法（开路电位、电位阶跃、电流阶跃、电流扫描、电化学噪声等）、电位扫描伏安法、电位调制伏安法、交流阻抗法等分类，选择能够在多数电化学工作站运行的主要测试方法，对电位或电流激励波形与响应信号、常见操作界面及参数设置、相关理论基础、应用示例等内容进行详细介绍。

　　在撰写过程中，笔者参阅了许多电化学文献资料。陈琳博士（实验技术）和郭朝中博士（调制伏安法）在校期间收集了相关章节的部分资料。在此一并感谢！

　　教授级实验师刘渝萍博士撰写了交流阻抗法的主要内容，其余由陈昌国撰写。全书由陈昌国负责统稿。

由于笔者水平有限，书中缺漏在所难免，敬请读者批评指正。

特别说明：①本书中的电流一般用小写字母 i 表示，但经差减、卷积、交流幅值等变换后则用大写字母 I 表示。②标注星号（＊）的方法由于使用范围有限或主要用于电化学检测器，故未对其展开介绍。

陈昌国

2023 年秋

于重庆大学虎溪花园

目　　录

第 3 章
电化学实验技术 ······························· 051

第 4 章

第 5 章
电位扫描伏安法 ······································· 143

第 6 章
电位调制伏安法 ······································· 189

第 1 章
电化学测试基础

1.1
电化学原理概述

电化学原理的主要内容包括：电解质溶液理论、电极/溶液界面双电层模型、电极电位、极化电流、极化曲线，其中电解质溶液理论的基本内容一般在大学化学的相关课程中都有介绍，此处只简要介绍后面四种。

（1）双电层模型

电极/溶液界面是电极反应的发生之地。电化学反应之所以表现出独特的性质，其关键就来自电极/溶液界面。为了搞清楚电极/溶液界面真实面貌，电化学家们先后提出过不同的双电层模型，具体包括：

1879 年 Helmholtz 提出的平板电容器模型（概念有 Helmholtz 层）。

1910～1913 年 Gouy-Chapman 提出的扩散双层模型（概念有紧密层和扩散层）。

1924 年 Stern 结合上述模型提出的 Stern 模型（概念有内 Helmholtz 层 IHP 和外 Helmholtz 层 OHP）。

1947 年 Grahame 根据离子的特性吸附提出的 Grahame 模型（概念有 Helmholtz 层与 Gouy-Chapman 层）。

1963 年 Bockris、Devanathan and Muller 根据溶剂分子效应提出的 BDM 模型，如图 1-1 所示。

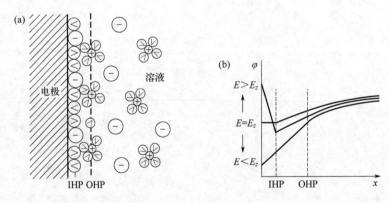

图 1-1　BDM 模型（a）及其电势随距离的分布（b）

这些模型都能部分地解释所观察到的实验现象，同时也帮助人们比较深入地理解了电极/溶液界面的结构。

（2）电极电位

电极电位是电化学体系的特征参数，与电极材料、活性物质浓度、电解质溶液类型密切相关。对反应物 O 和产物 R 完全可溶的电极反应：

$$O + ne^- \rightleftharpoons R$$

其电极电位的定量描述公式为 Nernst 方程：

$$E = E^{\ominus} + \frac{RT}{nF} \ln \frac{a_O}{a_R}$$

$$= E^{\ominus'} + \frac{RT}{nF} \ln \frac{c_O}{c_R}$$

式中，$E^{\ominus}$ 为标准电极电位；$E^{\ominus'}$ 为形式电位；活度 $a_O = \gamma_O c_O$，$a_R = \gamma_R c_R$，γ_O、γ_R 为活度系数。

（3）极化与极化电流

当控制电极的电位 E 偏离平衡电位 E_{eq} 时，则有电流 i 流过电极，这就是电极的极化现象。其电流称为极化电流，并规定过电位 $\eta = E - E_{eq}$（阳极极化为正，阴极极化为负）。当然也可控制通过电极的电流 i，并检测出过电位 η。

在电极过程动力学中，极化电流 i 是电极反应速率的宏观表现，定量公式包括以下两种。

① 塔菲尔（Tafel）经验式（线性关系，适用于强极化）：

$$\eta = a + b \lg |i| = b(\lg |i| - \lg i_0)$$

式中，a 与 b 为 Tafel 系数；i_0 为交换电流。

② Butler-Volmer（B-V）理论极化方程：

$$i = i_0 \{\exp(-\alpha n f \eta) - \exp[(1-\alpha) n f \eta]\}$$

式中，α 为电子转移系数；$f = F/RT$ 为转换因子，R 为气体常数，T 为测试温度；n 为电子转移数；η 为过电位。

在扩散控制的电极过程中，电流 i 与电极表面附近活性物质浓度 $c(x,t)$ 的梯度成正比（Fick 第一定律）：

$$i = nFAD[\partial c(x,t)/\partial x]_{x=0} \text{ 或 } i/(nFA) = D[\partial c(x,t)/\partial x]_{x=0}$$

式中，n 为电子转移数；F 为法拉第常数；D 为扩散系数；A 为电极面积。当 $c(0,t) = 0$ 且 $[\partial c(x,t)/\partial x]_{x=0}$ 为常数时，则表现出极限扩散电流 i_d。

（4）极化曲线

极化曲线是电极过程动力学的直观呈现，主要反映极化电流 i 随电极电位 E 的变化关系，一般采用伏安曲线（i-E），Tafel 曲线则为 $\lg i$-η 关系图。它们具体形式将在后面相关章节详细介绍。

1.2
电化学测量基础

　　电化学测量是在不同条件下对电极电位或电流的测量或控制。对电位或电流的不同控制形成了各种各样的电化学测量方法。如：控制电极电位按不同波形规律变化，可进行电位阶跃、线性电位扫描、脉冲电位扫描等测量；控制极化时间的不同可进行稳态与暂态法测量；使用常规电极、超微电极或旋转圆盘电极可明显改变电极的动力学规律，获取电化学体系的不同信息。

　　电化学测量包括电极电位、极化电流、电量、阻抗、频率等多种电学参数，其中电极电位和极化电流是电化学工作站最基本的测量，而阻抗等则是在此基础上通过数据变换处理得到的。

1.2.1　电极电位测量方法

　　电极电位的测量是电化学测试中最基本的测量，电位分析法可根据测得的电极电位直接进行分析，恒电位控制则需要测出电极电位才能进行反馈。

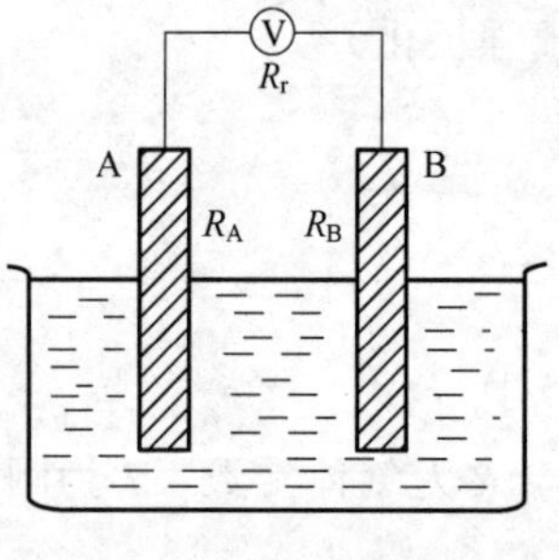

　　电极电位是两个电极组成的无液接界电位的电池电动势，或两电极间的开路电位差 ΔE_{AB}，如图 1-2 所示。

　　显然：

$$\Delta E_{AB} = E_A - E_B$$

图 1-2　电极电位测量电路示意图

　　用电压表测量时，由于电表的输入阻抗 R_r 和待测电化学体系内阻 R_{AB} 以及电极极化过电位 η 的存在，两个电极之间的端电压 U_{AB} 则为：

$$U_{AB} = \Delta E_{AB} - iR_{AB} - \eta_A - \eta_B$$

　　式中，$R_{AB} = R_A + R_B$。由于电表的输入阻抗 R_r 都在 $10^4\,\Omega$ 以上（表 1-1），总体上流过电极的电流 i 还是很小的，即两个电极的极化过电位 η_A、η_B 可以忽略。于是有：

$$U_{AB} \approx \Delta E_{AB} - iR_{AB}$$

因为 $U_{AB} = iR_r$，所以：

$$U_{AB}=\Delta E_{AB}/(1 + R_{AB}/R_r)$$

ΔE_{AB} 一般在伏特数量级，显然只有当 $R_{AB}/R_r>1000$ 时，测得的端电压才能与 ΔE_{AB} 的差别在毫伏级，从而达到电化学测量的基本要求。

表 1-1　常见电压测量仪器的输入阻抗

仪器名称	万用表（电压挡）	X-Y 记录仪	示波器	数字式电压表	pH 计	电化学工作站	对消法电位差计
输入阻抗 R_r/Ω	$10^4 \sim 10^5$	$10^4 \sim 10^6$	$\leq 10^6$	$10^7\sim10^8$	$>10^{12}$	$>10^{12}$	∞

在电化学测量体系中，电极的内阻 R_A 或 R_B 大小不一，有时差别很大。如玻璃电极、离子选择电极、半导体电极、存在钝化膜的电极等普遍内阻大，玻璃电极的内阻甚至达到 $R_{AB}\geq10^8\Omega$（表 1-2）。因此，玻璃电极测定溶液 pH 需要使用高阻（$\geq10^{12}\Omega$）pH 计，不能使用普通电压表。但在恒电位仪和电化学工作站中采用了场效应管的运算放大器，$10^{12}\Omega$ 以上的高输入阻抗完全能够适应并满足各种电极的内阻变化情况。

表 1-2　常见电化学部件的内阻

电化学部件	部分盐桥	固体膜电极	PVC 膜电极	玻璃电极
内阻 R_{AB}/Ω	$\geq10^4$	$10^4\sim10^6$	$10^5\sim10^8$	$10^6\sim10^9$

上述分析说明足够高的输入阻抗实质上可保证测量回路中的电流足够小，以减小两个电极上的欧姆极化，确保开路电压尽可能施加到测量仪器。同时，测量电路中的电流越小，电极发生的电化学极化越小，工作电极和参比电极的电极电位稳定性越好。

1.2.2　极化电流测量方法

极化电流的测量主要有两种方式：

① 在极化回路中串联电流表，选择电流表的合适量程测量电流。此法适于稳态体系的间断测量，不能进行快速、连续的测量。

② 使用电流取样电阻或电流-电压转换 I/V 电路，将极化电流信号转变成电压信号，然后用测量/控制电压的仪器进行测量或控制。此法适于极化电流的快速、连续、自动测量和控制。

另外，也可能需要对极化电流进行一定的处理后再行测量。例如，采用对数转换电路可将电流转换成对数形式进行测量，常用于早期测量半对数极化曲线；采用积分电路将电流积分后进行测量，可直接获得电量。

1.3
交流阻抗基础

1.3.1 基本元件及其阻抗特性

交流阻抗是交流电位与交流电流之比并随频率变化。电位信号和电流信号是同一频率、相位差 ϕ 的相关正弦信号。电流信号可由电位矢量旋转而得。复阻抗 Z 可表示为：

$$Z=Z'+jZ''$$
$$|Z|^2=Z^2=Z'^2+Z''^2$$

式中，$|Z|$（在不引起混淆时用 Z 表示）、Z'、Z'' 分别为阻抗的模与实部和虚部。

阻抗谱图主要有两种表示方法：一是阻抗复平面图，也称奈奎斯特图（Nyquist），是在不同角频率 ω 下，以 Z' 为横坐标，以 Z'' 为纵坐标的阻抗复平面图；二是波特图（Bode），以 $\lg f$ 为横坐标，以 Z（或 $\lg Z$）和 ϕ 为纵坐标的两条曲线图。

电阻、电容、电感是电学中的三种基本元件，其阻抗和导纳如表 1-3 所示。其中电容、电感的阻抗分别称为容抗和感抗。有时也采用导纳 Y（阻抗的倒数 $1/Z$）来表示阻抗特性。

表 1-3　电阻、电容和电感的阻抗特性

元件	响应信号[①]	阻抗 Z	导纳 Y	Nyquist 图	Bode 图
电阻 R	$I=I_m \sin(\omega t)$	$Z=R$ $Z'=R$ $Z''=0$	$Y=1/R$ $Y'=1/R$ $Y''=0$		
电容 C	$I=I_m \sin(\omega t +\pi/2)$	$Z=-j/\omega C$ $=-j/2\pi fC$ $Z'=0$ $Z''=-1/\omega C$ $=-1/2\pi fC$	$Y=j\omega C$ $Y'=0$ $Y''=\omega C$		
电感 L	$I=I_m \sin(\omega t -\pi/2)$	$Z=j\omega L$ $=j2\pi fL Z'=0$ $Z''=\omega L$ $=2\pi fL$	$Y=-j/\omega L$ $Y'=0$ $Y''=-1/\omega L$		

① 说明：电压激励信号为 $U=U_m \sin(\omega t)$。

1.3.2 复合元件及其阻抗特性

复合元件是指由电阻、电容、电感等简单元件通过串联、并联等多种方式组合的电路。常见的复合元件有电阻与电容串联、电阻与电感串联、电阻与电容并联、电阻与电感并联。

CDC 编码（circuit description code，电路描述码）采用括号"()"表示：①元件并列表示串联，加括号表示并联；②复合元件需加括号；③复杂电路中，奇数级括号表示其中元件并联，偶数级则为串联（0 为偶数，即不标记）。

例如：电阻 R 与电容 C 串联表示为 RC，并联表示为(RC)；R1(C(R2L))则表示 R1 与 1 级(⋯)串联，C 与 2 级(⋯)并联，R2 与 L 串联。

a. 当基本元件串联时，总阻抗等于各串联元件的阻抗之和，见表 1-4。对于 RC 和 RL 串联电路，Nyquist 图的特点是一条平行于虚轴的直线，而导纳图的特点是一个半圆。

b. 当基本元件并联时，总阻抗等于各并联元件导纳之和的倒数，见表 1-5。对于(RC)和(RL)并联电路，导纳图的特点是一条平行于虚轴的直线，而 Nyquist 图的特点是一个半圆。

表 1-4 复合元件串联电路的阻抗特性

特性	RC	RL
阻抗公式	$Z = R + \dfrac{1}{j\omega C} = R - \dfrac{j}{\omega C}$	$Z = R + j\omega L$ $\lg Z = 0.5\log\left[R^2 + (\omega L)^2\right]$
Nyquist 图		
Bode 图		

特性	RC	RL
导纳复平面图		
导纳公式	$Y = \dfrac{R(\omega C)^2}{1+(\omega RC)^2} + \mathrm{j}\dfrac{\omega C}{1+(\omega RC)^2}$	$Y = \dfrac{R}{R^2+(\omega L)^2} - \mathrm{j}\dfrac{\omega L}{R^2+(\omega L)^2}$

（1）复合元件 RC 串联

① 高频区。即 $\omega \to \infty$，$\omega C \gg 1$，$Z=R$，$\phi=0$，说明 RC 电路在高频区的阻抗特性类似于纯电阻；$\lg Z$-$\lg f$ 图表现为一条平行于频率轴的水平线，阻抗值为 $\lg R$。高频处电容等效为短路，复合阻抗等于电阻。

② 低频区。即 $\omega \to 0$，$\omega C \ll 1$，$Z \approx 1/\omega$，$\lg Z \approx -\lg \omega - \lg R$，$\phi=\pi/2$，说明 RC 电路在低频区的阻抗特性类似于纯电容；ϕ-$\lg f$ 图表现为一条平行于频率轴的水平线，相位为 $\pi/2$；$\lg Z$-$\lg f$ 图表现为斜率为-1 的直线。低频处电容等效为开路，复合阻抗无穷大。

表 1-5 复合元件并联电路的阻抗特性

特性	(RC)	(RL)
阻抗公式	$Z = \dfrac{R}{R^2+(\omega RC)^2} - \mathrm{j}\dfrac{\omega R^2 C}{1+(\omega RC)^2}$ $\lg Z = \lg R - 0.5\lg\left[1+(\omega RC)^2\right]$	$Z = \dfrac{R}{1+\left(\dfrac{R}{\omega L}\right)^2} + \mathrm{j}\dfrac{R^2}{\omega L\left[1+\left(\dfrac{R}{\omega L}\right)^2\right]}$ $\lg Z = \lg R - 0.5\lg\left[1+\left(\dfrac{R}{\omega L}\right)^2\right]$
Nyquist 图		
Bode 图		

特性	(RC)	(RL)
导纳复平面图		
导纳公式	$Y = \dfrac{1}{R} + \mathrm{j}\omega C$	$Y = \dfrac{1}{R} - \mathrm{j}\dfrac{1}{\omega L}$

（2）复合元件 RL 串联

① 高频区。即 $\omega \to \infty$，$\omega L \gg 1$，$Z=\omega L$，$\lg Z=\lg\omega+\lg L$，$\tan\phi=-\omega L/R \to -\infty$，说明 RL 电路在高频区的阻抗特性类似于纯电感。$\lg Z$-$\lg f$ 图表现为斜率为+1的直线；ϕ-$\lg f$ 图表现为一条平行于频率轴的水平线，相位为$-\pi/2$。

② 低频区。即 $\omega \to 0$，$Z \approx R$，$\tan\phi \to 0$，说明 RL 电路在低频区的阻抗特性类似于纯电阻。$\lg Z$-$\lg f$ 图表现为一条平行于频率轴的水平线；ϕ-$\lg f$ 图表现为一条平行于频率轴的水平线，相位为 0。

（3）复合元件(RC)并联

① 高频区。即 $\omega \to \infty$，$Z \approx 1/\omega C$，$\lg Z=-\lg\omega-\lg C$，$\tan\phi =\omega RC \to \infty$，$\phi =\pi/2$，说明(RC)电路在高频区的阻抗特性类似于纯电容。$\mathrm{Lg}Z$-$\lg f$ 图表现为一条斜率为-1的直线；ϕ-$\lg f$ 图表现为一条平行于频率轴的水平线。高频处电容等效为短路，复合阻抗为零。

② 低频区。即 $\omega \to 0$，$Z \approx R$，$\tan\phi \approx 0$，说明(RC)电路在低频区的阻抗特性类似于纯电阻。$\lg Z \sim \lg f$ 图表现为一条平行于频率轴的水平线；ϕ-$\lg f$ 图表现为一条平行于频率轴的水平线。低频处电容等效为开路，复合阻抗等于电阻。

（4）复合元件(RL)并联

① 高频区。即 $\omega \to \infty$，$\lg Z \approx \lg R$，$\tan\phi=-R/\omega L \to 0$，说明(RL)电路在高频区的阻抗特性类似于纯电阻。$\lg Z$-$\lg f$ 图表现为一条平行于频率轴的水平线；ϕ-$\lg f$ 图表现为一条平行于频率轴的水平线，相位为 0。

② 低频区。即 $\omega \to 0$，$\lg Z \approx \lg \omega L$，$\tan\phi \to -\infty$，说明(RL)电路在低频区的阻抗特性类似于纯电感。$\lg Z$-$\lg f$ 图表现为一条斜率为 1 的直线；ϕ-$\log f$ 图表现为一条平行于频率轴的水平线，相位为$-\pi/2$。

1.3.3 其他等效电路元件及其阻抗特性

在电化学阻抗谱中，除了等效电阻 R、等效电容 C、等效电感 L 外，还有几种重要的等效电路元件，如恒相元 Q、Warburg 阻抗元件 W、双曲余切元件 O、双曲正切元件 T、Gerischer 阻抗 G。各元件的符号和阻抗的表示见表 1-6。R、C、L、Q、W 常与电化学分析、腐蚀、半导体领域有关。T、O、G 属于扩散阻抗，主要与电池有关。

表 1-6 等效电路元件及其阻抗

等效元件	符号	导纳 Y	阻抗 Z	参数
电阻	R	$1/R$	R	R
电容	C	$j\omega C$	$-j/(\omega C)$	C
电感	L	$-j/(\omega L)$	$j\omega L$	L
恒相元	Q 或 CPE	$Y_0(j\omega)^n$	$1/Y_0(j\omega)^n$	Y_0, n
Warburg 阻抗	W	$Y_0(\omega/2)^{1/2}(1+j)$	$[1/Y_0(2\omega)^{1/2}](1-j)$	Y_0
双曲余切元件	O 或 Ws	$Y_0(j\omega)^{1/2}\coth[B(j\omega)^{1/2}]$	$[1/Y_0(j\omega)^{1/2}]\tanh[B(j\omega)^{1/2}]$	Y_0, B
双曲正切元件	T 或 Wo	$Y_0(j\omega)^{1/2}\tanh[B(j\omega)^{1/2}]$	$[1/Y_0(j\omega)^{1/2}]\coth[B(j\omega)^{1/2}]$	Y_0, B
Gerischer 阻抗	G 或 GE	$Y_0(K+j\omega)^{1/2}$	$Y_0^{-1}(K+j\omega)^{1/2}$	Y_0, K

说明：$B=l/D^{1/2}$；$Z_0=1/Y_0$；$\sigma=1/Y_0 2^{1/2}$；Euler 公式 $j^{\pm n}=\exp\left(\pm j\dfrac{n\pi}{2}\right)=\cos\left(\dfrac{n\pi}{2}\right)\pm j\sin\left(\dfrac{n\pi}{2}\right)$。

（1）恒相元

恒相元 Q（即常相位元件，constant phase element，CPE）是描述电容参数发生的偏离元件，其特点是相位与频率无关。在实际电化学体系中，固体电极的双电层电容频响特性与纯电容有所区别，常常观察到或大或小的偏离，这种现象称之为"弥散效应"，故用等效电路元件 Q 来表示，其阻抗 Z 为：

$$Z_Q=1/Y_0(j\omega)^n$$
$$Z'_Q=(1/Y_0\omega^n)\cos(n\pi/2)$$
$$Z''_Q=(1/Y_0\omega^n)\sin(n\pi/2)$$

式中，$0<n<1$。对应的导纳 Y 为：

$$Y_Q=Y_0(j\omega)^n$$
$$Y'_Q=Y_0\,\omega^n\cos(n\pi/2)$$
$$Y''_Q=Y_0\,\omega^n\sin(n\pi/2)$$

式中，Y_0 的量纲为 $\Omega^{-1}\cdot cm^{-2}\cdot s^{-n}$ 或 $S\cdot cm^{-2}\cdot s^{-n}$，$n$ 为无量纲指数。

由以上公式可以得到 Q 的相位角的正切、阻抗、导纳分别为：

$$\tan\phi=\tan(n\pi/2), \phi=n\pi/2$$
$$Z_Q=1/Y_0\,\omega^n=1/Y_0(2\pi f)^n$$
$$Y_Q=Y_0\omega^n=Y_0(2\pi f)^n$$
$$\lg Z_0=-n\,\lg(2\pi f)-\lg Y_0$$
$$\lg Y_0=n\,\lg(2\pi f)+\lg Y_0$$

Q 的 Bode 图中 $\lg Z$-$\lg f$ 图是斜率为$-n$ 的直线，ϕ-$\lg f$ 图是平行于横轴的平行线，见图 1-3；Nyquist 图是一条从原点出发的直线，见图 1-4。

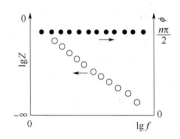

图 1-3　恒相元 Q 的 Bode 图　　　　图 1-4　恒相元 Q 的 Nyquist 图

(RC)和(RQ)的 Nyquist 图形比较：如图 1-5 所示，其中 C 是纯电容，Q 是 CPE。当 $n=1$ 时，Q 相当于一个纯电容；当 $n=-1$ 时，Q 相当于一个纯电感；当 $n=0$ 时，Q 相当于一个纯电阻。对固体电极，双电层电容表现为相位角小于 90°；对理想电极，$n=1$；一般 $0.5<n<1$，Nyquist 图表现为旋转了一定角度的半圆（图 1-6），这个现象被认为是由电极表面粗糙度或表面非均匀性造成的。

可以推导出旋转半圆：直径 $R_r(1+1/b^2\,C_d^2)^{1/2}$；圆心（$R_r/2$，$R_r/2bC_d$）；转角 $\tan\alpha=1/bC_d$。其中，R_r 为变形半圆的底边长度，C_d 为变形半圆最高点 ω^* 计算出的微分电容，b 为经验常数（对应阻抗实部 $Z'=b/\omega$）。

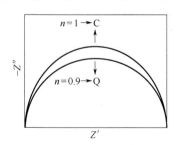

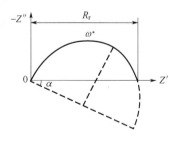

图 1-5　(RC)与(RQ)的 Nyquist 图　　　　图 1-6　Nyquist 图上的半圆旋转

注意：在阻抗拟合软件 ZView 中（见附录），CPE 分为了 CPE#1 和 CPE#2 两种，其中，CPE#1=CPE（参数 CPE-T=Y_0，CPE-P=n）；CPE#2=QPE（参数 QPE-Q=$Y_0^{1/n}$，QPE-n=n）。尽管两者的参数表达式稍有不同，但其拟合效果是相似的。

（2）Warburg 阻抗——半无限扩散阻抗

在浓差极化时，电极体系的法拉第阻抗由电荷传递电阻 R_p 和浓差极化阻抗组成。浓差极化阻抗又称为 Warburg 阻抗（W）。Warburg 阻抗是半无限扩散阻抗，用来描述电荷通过扩散穿过某一阻挡层时的电极行为。半无限扩散层是指溶液中的扩散区域，即在定态下扩散粒子的浓度梯度为定值的区域，扩散层厚度为无穷大。一般扩散层厚度大于数厘米后，即可认为满足这一条件。

在低频时，带电荷的离子可以扩散到很远的位置，甚至穿透扩散层，产生有限厚度的 Warburg 元件。如果扩散层足够厚或致密，将导致极低频率下离子无法穿透，从而形成无限厚度的 Warburg 元件。此时，法拉第阻抗中的 Warburg 阻抗为：

$$Z_W=(1-j)\sigma/\omega^{1/2}$$
$$\sigma=(1/c_O^0 D_O^{1/2}+1/c_R^0 D_R^{1/2})RT/2^{1/2}n^2F^2$$

式中，c_O^0、D_O 及 c_R^0、D_R 分别为氧化态和还原态的本体浓度与扩散系数。显然有：

$$Z_W'=\sigma/\omega^{1/2}$$
$$Z_W''=-\sigma/\omega^{1/2}$$
$$\tan\phi=1(\phi=45°)$$

式中，ϕ 为相位。上式表明，Warburg 阻抗的实部和虚部的大小相等，即在 Nyquist 图上是一条倾角为 $\pi/4$（45°）的直线，见图 1-7（a）。扩散过程一般发生在低频部分，所以 Warburg 阻抗常与电阻串联。图 1-7（b）是 Warburg 阻抗的 Bode 图。

含有电极反应阻抗的 Warburg 阻抗的 Nyquist 图如图 1-8 所示。若是球面电极，则其半径对 Warburg 阻抗也有很大影响，如图 1-9 所示。

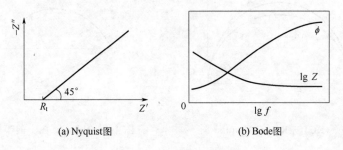

(a) Nyquist图   (b) Bode图

图 1-7　Warburg 阻抗特性图

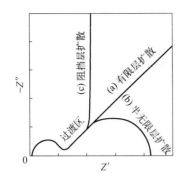
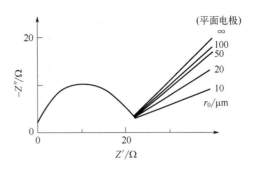

图 1-8　含反应阻抗和 Warburg　　图 1-9　不同球面电极半径的 Warburg 阻抗
　　　　阻抗的 Nyquist 图

（3）双曲余切元件——有限层扩散阻抗

双曲余切元件（O）是平面电极在有限层扩散的阻抗。有限层扩散是指滞流层厚度有限，即当距离电极表面有限长度 $x=l$ 时，$\Delta c=0$。有限层扩散阻抗 Z_d 为：

$$Z_d = Z_0 \left(\frac{\sinh z + \sin z}{\cosh z + \cos z} - \mathrm{j}\frac{\sinh z - \sin z}{\cosh z + \cos z} \right)$$

$$Z_0 = \frac{\gamma Z_F^0 |I_F|}{nFC_S\sqrt{2\omega D}}$$

式中，$z =(2\omega/Dl)^{1/2}$；γ 是反应物在电极反应中的级数；I_F 是法拉第电流；Z_F^0 是法拉第阻抗（可为 R_f）；C_S 是电极表面附近反应物浓度。

$$\tan\phi = \frac{\sinh z - \sin z}{\sinh z + \sin z}$$

$$Z_d' = Z_0 \frac{\sinh z + \sin z}{\cosh z + \cos z}$$

$$Z_d'' = Z_0 \frac{\sinh z - \sin z}{\cosh z + \cos z}$$

有限层扩散阻抗的 $\tan\phi$-f 曲线如图 1-10（a）所示。元件 O 是膜中含有固定电活性物质的阻抗特征。典型的例子就是薄层电解池，电池或超级电容也可能有此特征。因电活性物质的量固定，一旦消耗完就不能补充。

（4）双曲正切元件——阻挡层扩散阻抗

双曲正切元件（T）是平面电极具有阻挡层的扩散阻抗。如果在离电极表面距离 l 处有一壁垒阻挡了扩散物质的流入，则扩散过程只能在厚度为 l 的液层中进行，这种扩散过程称为阻挡层扩散。元件 T 一般来自有限扩散层、电活性物质薄膜、电池或超级电容器等。阻挡层的扩散阻抗 Z_d（Z_0 同上）为：

$$Z_d = Z_0 \left(\frac{\sinh z - \sin z}{\cosh z - \cos z} - j \frac{\sinh z + \sin z}{\cosh z - \cos z} \right)$$

$$\coth \phi = \frac{\sinh z + \sin z}{\sinh z - \sin z}$$

$$Z_d' = Z_0 \frac{\sinh z - \sin z}{\cosh z - \cos z}$$

$$Z_d'' = Z_0 \frac{\sinh z + \sin z}{\cosh z - \cos z}$$

阻挡层的扩散阻抗 $\tan\phi$-f 曲线如图 1-10（b）所示。

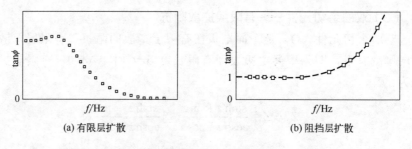

(a) 有限层扩散　　　　　　　　　(b) 阻挡层扩散

图 1-10　有限层与阻挡层扩散阻抗特性 $\tan\phi$-f 曲线

1.4
交流阻抗测量方法

交流阻抗法是电化学测量中主要的交流电测量方法，在电化学研究中具有重要作用。以前的交流阻抗测量较为困难，频率范围也有限。电化学工作站的出现彻底改变了这一状况，现在的阻抗测定已经常规化，应用日益广泛。

交流阻抗测量可分为控制电位法和控制电流法，都是在直流分量上叠加小幅度的正弦交流分量（电位或电流）作为激励信号并施加到待测体系，检测响应信号（电流或电位），经数据处理求出交流阻抗的幅值和相位。根据测量原理，交流阻抗法又可分为频域法（单频测量）和时域法（傅里叶变换多频测量）。

常见交流阻抗的测试方法如表 1-7 所示。

表 1-7　常见交流阻抗测试方法

测量方法	频率范围
直接比较法	单频
电桥法	单频
李沙育（Lissajous）图形法	单频
快速傅里叶变换（FFT）法	单频/多频
频率响应分析（FRA）法（自相关函数法）	单频
其他（方波电流法、选相调辉法）	单频

1.4.1　直接比较法

如图 1-11 所示，早期的直接比较法是采用双踪示波器（高频）或双通道记录仪（低频）记录电化学测量体系的激励-响应信号（电位/电流）的波形，然后进行图形处理和计算的一种交流阻抗测试方法。此法较为简单，精度不高。现在的电化学工作站可以利用计算机进行曲线拟合，阻抗的测试精度大大提高，可与频响法相比较。

1.4.2　电桥法

电桥法（bridge method）是根据电桥平衡原理测定交流阻抗的传统方法，如图 1-12 所示。P 为直流偏置极化电压，G 为交流信号源，一般设置桥臂阻抗 $Z_3=Z_4=R$（纯电阻）。调节阻抗 Z_2 使噪声检测器 ND 输出为零（可用耳机听或示波器看），则电解池的阻抗 $Z_{cell}=Z_2$。Z_2 由可变电阻 R_s 和可变电容 C_s 通过

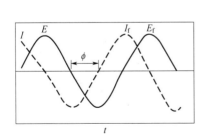

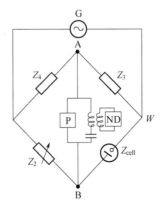

图 1-11　直接比较法示意图　　　　图 1-12　电桥法原理图

串联或并联组成。此法灵敏度较高，适用于中频范围（20Hz～20kHz）。为提高检测灵敏度，也可在检测器之前增加选频放大器。

1.4.3　李沙育图形法

李沙育（Lissajous）图形法是采用 X-Y 示波器（高频）或函数记录仪（低频）记录图形，然后进行图形处理的一种交流阻抗测试方法。原理如下。

设：交流电压 $U(t)=U_m \sin(\omega t)$，交流电流 $i(t)= i_m \sin(\omega t+\phi)$，则电流取样电阻 R_I 的交流电压：$I_R(t)= i(t)R_I =R_I i_m \sin(\omega t+\phi)=I_m \sin(\omega t+\phi)$。

将 $U(t)$ 输入 X 轴，$I_R(t)$ 输入 Y 轴，可得一个旋转了角度 ϕ 的椭圆，即 Lissajous 图（图 1-13），其方程为：

$$\frac{U^2}{U_m^2}+\frac{I_R^2}{I_m^2}+\frac{2UI_R}{U_m I_m}\cos\phi = \sin^2\phi$$

推导中利用了以下关系：

$$\sin(\omega t+\phi)= \sin(\omega t)\cos(\phi)+ \cos(\omega t)\sin(\phi);\quad \cos^2(\omega t)= 1-\sin^2(\omega t)$$

当 ϕ=90°时，上述方程为标准椭圆方程；当 ϕ=0°时，则为直线方程。

由上可知：$Z=U_m/i_m =R_I U_m/I_m$，于是：

$$Z'=Z\cos\phi=R_s ;\quad Z''=Z\sin\phi=1/\omega C_s$$

根据图 1-13 可以在两个坐标轴上读出与椭圆相切的最大点：$X_{max}=R_s$、$Y_{max}=1/\omega C_s$。

在实际测量中,交流电压信号都比较小(约 10mV)，噪声常会引起 Lissajous 图形畸变（图 1-14），此时最好采用选频放大器，甚至相敏检波器（PSD）。

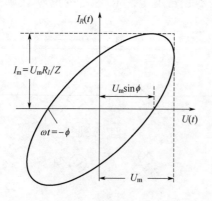

图 1-13　Lissajous 示意图

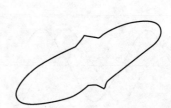

图 1-14　噪声引起 Lissajous 图形畸变

现在有的电化学工作站在测量交流阻抗时也把 Lissajous 图在屏幕上显示

出来，通过椭圆形状可以很方便地观察交流信号噪声的影响情况。

1.4.4　快速傅里叶变换法

根据傅里叶变换公式：

$$F(\omega) = \frac{1}{\sqrt{2\pi}} \int_{-\infty}^{\infty} F(t) \mathrm{e}^{-\mathrm{j}\omega t} \, \mathrm{d}t$$

将交流电位 $E(t)$ 和交流电流 $i(t)$ 经过傅里叶变换为 $E(\omega)$ 和 $i(\omega)$，则交流阻抗定义为 $Z(\omega) = E(\omega)/i(\omega)$。这就把时域的电位/电流交流信号转变为了频域的交流阻抗。在电化学工作站中利用上位 PC 计算机进行离散化的快速傅里叶变换（FFT）是非常简单的事。

FFT 法的特点是可以同时获得多个频率下的阻抗。即使单频率激励，FFT 法也可能观察到非待测频率的响应信号分布。这对深入了解电化学工作站的频率响应特性或干扰与噪声情况很有帮助。

1.4.5　频率响应分析法

频率响应分析法（frequency response analysis，FRA）简称频响法，是根据自相关函数（self-correction function）的原理进行数值积分的阻抗测量方法。其积分运算也可通过硬件实现，如通用的频响仪。采用积分原理的 FRA 方法抗干扰能力强，特别适合于毫伏级小信号激励的电化学交流阻抗测定，电化学工作站大多采用这一方法。

如图 1-15 所示，设有交流信号：电位 $u(t) = u_\mathrm{m} \sin(\omega t)$；电流 $i(t) = i_\mathrm{m} \sin(\omega t + \phi)$。则体系的交流导纳 $Y(\omega) = i(t)/u(t) = Y(\omega)\sin(\omega t + \phi)$，其模 $Y(\omega) = i_\mathrm{m}/u_\mathrm{m}$，相角为 ϕ。交流阻抗是导纳的倒数，即 $Z(\omega) = u_\mathrm{m}/i_\mathrm{m} = 1/Y(\omega)$，相角为 $-\phi$。

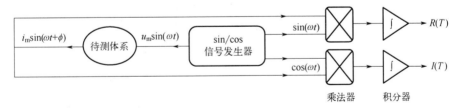

图 1-15　频率响应分析原理图

根据相关原理，采用 $\sin(\omega t)$、$\cos(\omega t)$ 分别与 $Y(\omega)$ 作用后进行积分，可得 $R(T)$、$I(T)$：

$$R(T) = (u_\mathrm{m}/T) Y(\omega) \int_0^T \sin(\omega t) \sin(\omega t + \phi) \mathrm{d}t;$$

$$I(T)=(u_{\mathrm{m}}/T)Y(\omega)\int_0^T\cos(\omega t)\sin(\omega t+\phi)\mathrm{d}t$$

若积分时间取为交流信号周期的整数倍 $T=N\pi/\omega(N=1,2,3,\cdots)$，则根据三角函数的积分特性可得：$R(T)=(u_{\mathrm{m}}/2)Y(\omega)\cos\phi$；$I(T)=(u_{\mathrm{m}}/2)Y(\omega)\sin\phi$

最后可计算出：$Y(\omega)=2/u_{\mathrm{m}}[R(T)^2+I(T)^2]^{1/2}$；$\phi=\arctan[I(T)/R(T)]$

对采集的电流信号（恒电位模式）或电位信号（恒电流模式）进行数据处理时，需将上述积分离散化。设 $N=T/\Delta T$，则有

$$R(T)=\frac{2}{N}\sum_{n=0}^{N-1}\sin(n\omega\Delta T)\cdot i(n\Delta T)$$

$$I(T)=\frac{2}{N}\sum_{n=0}^{N-1}\cos(n\omega\Delta T)\cdot i(n\Delta T)$$

若用双通道技术同时采集交流电位信号和交流电流信号，则需根据上述方法分别求出各自的幅值与相位，再计算交流阻抗的幅值与相位。

1.4.6 高频阻抗测试中的二次采样技术

现在的电化学工作站测量交流阻抗的频率普遍都可达 1MHz，这就要求采样速率至少大于 2 MHz，必须采用高速 AD 才能实现。为了克服这个问题，提出了二次采样技术（sub-sampling），如图 1-16 所示。

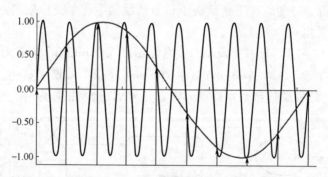

图 1-16　交流信号二次采样技术原理（引自文献[15]）

具体办法是精确控制采样时间脉冲，将原来每周期需要采集的各数据点分散到多个周期完成，每周期只采一点。于是 AD 采样速率可以大大降低，即用低速 AD 实现了高频率正弦波的完整采样。

第 2 章
电化学分析测试系统

计算机电化学分析测试系统称为电化学工作站,是进行现代电化学分析测试研究的基本工具。它是随着个人计算机（PC）的普及而逐渐发展起来的。

　　众所周知,恒电位 E 或恒电流 I 是电化学分析测试的基本要求,所以恒电位仪和恒电流仪是电化学分析测试系统的核心部件。在电化学工作站之前,电化学测试主要采用"信号发生器-恒电位仪-记录仪"搭建组成的测试装置,电化学分析则有成套的（示波）极谱仪或（溶出）伏安仪,后又出现过能够满足多种电化学测试需要的电化学综合测试仪。但是随着计算机化电化学分析测试系统的普及,它们已经被逐渐取代。

2.1
电化学工作站简介

　　20 世纪 60 年代曾报道过由大型计算机控制的电化学测试系统,主要用于快速傅里叶变换（FFT）方法测定电化学体系的交流阻抗。

　　1980 年前后,各种计算机的出现为计算机化电化学分析测试系统奠定了基础,各种自行研制的计算机化电化学分析测试系统也有陆续报道。其中最有代表性的是采用 Apple Ⅱ 系列计算机控制并带 IEEE488 并行通信接口的美国 EG&G 273A 和英国 Solartron 的频率响应分析测试仪。

　　20 世纪 90 年代中期,随着 PC 计算机的广泛普及,尤其是 Windows 95 操作系统的使用,多个厂家先后推出了不同的计算机化电化学分析测试系统,如美国 EG&G 263、美国 BAS 100W、美国 CHI600 系列、荷兰 AutoLab PG 系列、中国 LK98 系列等。

　　进入 2000 年后,随着 Windows 操作系统的日益完善和普及,计算机化电化学分析测试系统功能强大、型号繁多,如国内的生产厂家有:天津兰力科公司、上海辰华公司、江苏江分电分析仪器公司、武汉科斯特公司、郑州瑞斯特公司、北京中腐公司、江苏东华公司等。

2.1.1　系统组成与结构

　　如图 2-1 所示,计算机化电化学分析测试系统由 PC 计算机、通信线、主机和外引电极连线等组成。通信线可以是并行的 IEEE488 也可是串行的 RS232 或 USB;曾经流行的 RS232 有逐渐被 USB 取代的趋势;亦有采用网线作为通信线的。

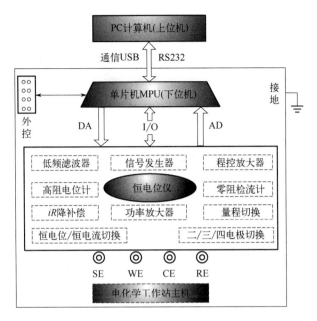

图 2-1 计算机化电化学分析测试系统的组成与结构

电化学工作站的主机一般都由单片机直接控制数模转换器（DA）和模数转换器（AD）以及继电器的切换，并且已由早期的 8 位机（如 Z80、C51）转向 16 位机（如 C80196）、32 位机（如 Intel80386）。

PC 计算机（称为上位机）主要完成方法选择、参数设置、发送命令、接收数据、数据与图形处理等任务。电化学工作站对计算机的配置要求不高，一般只要能够运行当前流行的 Windows 操作系统即可。

主机中的模数/数模转换器（AD/DA）的位数与转换速率对电化学工作站的性能影响很大。其中并行 AD/DA 的位数基本上已由早期的 12 位普及到了 16 位甚至 18 位，AD/DA 的转换速率也都达到了 1MB/s；当然串行 AD 的位数也有采用 24 位的，只是速度稍慢（＜1kHz）。

2.1.2 主要性能与技术指标

电化学工作站的性能由其技术指标决定，具体包括硬件指标、软件功能、控制与测量误差等。电化学工作站的硬件技术指标多达六十余项，其软件中的测试方法一般有二十多种（有的可近五十种）。表 2-1 列出了常见电化学工作站的主要性能指标。当然生产厂家也在不断改进，推出新型号，性能指标也在不断提高。

表 2-1 常见电化学工作站的主要性能指标

No	仪器型号	槽压/V	控制电压/V	控制电流/A	电位扫速/(V/s)	交流阻抗频率/MHz
1.	Solartron 1287/1260	±30	±14.5	±2	100~0.0001	32
2.	AutoLab PGSTAT302	±30	±10	±2	10000~0.0001	1
3.	Zahner IM6ex	±12	±10	±1	10~0.0001[①]	3
4.	CHI660D	±12	±10	±0.25	10000~0.00001	1
5.	LK2100C	±15	±10	±1	1000~0.00001	3
6.	LK98BⅡ	±50	±10	±0.5	1000~0.0001	—

① 样本上未标注。

由于用户对性能指标的需求不同,仪器生产厂家也会根据市场需求组合出不同的型号来满足用户的要求。一般来说,主要用于电化学测试的,有时需要高槽压和/或大电流,而电化学分析则需要电流灵敏度高。也有生产厂家采用扩展器来提高电化学工作站的性能,如功率扩展器、微电流检测器(或法拉第箱)、库仑检测器、频响仪等。

2.1.3 系统软件

电化学工作站的软件安装一般都比较简单,通常是运行安装目录中的"Setup.EXE"即可。图 2-2 是 LK 系列和 CHI660B 安装后启动时的主界面及其测试方法选择。

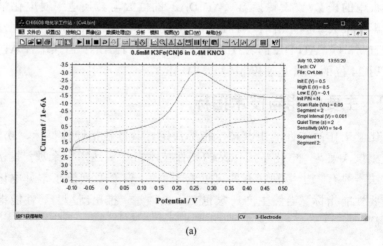

(a)

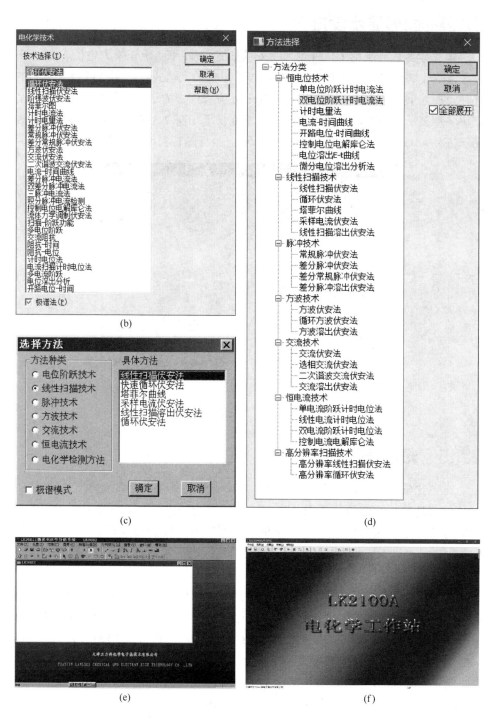

图 2-2 CHI660B（a）～（b）和 LK 系列（c）～（f）主界面及其方法选择

2.1.4 图形显示设置

电化学测试结果的 $I\text{-}V$ 曲线一般按照左小右大、下负上正排列电位、电流（阳极电流为正、阴极电流为负）。在求解电流/电位的表达式时，又常以 O/R 体系的还原反应为例，以便与电极电位及其 Nernst 方程规定的还原电位相一致。但在文献中各种表示法均有，为此电化学工作站提供了如图 2-3 所示的自定义设置。为阅读方便，书中尽可能将文献中的电位/电流坐标轴转换为常规表示。

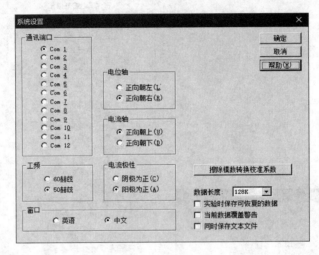

图 2-3 系统设置

2.1.5 滤波器等设置

在电化学工作站中，信号滤波和 iR 降补偿是伴随每个电化学测试方法的硬件控制功能，故有的仪器设计在每一个测试方法之中，如图 2-4 所示；也有不随方法分别设置的，而是在"菜单→控制"中进行统一设置。

2.1.6 特殊的数值表示法

电化学测量的电学参数的范围跨度超过 10 个数量级，如电流 10^{-15}A（1fA）～1A、电阻 $10^{-3}\Omega$（1mΩ）～$10^9\Omega$（1GΩ）、交流频率 10^{-5}Hz（10μHz）～10^7Hz（10MHz）、电位扫描速度 10^{-6}V/s（1μV/s）～10^6V/s（1MV/s）等。

为了简化输入方式和数据记录，既可采用科学记数法的指数形式，如 3.21×10^{-12}A；也可把国际单位制中的数量级冠词（表 2-2）放在物理量单位的前面，如毫伏（mV）、纳安（nA）、兆欧（MΩ）等。

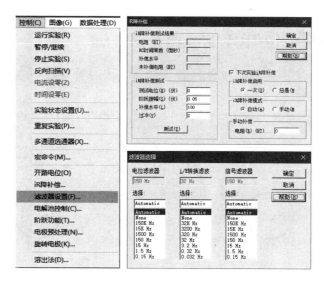

图 2-4　信号滤波和 iR 降补偿设置

表 2-2　常见电压测量仪器的输入阻抗

10^9	10^6	10^3	10^0	10^{-3}	10^{-6}	10^{-9}	10^{-12}	10^{-15}
G	M	k	—	m	μ	n	p	f

　　另一种方法是把数量级冠词放在物理量数值的最后,此时的物理量则为国际单位:电压 V,电流 A,阻抗 Ω(Ohm),电容 F,电感 H 等。如:0.002V=2mV=2m V;0.000000005A=5nA=5n A。这种表示方法在电化学工作站中输入参数时很方便,且只输入整数,已在多种电化学工作站中采用。

2.2
恒电位/恒电流控制技术

　　恒电位仪是电化学测试中的基本仪器,可方便地控制电极电位。若将恒电位仪与三角波、方波或正弦波等信号发生器相结合,可使电极电位按照给定的波形发生变化,从而研究电化学体系的各种暂态行为。如果恒电位仪配上慢速线性扫描信号或阶梯波信号,则可自动进行稳态或准稳态极化曲线的测量。恒电位仪不仅已广泛应用于电解、电镀、电池、金属腐蚀与防护等生产实践的各种电化学测试中,还可用来控制恒电流或进行各种电流波形的极化测量。电化学工作站也是建立在恒电位仪的基础之上的。

2.2.1 控制电位/电流的经典方法

在恒电位仪之前，控制电位/电流的经典方法如图 2-5 所示。

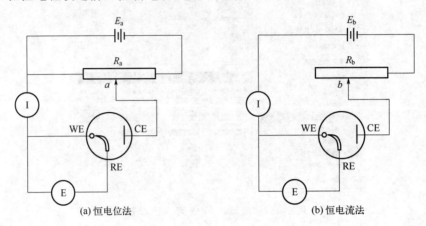

(a) 恒电位法　　　　　　　　　(b) 恒电流法

图 2-5　经典的恒电位和恒电流方法

E_a—低压直流电源；E_b—高压直流电源；R_a—可变低电阻；R_b—可变高电阻；I—精密电流表；

E—高阻抗毫伏计；WE—工作电极；RE—参比电极；CE—辅助电极

经典的恒电位方法如图 2-5（a）所示，采用大功率的低压直流电源（如几伏的蓄电池）并联欧姆级的低阻值滑线电阻作为极化电源。测量时手动或机电装置调节滑线电阻，使给定电位基本维持不变。但需注意，此时恒定的仅仅是工作电极和辅助电极间电压（也称为槽压）。测量工作电极和参比电极组成的原电池电动势的数值 E 即为工作电极的电位值，工作电极和辅助电极间的电流数值可从电流表 I 中读出。

传统极谱等两电极体系实际上都是通过恒定电解池的电压来实现工作电极的电位恒定的。

经典的恒电流方法如图 2-5（b）所示，利用高电压直流电源（如几十伏的叠层电池）同时串联千欧姆级的高阻值可变电阻作为极化电源。由于电解池内阻的变化相对于这一高阻值电阻来说比较小，即通过电解池的电流主要由这一高电阻控制，因此，当串联的电阻调定后，电流即可维持基本不变。工作电极和辅助电极间的电流大小可从电流表 I 中读出。工作电极的电位可通过测量工作电极和参比电极组成的原电池电动势的数值 E 得出。

2.2.2 恒电位控制技术

现代恒电位仪采用运算放大器，原理上可分为差动输入式和反相串联式。

差动输入式原理如图 2-6（a）所示，电路中包含一个差动输入的高增益电压放大器，其同相输入端接基准电压，反相输入端接参比电极，工作电极接公共地端。基准电压 U_2 是稳定的标准电压，可根据需要进行调节，也叫给定电压。参比电极与工作电极（WE）的电位差 U_1（$=E_{RE}-E_{WE}$）与基准电压 U_2 进行比较，可使恒电位仪自动维持 $U_1 \approx U_2$。若某种原因使二者发生偏差，则此偏差信号 $\Delta U = U_2 - U_1$ 便输入到电压放大器进行放大，继而控制功率放大器实时调节通过电解池的电流，维持 $U_1 \approx U_2$。

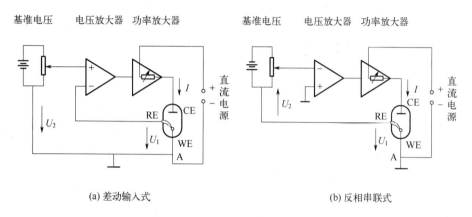

(a) 差动输入式   (b) 反相串联式

图 2-6　恒电位仪电路原理

例如，欲控制工作电极相对于参比电极的电位为-0.5V，即 $U_1 = E_{RE} - E_{WE} = +0.5V$，则需调基准电压 $U_2 = +0.5V$，这样恒电位仪便可自动维持工作电极相对于参比电极的电位为-0.5V。因参比电极的电位稳定不变，故工作电极的电位可维持恒定。如果取参比电极的电位为 0V，则工作电极的电位被控制在-0.5V。如果由于某种原因（如电极发生钝化）使电极电位发生改变，即 U_1 与 U_2 之间发生了偏差，则此偏差信号 $\Delta U = U_2 - U_1$ 便输入到电压放大器中进行放大，继而驱动功率放大器迅速调节通过工作电极的电流，使之增大或减小，从而使工作电极的电位又恢复到原来的数值。

由于恒电位仪的自动调节很快（一般小于 1μs），即响应速度高，不但能维持电位恒定，而且当基准电压 U_2 为比较快的扫描电压时，恒电位仪也能使 $U_1 = E_{RE} - E_{WE}$ 按照给定电压 U_2 发生变化，因此可使工作电极的电位发生变化。

反相串联式恒电位仪如图 2-6（b）所示。与差动输入式不同的是 U_1 与 U_2 是反相串联，输入到电压放大器的偏差信号仍然是 $\Delta U = U_2 - U_1$，工作过程与上述分析相同。

2.2.3　恒电流控制技术

恒电流控制技术有多种。恒电位仪通过适当的接法也可作为恒电流仪使用。图 2-7 为两种恒电流仪的电路原理。

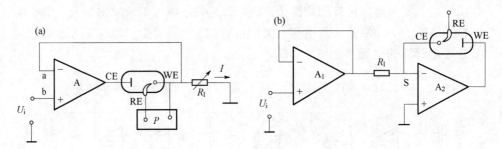

图 2-7　恒电流仪的两种电路

图 2-7（a）中，a、b 两点电位基本相等，即 $U_a \approx U_b$。因 $U_b = U_i$，而 U_a 等于电流 I 通过取样电阻 R_I 上的电压降，即 $U_a = IR_I$，所以 $I = U_i/R_I$。因集成运算放大器的输入偏置电流很小，故电流 I 就是流经电解池的电流。当 U_i 和 R_I 调定后，则流经电解池的电流就被恒定了，或者说电流 I 可随给定电压 U_i 的变化而变化。这样，通过电解池的电流 I，只取决于给定电压 U_i 和取样电阻 R_I，而不受电解池内电阻变化的影响。此时虽然 R_I 上的电压降由 U_i 决定，但电流 I 却不是取自 U_i 而是由运算放大器输出端提供。当需要输出大电流时，必须增加功率放大级。

这种电路的缺点是负载（电解池）必须浮地。因此，工作电极和电位测量仪器也要浮地，只能采用无接地端的差动输入式电位测量仪器来测量或记录电位。另外，这种电路要求运算放大器有良好的共模抑制比和较宽的共模电压范围。

在图 2-7（b）所示的恒电流电路中，运算放大器 A_1 构成电压跟随器。由于结点 S 处于虚地，只要运算放大器 A_2 的输入电流足够小，则通过电解池的电流 $I = U_i/R_I$，电流能够按给定电压 U_i 的变化规律而变化。同时工作电极 WE 处于虚地，便于电极电位的测量。

从图 2-7 可以看出，此类恒电流仪是用恒电位仪来控制取样电阻 R_I 上的电压降恒定，从而起到恒电流的作用。因此，除了专用的恒电流仪外，通常把恒电位控制和恒电流控制设计成一个系统，通过继电器进行切换。

特别注意：控制电流法是一种强制给定电流方法，测试中必须设置电位高限和电位低限来保护电化学工作站或强制结束实验。

2.3

运算放大器概述

2.3.1 运算放大器简介

运算放大器（operation amplifier，OA）是具有高放大倍数的直接耦合放大器。当与电阻、电容、二极管等分离元件组成各种反馈电路单元时，即可完成加、减、乘、除、微分、积分等各种数学运算，故此被称为运算放大器并沿用至今。

自 1964 年第一个集成运算放大器问世以来，OA 几乎都是由集成电路构成（图 2-8），其应用范围也远超最初的电子模拟计算机的范围，在控制、测量和信号变换等方面得到了广泛的应用。

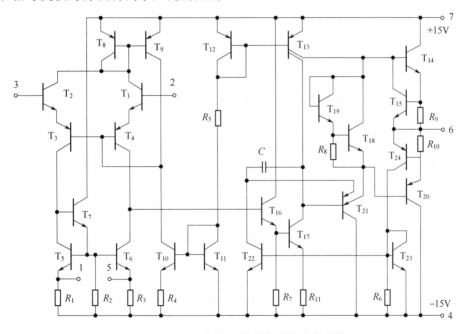

图 2-8　AD741 集成运算放大器的内部结构

1、5—调零端；2、3—信号输入端；4、7—负、正电源；6—输出端

集成运算放大器具有开环增益高、响应快、输入阻抗高、输出电阻低、漂移小、噪声低、工作稳定、体积小等优点，在恒电位仪和电化学工作站中广泛应用。

（1）运算放大器的表示与输入/输出关系

从图 2-9 可以看出，OA 一般有两个电源：E_+（如+15V）和 E_-（如-15V）；

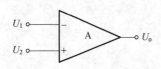

图 2-9 运算放大器的简化电路及其输入/输出关系

两个输入端："-"为反相输入端，输入电压 U_1；"+"为同相输入端，输入电压 U_2；输出端的电压则为 U_o。

如图 2-9 所示，OA 开环增益（或称开环放大倍数）A 等于输出电压和两个输入端电压差的比值，即：

$$A = U_o/(U_2-U_1)$$

因为 $U_i = U_1 - U_2$，故有：

$$U_o = -AU_i$$

（2）运算放大器的特性

理想的运算放大器具有如下特性：

① 开环增益无穷大。足够小的输入电压差（U_2-U_1）都可使其输出电压达到电源值（通常为±5～±15V）。

② 输入阻抗无穷大。可在不干扰待测体系（即输入电流无限小）的情况下处理其电压信号。

③ 输出阻抗为零。可对负载提供所需的电流。

④ 带宽无穷大。能如实地响应任意频率的信号，响应时间为零。

⑤ 电流偏置为零。当 $U_2-U_1=0$ 时，$U_o=0$。

但是，实际的 OA 与理想 OA 总是有一定的差别，表 2-3 给出了三种实际运算放大器的主要特性。从中可以看出，实际运算放大器的输入阻抗下限为 $10^6\Omega$，消耗（偏置）电流 $10^{-9}\sim10^{-12}$A，开环增益在 $10^6\sim10^9$ 之间。

表 2-3　OA 的主要特性参数

类别	最大输出电压/V	最大输出电流/mA	开环增益/dB	输入阻抗/Ω	最大补偿电位 $|U_1-U_2|$/mV	输入电流/pA	输入偏置电流/pA
741	±15	5	10^6	10^6	1	80000	20000
LM11	±15	5	10^9	10^{11}	0.2	40	1
FET	±15	5	10^6	10^{12}	3	30	10

（3）运算放大器的负反馈问题

在 OA 的应用中，除比较器工作在饱和区外，常规的放大电路一般都需要从输出端取样并连接到输入端形成反馈。反馈信号可分为电压反馈和电流反馈。通过选择适当的放大器并利用反馈构建电路，根据欧姆定律和基尔霍夫定律把输入电压和输出电压联系起来。

由输出端反馈的重要方式是将输出电压部分返回到反相输入端，这样对电路有稳定作用。这种电路只需很小的输入电流，特别适合于控制功能和电压测量。这就是运算放大器使用中的负反馈问题。也正因为如此，由 OA 构成的线性放大电路中常常都以反向方式输出。

（4）运算放大器的虚地现象

OA 的增益较大（$10^6 \sim 10^9$），输出一般在 ±10V 左右，故其输入端的电压差很小（典型 OA 为 ±150μV）。这就意味着，运算放大器在工作中，同相输入端与反相输入端有着几乎相同的电压。当其中一端接地时，另一端可近似看作"虚地"。"虚地"不是真正的"接地"，但可为 OA 的电路分析带来极大方便。恒电位仪的设计也利用了这一特点。

2.3.2 运算放大器的功能

（1）电压比较器

电压比较器是 OA 的重要应用，并已形成了一类特殊的器件，其主要区别是 OA 工作在饱和区而非线性放大区，在数字逻辑电路中广泛使用。

基本的电压比较器的输入/输出关系如图 2-10：

当 $U_2 < U_1$ 时，$U_o = E_-$

当 $U_2 > U_1$ 时，$U_o = E_+$

改进的电压比较器则是增加了一对反向二极管和两个输入电阻（图 2-11），它们共同构成了对输入电压的过载保护，实用性强。

在电压比较器的基础上又发展出了电平检测器（含过零电压比较器）、窗口电压比较器、回差电压比较器等多种电路。

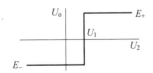

图 2-10　电压比较器的输入/输出关系

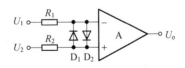

图 2-11　改进的实用电压比较器

① 电平检测器。在电压比较器中，当 OA 的两个输入端分别输入信号电压 U_i 和参考电压 U_c 则构成了电平检测器，如图 2-12 所示。如果参考电压为零（接地），则又称为过零电压比较器，其输出在输入电压过零时发生反向突变。

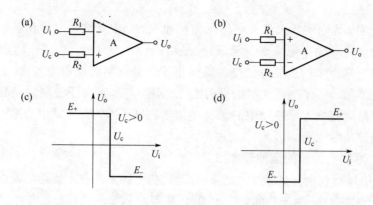

图 2-12　电平检测器电路（a）、（b）及其传输特性（c）、（d）

② 窗口电压比较器。当输入电压位于两个电平所限定的"窗口"之内时，比较器输出一种逻辑电平（如低）；而输入电压在此"窗口"之外时，则比较器输出相反的电平（如高）。有此传输特性的比较器称为窗口电压比较器。

用两个电压比较器和一个与非门电路可构成最简单的窗口电压比较器，如图 2-13（a）所示。两个比较器 A_1 和 A_2 的比较电平分别由 U_{c1} 和 U_{c2} 确定，且 $U_{c1} > U_{c2}$。两个电压比较器输出的逻辑电平 U_{o1} 和 U_{o2} 经正、负电源驱动的与非门电路处理后，可以得到比较器具有的逻辑电平输出 U_o，如图 2-13（b）所示。

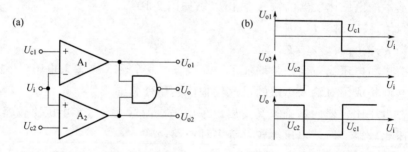

图 2-13　采用运算放大器和与非门组成的窗口电压比较器（a）及其传输特性（b）

若两个电压比较器采用专用 LM311 电压比较器则可构成更为实用的窗口电压比较器，如图 2-14（a）所示。LM311 电压比较器的内部采用射极接地、集电极开路的三极管集电极输出方式，使用时必须外接上拉负载电阻到正电源上。其特点是允许电压比较器的输出端并联在一起。

当输入电压 $U_i < U_{c2}$（$< U_{c1}$）时，比较器 A_1 的输出管截止，而比较器 A_2 的输出管导通，此时窗口电压比较器的输出电平由比较器 A_2 输出电平确定为低电平。

当输入电压 $U_i > U_{c1}$（$> U_{c2}$）时，比较器 A_1 的输出管导通，而比较器 A_2 的输出管截止，此时窗口电压比较器的输出电平由比较器 A_1 输出电平确定为低电平。

只有当输入电压处于窗口电压之内，即 $U_{c2} < U_i < U_{c1}$ 时，比较器 A_1 和 A_2 输出管均截止，窗口电压比较器的输出电平由上拉负载电阻拉向高电平，如图 2-14（b）所示。也可采用两个运算放大器（A_1 和 A_2）和模拟开关 T（如 P 沟道 MOS 管）组成开关型窗口电压比较器，如图 2-15 所示。其中，G 为栅极，S 为源极，D 为漏极。

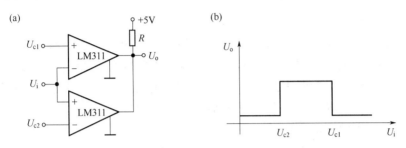

图 2-14 采用 LM311 组成的窗口电压比较器（a）及其传输特性（b）

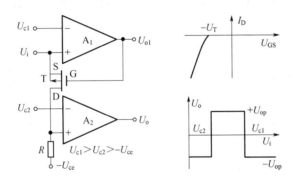

图 2-15 开关型窗口电压比较器

（2）电压跟随器

电压跟随器是一种非常重要的电路。如图 2-16 所示，输出端与反相输入端相连，输出电压等于输入电压：

$$U_o = U_i$$

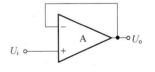

图 2-16 电压跟随器

故称为电压跟随器。其功能是匹配阻抗：能够提供很高的输入阻抗和很低的输出阻抗，可从不能给出大电流的器件（如玻璃电极）接收输入，并对较大负载（例如记录仪）提供相同的电压信号。所以电压跟随器一般作为测量电压的输入级。

（3）电流-电压转换器

电流-电压转换器（current-voltage convertor 或 I/V）的电路如图 2-17 所示，

它是典型的电流反馈电路。反馈电阻 R_f 跨接在输出端与反相输入端之间，反馈电流 i_f 流过 R_f。因 OA 输入阻抗很大，基本没有电流流进反相输入端。所以

$$i_f = -i_i$$

考虑到反相输入端的"虚地"特性，则有：

$$i_f = U_o / R_f$$

于是可得：

$$U_o = -i_i R_f$$

即输出电压 U_o 与输入电流 i_i 成正比，比例系数为 R_f。只要用测量电压的仪器测出 U_o 就可知道 i_i 的大小，即将电流的测量转换为电压的测量，实现电流-电压转换。当串联在电路中测量电流时，电流-电压转换器上的电压降非常小，故又称为零阻检流计。电化学工作站中常用零阻检流计测量电流。

（4）比例放大器

实现比例放大运算功能的电路如图 2-18 所示，它是在电流-电压转换器的基础上增加输入电阻 R_i 构成的。输入电流 i_i 为电压 U_i 施加在电阻 R_i 上产生：

$$i_i = -U_i / R_i$$

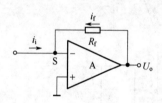
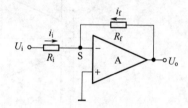

图 2-17　电流-电压转换器 I/V　　　　　图 2-18　比例放大器

根据电流-电压转换器的相同分析可得：

$$U_o = -U_i R_f / R_i$$

即输出电压 U_o 为反相输入电压 U_i 乘以因子（R_f / R_i）。调节 R_f 和 R_i 相对大小可改变 U_o 和 U_i 的比例关系（既可放大又能缩小），单级电路的实际比例一般为 $0.01 \sim 200$。当 $R_f = R_i$ 时，电路就是一个反相器，即 OA 的输出电压 U_o 是输入电压 U_i 的反相（大小相等、相位相反）。

值得注意的是：反相器要求输入端的电压源信号必须能够提供输入电流 i_i，因为整个电路的有效输入阻抗是 R_i，典型值是 $1\Omega \sim 100k\Omega$。所以比例放大器一般不作为待测信号的输入级。

（5）反相差分放大器

当待测信号必须双端输入时，则可用反相差分放大器，如图 2-19 所示，

其中 R_P 为并联接地电阻。可以推出其输出电压为：

$$U_o=-U_2R_f/R_2+U_1(1+R_f/R_2)R_P/(R_1+R_P)$$

① 若 $R_P=R_f$、$R_1=R_2=R$（此为反相差分放大器的常设），则：$U_o=-(U_2-U_1)R_f/R$。若有 $R_f=R$，则可进一步演变为减法器：$U_o=-(U_2-U_1)$。

② 若 $R_1=R_P$，则：$U_o=-U_2R_f/R_2+U_1(1+R_f/R_2)/2$。

③ 若 $R_2=R_f$，则：$U_o=-(U_2-2U_1)R_P/(R_1+R_P)$。

④ 若 $U_1=0$（如接地），则为反相比例放大器：$U_o=-U_2R_f/R_2$。

⑤ 若 $U_2=0$（如接地），$R_1=0$（短路）或 $R_P=\infty$（断路），则为同相比例放大器：$U_o=U_1(1+R_f/R_2)$。

⑥ 若 $R_f=0$（短路）、$R_2=\infty$（断路）、$R_P=\infty$（断路），则为同相电压跟随器（此时与 R_1、U_2 无关！）：$U_o=U_1$。

由此可见，反相差分放大器包括了 OA 的多种应用情况。

（6）加法器

在比例放大器的基础上，再增加输入电阻即可实现加法运算。如图 2-20 所示，三个不同的电压信号 U_1、U_2 和 U_3 通过各自的输入电阻将三个输入电流 i_1、i_2 和 i_3 施加到加和点 S。根据基尔霍夫定律，所有流入加和点 S 的电流之和为零，因此

$$i_i=-(i_1+i_2+i_3)$$

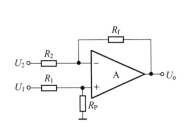

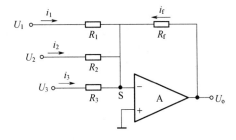

图 2-19　反相差分放大器电路图　　　　图 2-20　加法器电路图

根据加和点 S 的"虚地"特性可得：

$$i_f=U_o/R_f=-(U_1/R_1+U_2/R_2+U_3/R_3)$$

即

$$U_o=-R_f(U_1/R_1+U_2/R_2+U_3/R_3)$$

因此输出电压是各自独立比例输入电压之和。比例因子同样是由选择适当的电阻来确定的。若全部电阻相等，则为一个简单的电压直接加和的加法器：

$$U_o=-(U_1+U_2+U_3)$$

显然，反相的比例放大器则是仅有一个输入电压的特殊加法器。

（7）积分器

积分电路利用了电容器的电量存储特性。在图 2-21 中，反馈电流 i_f 由反馈元件电容 C 的充放电产生，且等于输入电流 i_i。考虑到 S 点的"虚地"特性则有：

$$C\mathrm{d}U_o/\mathrm{d}t = -i_i$$

整理后可得：

$$U_o = -\frac{1}{C}\int i_i\mathrm{d}t$$

即输出电压与输入电流 i_i 的积分成正比。这种电流积分器可用于电量法和计时电量法的测量。一般在开始新的测量之前，需使电容放电。图中的复位开关就是起这种作用的。

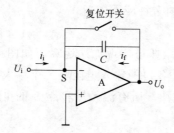
图 2-21　电流积分器（带复位开关）

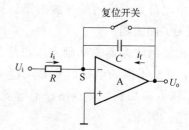
图 2-22　电压积分器（带复位开关）

当输入信号为电压时，可用图 2-22 所示的积分电路。其输入电流由输入电压 U_i 通过电阻 R 引入，故有：

$$U_o = -\frac{1}{RC}\int U_i\mathrm{d}t$$

线性扫描伏安法和循环伏安法的激励信号由特殊的电压积分器——斜坡电压发生器产生。当 U_i 恒定时，则从复位状态开始即有输出电压：

$$U_o = -\frac{U_i t}{RC}$$

值得注意的是：在积分电路中，如果电量贮存到电容 C 的积分时间比较长（大于几秒钟），则需选用特殊的电容器和输入阻抗很高的放大器来减少积分电容的漏电，否则测量误差大。

（8）微分器

微分运算是积分运算的逆运算，因此微分器的输入和反馈元件正好与积分器相反，如图 2-23 所示。输入电容 C 和反馈电阻 R 分别通过相等的电流 i_i 和

i_f。根据 S 点的"虚地"特性有：

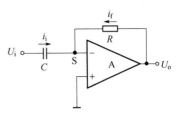

$$\frac{U_o}{R} = -C\frac{\mathrm{d}U_i}{\mathrm{d}t}$$

即

$$U_o = -RC\frac{\mathrm{d}U_i}{\mathrm{d}t}$$

图 2-23　微分器

显然输出电压与输入电压对时间的导数（$\mathrm{d}U_i/\mathrm{d}t$）存在比例关系。此电路一般用在电压-时间函数发生明显变化的情况。

值得注意的是：将待测信号进行微分处理常会降低信噪比（S/N），故应避免之。

（9）对数运算器

对数运算器是实现输出电压正比于输入电压对数的非线性运算电路，同时还可用于乘除运算以及信号的对数压缩（如线性坐标转化为对数坐标等）。

对数运算器利用了半导体 PN 结的伏安特性：

$$I_d = I_s[\exp(qU_d/kT)-1]$$

式中，I_d 为正向导通电流；I_s 为反向饱和电流（随温度变化）；q 为电子电荷（1.602×10^{-19}C）；U_d 为结压降；k 为玻尔兹曼常数（1.38×10^{-23}J/K）；T 为热力学温度。

在常温下（25℃），$kT/q\approx26$mV，若结压降 U_d 大于 100mV，则有近似关系：

$$I_d \approx I_s\exp(qU_d/kT)$$

这就是具有指数关系的 PN 结伏安特性。若将 PN 结作为 OA 的反馈元件，则可构成对数运算器，如图 2-24 所示。

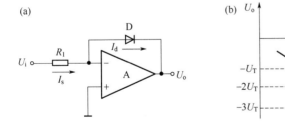

图 2-24　对数运算器原理（a）及其传输特性（b）

对理想 OA，对数运算器输出电压为：

$$U_o = -U_d = -\ln(U_i/RI_s)kT/q = -U_T\ln(U_i/U_k)$$

式中，$U_T=2.3kT/q\approx59$mV（25℃）；$U_k=RI_s$。根据上式即可作出对数运算

器的传输特性 [图 2-24（b）]。

对数运算器的工作原理利用了 PN 结正向导通的指数伏安特性，要求输入必须为正。若 PN 结反接，则输入必须为负。

在实际应用中，通常利用三极管的基射 PN 结电压与集电极电流间的指数跨导特性来代替二极管的指数伏安特性。由半导体理论可知：

$$I_c = \alpha I_E = \alpha I_s \exp(U_{be} q/kT)$$

式中，I_s 为 BE 结反向饱和电流；α 为共基极短路电流放大系数。

采用三极管作为变换元件的对数运算器如图 2-25 所示。其中 A_1 的输出电压为：

$$U_{o1} = -U_{be1} = (-2.3\, kT/q)\lg(U_i/\alpha I_s R)$$

上式是忽略了 PN 结体电阻影响的结果。因为三极管作对数变换元件时，输出电压中除了基射结压降外，还包括基区电阻 R'_{bb} 上的压降和发射区电阻 R'_{ee} 上的压降。前者因基极电流小而可忽略，但后者则需采用高掺杂来减小。三极管作变换元件可实现 5～6 个数量级的动态范围，二极管仅有 3～4 个数量级。

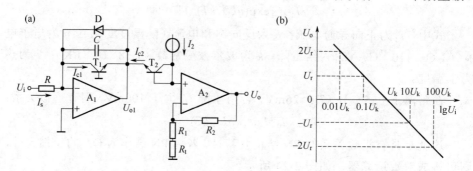

图 2-25 具有温度补偿的对数运算器（a）及其传输特性（b）

上述对数运算器有两个明显的缺点：一是 U_T 和 I_s 均与温度有关，故温度稳定性差；二是输出电压 U_o 为单极性。为使对数运算器能够实用，在图 2-25 中右边部分已经加上了温度补偿功能。

（10）指数运算器

指数运算器和对数运算器的关系同积分器和微分器的关系类似，彼此互为逆运算，在电路构成上也是把相应的输入端元件和反馈元件的位置彼此互换一下，从而构成互为逆运算的运算电路。

若将对数运算器的输入电阻 R 和对数变换管的位置互换则构成了指数运算器，如图 2-26 所示，其中三极管为指数变换元件。

指数变换管的伏安特性为：$I_e = I_s \exp(qU_{be}/kT)$

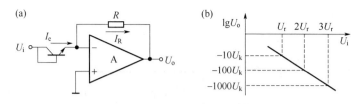

图 2-26　指数运算器原理（a）及其传输特性（b）

而输入电压 $U_i=U_{be}$，输出电压 $U_o=-I_eR$，则指数运算器的输出电压与输入电压的关系式为：

$$U_o=-I_sRexp(qU_i/kT)$$
$$U_i=U_Tln(-U_i/U_k)$$

式中，$U_k=I_sR$；$U_T=2.3\,kT/q$。

值得注意的是：指数运算器的输入电压必须为正，而输出电压只能为负，故其传输特性位于第四象限之内。

上述指数运算器的不足之处在于：①U_k 和 U_T 均与温度有关，故温度稳定性差，必须采用温度补偿措施才能实用；②输入电压为单极性，动态范围很小，仅限于基射结压降，应用范围受限；③输入信号源内阻对运算特性影响极大，不适于直接与有一定内阻的信号源相接。图 2-27 是具有温度补偿而较实用的指数运算器。

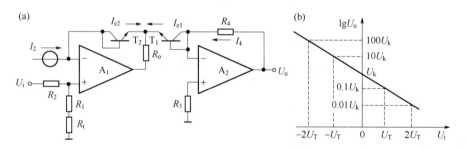

图 2-27　具有温度补偿的指数运算器（a）及其传输特性（b）

（11）乘法器

乘法器是实现输出电压正比于两个输入电压乘积的运算电路。在此基础上可进一步实现电压除法、平方、开方和幂运算等基本运算，以及均方值、有效值、极坐标-直角坐标变换、压控增益、波形产生、调整/解调等复杂运算，故应用广泛。

乘法器有多种电路，如对数-指数乘法器、变跨导式乘法器等。

采用对数运算器和指数运算器并配合加法器就可构成乘法器；若配合减法

器则可构成除法器。如图 2-28 所示。

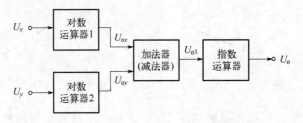

图 2-28　对数-指数乘法器（或除法器）方框图

乘法器输出：

$$U_o=\exp(\ln U_x+\ln U_y)=U_x U_y$$

除法器输出：

$$U_o=\exp(\ln U_x-\ln U_y)=U_x/U_y$$

因对数运算器只能采用单极性输入电压进行对数运算，故指数运算器的输出电压也是单极性。这种乘法器和除法器只作数量值的运算而不作极性的运算，这就是单象限的乘法器和除法器。

若用对数运算器和指数运算器并配合比例运算器，则可实现对输入电压的幂运算，如图 2-29 所示。其输出为：

$$U_o=\exp(m\ln U_i)=U_i^m$$

式中，$m=2$ 为平方运算；$m=1/2$ 则为平方根运算。

图 2-29　对数-指数幂运算方框图

2.3.3　恒电位仪的原理

（1）恒电位仪与电解池的等效电路

恒电位仪是电化学分析测试的基本仪器，在电池、电镀、电解、金属腐蚀与防护等方面的研究中应用广泛。电化学研究中常用的稳态法和暂态法均可借助于恒电位仪进行。

恒电位仪能够控制工作电极的电极电位恒定不变，又能测量电极上流过的电流。根据电子学原理，电解池可以看作图 2-30（a）所示等效电路中的阻抗网络，其中：Z_{WK} 和 Z_C 表示工作电极和对电极上的界面阻抗；溶液电阻则分成了两部分 R_Ω 和 R_1，它们与电流通路中参比电极尖端的位置有关。这种表示也可进一步可简化为图 2-30（b）。

图 2-30　三电极电解池的阻抗网络等效电路

（2）简易的恒电位仪

图 2-31 是恒电位仪的最简电路。放大器 A 控制流经电解池的电流，使得参比电极对地的电位为 $-E_i$。因工作电极接地，故有

$$E_{WE}(vs.RE)=E_i$$

且与电解池中阻抗 Z_1 和 Z_2 的变化无关。

图 2-31 表明，在电压 E_{RE}（相对地）控制中包括了溶液总电压降的一部分。其中未补偿的溶液压降 iR_1 的存在，使电路不能精确控制工作电极相对于参比电极的真实电位。但在许多情况下，仔细调整参比电极的放置位置，可使 iR_1 小到能够忽略的程度。未补偿的溶液电阻常常是实验结果分析时的一个主要干扰因素。

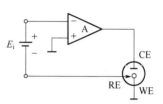

图 2-31　简易恒电位仪原理图

（3）实用的恒电位仪

图 2-31 简单地说明了恒电位仪控制电位的基本原理，但对输入信号是有要求的。首先，没有一个输入端是真正接地的，因此用于控制电位并提供波形的函数发生器必须具有差分浮动输出，而大多数函数发生器都不具有这样的功能。其次，电化学波形是由几个简单信号合成的，因此需要对这些简单信号进行加和，于是便出现了加法式恒电位仪。加法式恒电位仪原理如图 2-32 所示，它弥补了图 2-31 控制电路的上述两个缺点，被广泛应用。由于进入加和点 S 的电流之和为零，即

$$-i_{RE} = i_1 + i_2 + i_3$$

故有

$$-E_{RE} = \left(\frac{R_{RE}}{R_1}\right)E_1 + \left(\frac{R_{RE}}{R_2}\right)E_2 + \left(\frac{R_{RE}}{R_3}\right)E_3$$

应当注意的是，上述 $-E_{RE}$ 是工作电极相对于参比电极的电位。因此，电路可使工作电极维持在一个等于各输入电压加权之和的数值。一般设计是全部电阻相等，故有：

$$E_{WE}(vs.RE) = E_1 + E_2 + E_3$$

输入信号的加和能使复杂波形简单地合成，并且每一个输入信号都独立地相对于电路的"地"，任何合适的信号只需简单用一个电阻引入加和点即可。

图 2-32 所示电路的不足之处是：a. 参比电极必须提供电位加和点 S 一个较大的反馈电流 i_{RE}；b. 没有测量流过电解池电流的装置；c. 电解池所需功率仅来自运算放大器的输出。图 2-33 所示恒电位仪电路就是针对这些缺点而改进的，也是通用的设计方案。

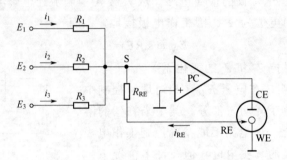

图 2-32 加法式恒电位仪原理图

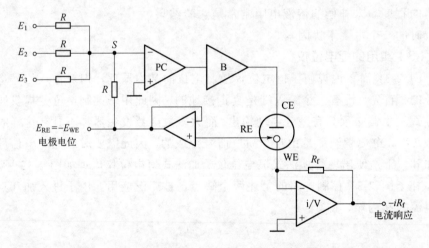

图 2-33 实用的加法式恒电位仪原理图

将电压跟随器引入参比电极的反馈环中，使参比电极不会由于电流馈入加和点而承受负载。跟随器的输出 E_F 可用于工作电极电位的连续监测，其值为工作电极电位的负值$-E_{WE}$（相对于参比电极）。工作电极的电流输入到一个电流-电压转换器（I/V）转换为与电流成比例的电压输出。但应注意，电流-电压转换器使工作电极保持"虚地"是测试系统工作的基本要求。

提高功率的办法是通过在输出环中引入功率扩展器（放大器 B）来实现的。功率扩展器是一个低增益的同相放大器（闭环增益一般为1）。因为同相连接，故可认为是控制运算放大器 PC 的外延。功率扩展器能够输出较大的电流或较高的电压或两者兼备。

在图 2-34 中，电流的输出是通过 I/V 实现的。当然电流的测量也可采用差动放大电路（放大倍数为 A）来实现，其好处是工作电极可以真实接地。

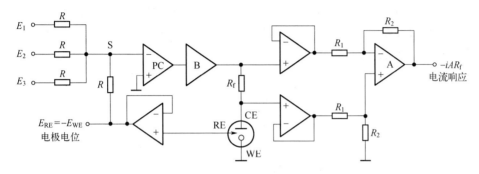

图 2-34 工作电极接地的恒电位仪原理图

（4）双恒电位仪原理

在旋转盘-环电极体系的电化学测量中有两个工作电极的电位需要同时控制，此时就需要使用双恒电位仪。图 2-35 是常见的双工作电极双恒电位仪的电路原理图，工作电极 1 的电位控制原理（见左边部分）与上述方法相同。工作电极 2 的电位控制由右边部分完成，其电流-电压转换（i_2/V）输出与"地"

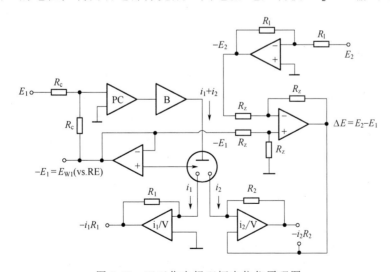

图 2-35 双工作电极双恒电位仪原理图

保持电压差 ΔE。原因是同相输入端与地的电压差为 ΔE，其作用是将工作电极 1 作为工作电极 2 的参考点。当工作电极 1 相对于参比电极的电位恒定在 E_1 时，工作电极 2 相对于工作电极 1 的电位差 $\Delta E = E_2 - E_1$，而 E_2 则是工作电极 2 相对于参比电极的电位。辅助电极通过的电流则为 i_1 与 i_2 之和。

在液／液界面电化学测试中，需要测量界面电位随电解过程的变化情况，此时需要有两个参比电极。在控制工作电流的同时，可以监测两个参比电极的电位差。能满足这一要求的装置称为双参比电极双恒电位仪，如图 2-36 所示。其中上部分是基于加法器的电位控制电路，参比电极 1 的输出如上所述；下部分是对参比电极 2 的测量电路。

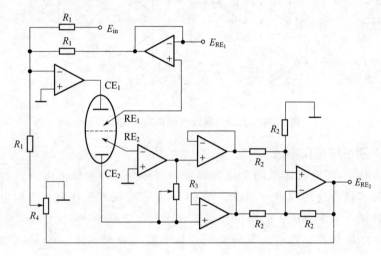

图 2-36 双参比电极双恒电位仪原理图

（5）恒电流仪原理

恒电流控制与电位测量是电化学分析测试的基本功能。控制流过电解池的电流比控制电极的电位简单一些。因为实现恒电流控制只需涉及电解池的两电极，即工作电极和对电极。但在恒电流实验中，感兴趣的常是工作电极相对于参比电极的电位，故仍需配套电位测量装置才行。

基于比例放大器的恒电流仪如图 2-37 所示，其中电解池代替了反馈电阻 R_f。根据 S 点的"虚地"可得：$i_{cell} = -i_{in} = E_i/R$，即电解池电流由输入电压 E_i 控制。当任意改变 E_i 时，电解池电流也跟随其变化。

工作电极的"虚地"能够方便测量参比电极和工作电极之间的电位差即电极电位。电压跟随器 F 给出参比电极相对于地的电位 $-E_{WE}$（相对于参比电极）。通过在加和点添加电阻进行扩展时，能以加法器的形式使电解池的电流等于各输入电流之和，这就要求每一个输入电压源都必须具有提供电解池电流的能力。对于大电流体系可能会带来问题。

如图 2-38 所示，负载阻抗已为电解池代替，流经电解池的电流为 $i_{cell}=-i_{in}=-E_i/R$，其优点是电流不需电压源 E_i 提供；但缺点是工作电极与"地"之间存在电位差 $-E_i$，故需差分测量工作电极相对参比电极的电位。

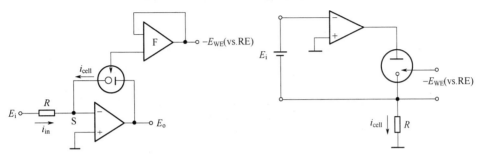

图 2-37　基于比例放大器电路的　　　　图 2-38　工作电极接地的
简单恒电流仪原理图　　　　　　恒电流仪原理图

2.4
嵌入式微型化电化学集成电路模块

2.4.1　EmStat pico 芯片简介

由于使用广泛，电化学工作站也日趋微型化。现已有可用于电化学工作站主机的集成电路模块芯片 EmStat pico，如图 2-39 所示。EmStat pico 几乎集成了电化学工作站主机主要组成部分（图 2-1），由美国模拟器件公司（ADI，Analog Device，Inc.）与荷兰掌上传感公司（PalmSens BV）合作开发，采用 ADI 技术构建[19]。具体包括 ADuCM355、ADP166、ADT7420 和 AD8606 等。

PalmSens 由荷兰电化学家 Kees van Velzen 于 2001 年成立，专注于传感器应用，开发小型便携的电化学工作站。其发展历程有：

2004 年推出 EmStat 的 PCB 版，满足 OEM 应用 。

2011 年推出多通道 MultiEmStat。

2013 年推出 PalmSens 三代含交流阻抗 PalmSens3 EIS；同时推出 EmStat 3 和 3+。

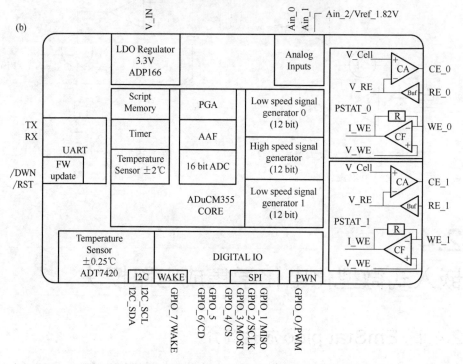

图 2-39 集成电路恒电位仪芯片（a）及其内部组成（b）

2015 年带蓝牙无线控制的 EmStat-Blue 面世，适合户外使用。

2017 年推出 PalmSens 四代，PalmSens4 内置交流阻抗 EIS 测试（包括电脑端软件可进行等效电路拟合分析）。

2018 年推出多通道 MultiPalmSens4，实现了所有通道均能同时或独立进行包括 EIS 在内的各种电化学测量方法。

2019 年推出 Sensit Smart——U 盘式电化学分析仪，大小仅为 43mm×25mm×11mm。

2.4.2 EmStat pico 开发板

EmStat pico 模块的设计较为齐全。对于小功率的电化学分析测试仪器，直接连上 5V 电源和通信线（TX，RX）即可，如图 2-40 所示的 U 盘式电化学分析仪。

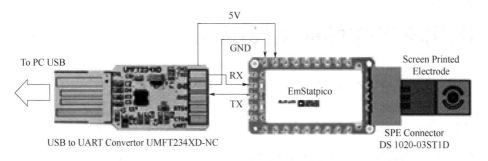

图 2-40 U 盘式电化学分析仪

为了方便用户进一步开发与拓展（如无线通信、在板存储、外控设备、实时时钟、电池等），PalmSens 公司还提供了 EmStat pico 开发板，如图 2-41 所示。此开发板可通过 USB 连接，并使用 PSTrace PC 软件来运行 EmStat pico。对于 OEM 应用，也可通过 UART 进行通信。主机可以使用 MethodSCRIP EmStat pico 脚本语言编程并控制 EmStat pico，完成 CV、SWV、EIS、数字 I/O、SD 卡记录、辅助值（如温度）读取以及睡眠或休眠等多种操作。方法脚本代码可以在 PSTrace 中生成，也可以手动编写。

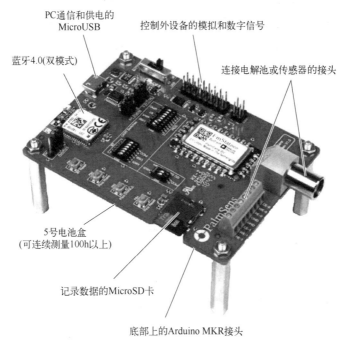

图 2-41 EmStat pico 开发板

2.5
电化学工作站的发展概况

电化学工作站的发展趋势为多通道与微型化，于是出现了多通道电化学工作站、掌上电化学工作站、USB/U 盘电化学工作站、手机电化学工作站等多种现代电化学分析测试仪器。

2.5.1 多通道电化学工作站

近年来，电池和超级电容器等储能器件是一个热门研究领域。在电极材料的电化学测试与筛选中，常常需要多个样品同时进行实验。此时常规的单通道电化学工作站就显得力不从心，于是多通道电化学工作站应运而生。

多通道电化学工作站的优点明显，但性能指标则适中（如槽压≤15V、电流输出≤500mA、交流阻抗频率≤1MHz 等），故其功能扩展没有常规的单通道电化学工作站那么方便。

目前，电化学工作站的多数生产厂家都有多通道产品，常见的有 2~64 通道。其中大多采用浮地模式，既可多通道独立测试，也能以共用参比电极与对电极的方式进行。图 2-42 是某多通道电化学工作站的测试结果界面。

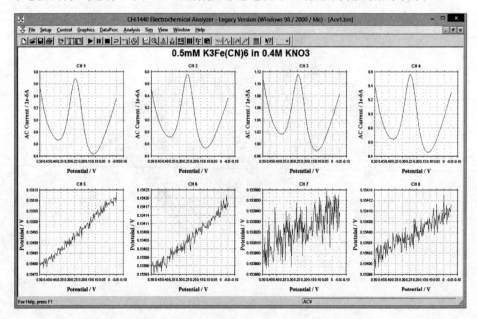

图 2-42　多通道电化学工作站的测试结果界面

2.5.2 便携式电化学工作站

（1）掌上电化学工作站

现代电子技术容许把电化学工作站做成可以放到手掌之上，即"掌上电化学工作站"。轻量化的掌上电化学工作站主要以小电流（≤100mA）和低功率（槽压≤12V）为代价，性能指标一般不及常规的单通道电化学工作站，但基本上能够满足电化学分析领域的需要，尤其是价格便宜。

掌上电化学工作站便于携带，若配合笔记本电脑则适合野外现场测试。

（2）USB/U 盘电化学工作站

现代集成电路芯片容许把电化学工作站做成可 USB 连接与供电的 U 盘大小，此时的槽压≤5V、电流输出≤5mA、交流阻抗频率≤200kHz。

2009 年中国科学院长春应化所朱果逸等（文献[21]）报道了基于 USB 接口的微型电化学分析仪（μECS，详见图 2-43），体积大小 70mm×24.5mm×8.5mm，配合笔记本电脑可进行野外现场测试。μECS 采用 20 位数模转换器和 24 位模数转换器 ADS1271（采样速率 100ksps），输出电位分辨率达到 10μV；输出电位范围为±5V；电流测量范围 1nA～5mA；输入阻抗大于 $10^{11}\Omega$；电位误差小于 1mV；电流灵敏度小于 50pA；电流测量误差小于 1%。仪器采用 3 个单刀模拟开关实现了 6 个电流测量挡位的切换；将 USB 接口 5V 供电经隔离变换滤波获得模拟电源，无需外接电源。PC 计算机软件支持循环伏安法等多种常用电化学方法。

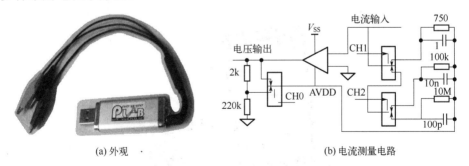

(a) 外观　　　　　　　　　　　(b) 电流测量电路

图 2-43　USB 电化学分析仪

2019 年 PalmSens 公司利用 EmStat pico 集成芯片推出了 Sensit Smart——U 盘式电化学分析仪，如图 2-44 所示。其主要性能指标包括：仪器大小 43mm×25mm×11mm；USB-C 供电和通信；最大电流±3mA；电位范围-1.7～+2V；频响分析（FRA）/电化学阻抗谱（EIS）频率 16mHz～200kHz；电流测量分辨率 0.006 % FSR（100nA 量程时为 5.5pA）。电压控制范围说明主要适合于水溶液体系的电化学测试。

PalmSens U 盘电化学工作站的另一特点是能够兼容大部分丝网印刷电极（针脚间距 2.54mm，厚度 0.1～0.8mm，最大宽度 11mm），这在电化学分析测试中是十分有用和方便的。

图 2-44　U 盘式电化学分析仪

2.5.3　手机电化学工作站

手机电化学工作站是指能够在手机上操作并进行控制的电化学工作站，它是分析测试仪器微型化的重要发展方向之一。掌上和 U 盘等便携电化学工作站和丝网印刷电极的发展为手机电化学分析测试系统的开发打下了基础，原则上只需要把 PC 计算机上使用的控制/测量软件移植到手机上即可。

已经面市的有 PalmSens 公司手机电化学工作站（图 2-45）。其一是掌上电化学工作站 EmStat3+Blue，同时配有 PC 计算机和安卓（Android）手机的操作软件；其二是 U 盘电化学硬件系统的手机电化学工作站。它们都可直接使用丝网印刷电极进行测试。

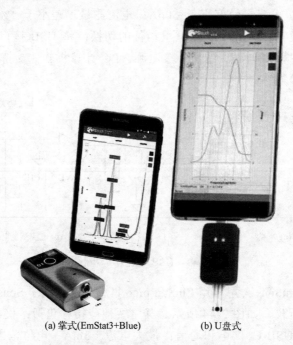

(a) 掌式(EmStat3+Blue)　　　　　　(b) U盘式

图 2-45　PalmSens 手机电化学工作站

第 3 章
电化学实验技术

在电化学分析测试中，相关的实验技术与方法至关重要，为此本章进行集中介绍。主要内容包括电解池技术、参比电极简介、工作电极及其制作方法、电解质溶液、碳电极、多方式汞电极技术、超微电极技术、旋转圆盘电极技术等。

3.1
电解池技术

电解池是电化学测试的关键部件，由工作电极、参比电极和对电极等三个电极组成，如图3-1所示。工作电极和对电极构成电解池的极化回路，工作电极和参比电极构成电解池的测量回路。电解池由恒电位仪/恒电流仪外部供电，电流通过极化回路，在工作电极上发生电极反应。阳极极化时工作电极发生氧化反应，阴极极化时工作电极发生还原反应。电解池工作时，电流必须在电解池内外部装置流过，以构成电学回路。

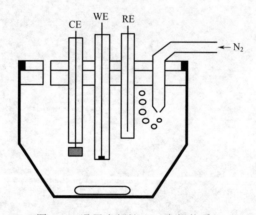

图 3-1　通用电解池（三电极体系）

电化学测试中必定会涉及电解池的构型选择、设计与加工制作等问题。

3.1.1　电解池构型与设计

电解池的结构必须方便工作电极、对电极和参比电极等三个电极的安装与固定，电极的位置对电化学测量有很大的影响。简单的电解池可采用烧杯加电极盖或多口烧瓶。常见的电解池有单室、双室和三室等多种构型，如图3-2所示。

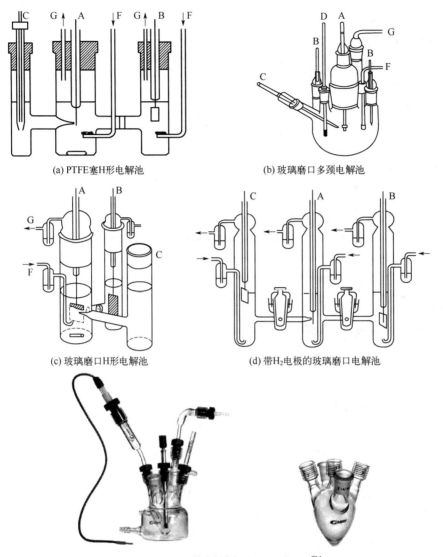

(a) PTFE塞H形电解池

(b) 玻璃磨口多颈电解池

(c) 玻璃磨口H形电解池

(d) 带H$_2$电极的玻璃磨口电解池

(e) Gamry公司的专用电解池(Dr.Bob's Cell^{TM})

图 3-2　常见电解池的构型

A—工作电极（WE）；B—对电极（CE）；C—参比电极（RE）；D—温度计；F—进气管；G—出气管

电解池材料一般用玻璃，但根据使用目的不同也可采用其他不同材料，如在 HF 溶液或浓碱液中可采用聚四氟乙烯（PTFE）、聚乙烯（PE）或有机玻璃（PMMA）等。电解池的设计一般应注意以下几点：

① 电解池的体积不宜太大，应与工作电极的面积相匹配。因为体积大，耗液量多，尤其对生物试剂等昂贵药品浪费大。

② 工作电极和对电极的位置必须放置得当。应尽可能对称放置，以使工作电极上的电流分布均匀。

③ 分腔放置工作电极和对电极可避免辅助电极上的反应物影响研究电极，因为当工作电极上发生氧化（或还原）反应时，对电极上要发生对应的还原（氧化）反应。分腔的办法是使用双室或三室电解池，或用隔膜、玻璃微孔隔板、素烧瓷隔板等将工作电极区和对电极区隔开。一般可不加隔板。

④ 参比电极室应有一个液体密封帽，以在不同溶液间造成接界。同时还需选择合适的盐桥和 Luggin 毛细管位置，以降低液接电位和 iR 降。

⑤ 有时需通高纯氮气或氩气以除去溶液中的溶解氧气，需预留气体的进出口。

⑥ 当需要控制待测溶液的温度时，常把电解池放入恒温水浴或油浴内，以实现恒温操作。同时需在电解池中插入温度计以便观察。当然也可以用水套加热。

⑦ 实验温度较高时，因蒸发可能改变电解质溶液组成，则需要采用回流冷凝管，以保证在实验过程中溶液浓度不变。

⑧ 需要使溶液产生相对运动时，可在电解池内安装搅拌器。

3.1.2　三电极系统

工作电极、对电极和参比电极是电化学分析测试中必须用到的三类电极，它们构成了典型的三电极系统。

（1）工作电极

工作电极（working electrode，WE）是进行电化学研究的电极，所以也称为研究电极。工作电极可分为两大类：惰性电极和活性电极。常用的惰性电极有贵金属铂和金、不锈钢以及碳电极等，在阴极极化或阳极极化过程中电极不发生氧化还原反应，亦不会变化。常用的活性电极则很多，如银、铜、铁、铅、钛、镁等金属，以及二氧化铅、氢氧化镍、钴酸锂、普鲁士蓝、聚苯胺等许多金属或无机/有机化合物，它们在极化过程中电极要发生电化学反应。

工作电极表面的面积既要考虑到测试过程对溶液组成的影响（溶液组分的消耗），又要考虑极化电源的输出功率以及处理数据的方便。为了避免实验过程中溶液组成发生太大的变化，一般每平方厘米的工作电极表面要求覆盖 50mL 以上的溶液。要得到相同的极化电流密度，工作电极表面积愈大，需要的极化电流强度愈大。极化电流过大会增加溶液欧姆电压降而影响电位测量精度，也常使溶液温度升高。

（2）对电极

对电极（counter electrode，CE）与工作电极配对才能形成极化电流回路，亦称辅助电极（auxiliary electrode，AE）。当工作电极阳极极化时对电极必是阴极极化，反之亦然。

在电化学测试中，要求对电极比较纯净、有足够的耐蚀性或溶解速度极小，不会因表面发生的反应使溶液变化而影响测量结果，所以对电极一般采用丝状或片状惰性电极（既有市售成品，也可自制）。

铂丝电极制作容易：将直径 0.5mm 左右的铂丝一端封入玻璃管中，在玻璃管内装少许汞或石墨粉，再插入铜导线以构成电接触，玻璃管口用石蜡封闭。制作铂片电极时，可取 10mm×10mm 的铂片与一段铂丝焊在一起，然后如上法将铂丝封入玻璃管中。对要求不高的实验，也可以用石墨棒（可取自废旧干电池的内芯）作为对电极。

在电镀或电解过程中有时也要求对电极是活性的，如电镀镍时，对电极使用镍板，通过阳极溶解来补充镀液中的镍盐。

在进行电化学测试中，对电极必须与工作电极合理排列才能使得电场分布均匀，从而得到正确的测试结果，如图 3-3（a）（b）所示。图 3-3（c）对电极太小且与工作电极非对称排列；图 3-3（d）工作电极与对电极非对称排列。

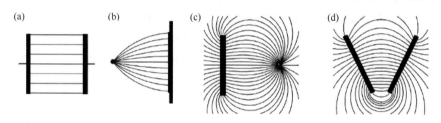

图 3-3　工作电极（左边）的放置方法
（a）、（b）正确；（c）、（d）不正确

（3）参比电极

参比电极（reference electrode，RE）是测量电位所必需的。凡是与测量或控制电位有关的电化学实验都必须使用参比电极；控制电流实验原则上可以不需要参比电极，只是不能进行电位测量。有关参比电极的内容将在后面详细介绍。

3.1.3　盐桥及 Luggin 毛细管

（1）盐桥

当待测的电解质溶液与参比电极溶液不同时，常用"盐桥"（salt bridge）把参比电极和放置工作电极的电解液连接起来，其作用既可防止参比电极的溶液和待测溶液相互污染，又可尽可能减小或消除溶液的接界电位。盐桥中电解质的浓度要大，且阴、阳离子的扩散速率相差愈小愈好，如饱和 KCl 溶液。

盐桥的制作方法比较简单,在 U 形管中装满饱和 KCl 溶液并倒置即可使用,如图 3-4 所示。防止溶液对流的方法有两种:一是加约 3%的琼脂使电解液成凝胶(具体方法见后),但不能用于对琼脂发生作用的强碱溶液,温度也不能太高,以免琼脂熔化;二是使用带三通磨口旋塞的 U 形管,适用于任何溶液。使用时将玻璃管的一端吸满待测溶液,另一端吸满参比电极的电解液(如 KCl);然后关闭旋塞或用夹子夹紧乳胶管。

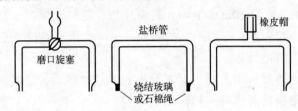

图 3-4 盐桥的三种构型

① 使用盐桥的注意事项。a. 盐桥的电阻一般较高,磨口玻璃或烧结玻璃封口的盐桥内阻则更大,电位测量仪应具有很高的输入阻抗;在大电流或快速测量中应避免之,否则容易引起电位振荡。b. 在使用饱和甘汞电极时,应注意盐桥中的饱和 KCl 溶液应经常更换,如盐桥口被待测液污染,应把甘汞电极的"对流孔"打开(不使用时关闭),以便 KCl 溶液能不断从盐桥口渗出,保持新鲜的液体接界面。c. 若溶液中含有 Ag+等可能产生沉淀的离子,需改用 KNO_3 或 NH_4NO_3 溶液。

② 盐桥的作用原理。当不同的溶液直接接触时,其中的离子有可能迁越相界面并相互扩散。不同的正、负离子具有不同的扩散速率,从而形成了液接电位差(liquid junction potential difference,LJPD)。盐桥则可使其尽量减小或消除,因为盐桥中 KCl 饱和浓度可达 4.2mol/L,K^+和 Cl^-的迁移数即离子迁移电量占溶液中全部离子迁移总电量的比例相近,分别为 0.49 和 0.51,十分接近理想值 0.5,如表 3-1 所示。

表 3-1 水溶液中常见支持电解质正离子的迁移数(25℃)

$c/(mol/L)$	HCl	LiCl	NaCl	KCl	$BaCl_2$	K_2SO_4	KNO_3
0.01	0.8251	0.3289	0.3918	0.4902	0.440	0.488	0.508
0.02	0.8266	0.3261	0.3902	0.4901	0.437	0.485	0.509
0.05	0.8292	0.3211	0.3876	0.4899	0.432	0.487	0.509
0.1	0.8314	0.3168	0.3854	0.4898	0.425	0.489	0.510
0.2	0.8337	0.3112	0.3821	0.4894	0.416	0.491	0.512
0.5	—	0.300	—	0.4888	0.399	0.491	—
1.0	—	0.287	—	0.4882	—	—	—

如图 3-5，当盐桥溶液与不太浓的电解液接触时，Ⅲ相与Ⅰ、Ⅱ两相接触，占绝对优势的扩散将是Ⅲ相中的 K^+ 和 Cl^- 进入Ⅰ相和Ⅱ相。K^+ 和 Cl^- 近似相等的扩散速率可使相界的 LJPD 大致相等但方向相反，故可一定程度上抵消。但应注意：盐桥并不能完全消除 LJPD（一般为 $1\sim2mV$），且测量时不易得到稳定的数据，因为液/液界面难以重复。

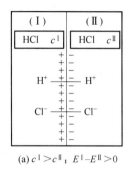

(a) $c^Ⅰ>c^Ⅱ$；$E^Ⅰ-E^Ⅱ>0$

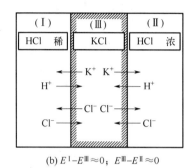

(b) $E^Ⅰ-E^Ⅲ\approx0$；$E^Ⅲ-E^Ⅱ\approx0$

图 3-5 液接电位差的形成（a）及消除（b）示意图

==================琼脂盐桥的制作方法==================

准备 $\phi5\sim6mm$ 的 U 形玻璃弯管。把 $3\sim4g$ 琼脂和 $30\sim40g$ KCl 加入约 100mL 水中，加热溶解，沸腾后冷却，然后趁热直接倾入 U 形管至满，如图 3-6（a）所示；也可接上橡胶管轻轻吸入玻璃管中，如图 3-5（b）所示。温度降低后，随着琼脂的凝固，可能有部分溶于琼脂溶液中的 KCl 晶体析出而呈现白色的斑点。

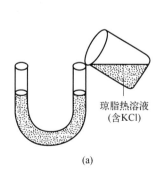

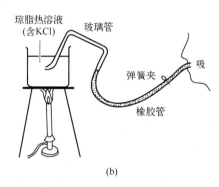

(a)   (b)

图 3-6 盐桥的制作示意图

（2）Luggin 毛细管

为了减小电解液中溶液欧姆压降对电位测量的影响，常采用玻璃拉制的 Luggin 毛细管（管口 $\phi=0.1\sim0.5mm$），如图 3-7（a）所示。这样可使参比电极尽量靠近工作电极表面（约 1mm）。使用时，在 Luggin 毛细管大口端套上约 5cm 长的乳胶管，然后吸入待测电解液，再把参比电极插入其中。这样可把参比电极的溶液对待测电解液的影响减小到最低程度。当然，也可把插入待测电解液的盐桥一端的玻璃管直接做成 Luggin 毛细管［见图 3-6（b）、（c）］。Luggin 毛细管的摆放位置也很重要，对于平板电极应放在电极的中央，因为边缘部分的电力线分布不均匀；对于球形电极（如滴汞等），毛细管口则应放其侧上方，以减小对电流分布不均匀的影响。

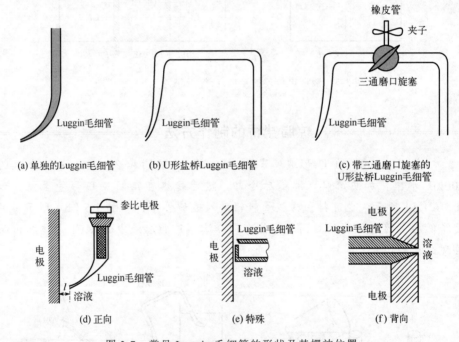

图 3-7 常见 Luggin 毛细管的形状及其摆放位置

3.1.4 电解质溶液

电解质体系是电化学反应必不可少的载体，具体包括液态电解质（电解质溶液、熔盐）和固态电解质（含胶体电解质）。其中，电解质溶液最为基础和常用，熔盐体系相对比较简单，但温度一般较高；胶体电解质和固体电解质则与电解质溶液有密切的关系。

电解质溶液（electrolyte solution）即电解液，可分为水溶液体系、非水体系（有机溶剂、熔盐）。水是最常见的溶剂，有些有机溶剂能与水互溶，有些则不互溶。

（1）水溶液电解液及其支持电解质

水是一种很理想的溶剂，可以溶解多数化合物，许多电化学反应都可在水溶液中进行。纯水几乎不导电（电导率 $5.49×10^{-8}$ S/cm，或电阻率 18.2MΩ·cm）。水的主要特性参数如表 3-2 所示。电解液需要较好的导电性，故一般要在水中加入约 0.1mol/L 的离子型导电盐作为支持电解质（supporting electrolyte），如可溶性的钾盐、钠盐、氯化物、硫酸盐、硝酸盐等。相对而言，钾盐导电性高于钠盐，故常用 KCl、K_2SO_4、KNO_3 等。需注意的是，硝酸盐有氧化性易被还原，氯化物有还原性易被氧化。

表 3-2 水的主要特性参数及其在常温下的变化

温度/℃	密度/（g/cm³）	蒸气压/mmHg	黏度/cP	介电常数
0	0.99987	4.580	1.787	88.15
5	0.99999	6.538	1.516	86.12
10	0.99973	9.203	1.306	84.15
15	0.99913	12.782	1.138	82.23
20	0.99823	17.529	1.002	80.36
25	0.99707	23.753	0.8903	78.54
30	0.99568	31.824	0.7975	76.77
40	0.99224	55.338	0.6531	73.35
50	0.98807	92.560	0.5467	70.10

注：1mmHg=133.322Pa；$1cP=10^{-3}$Pa·s。

配制电解液时要求使用高纯度的水，一般将去离子水进行蒸馏或二次蒸馏，且蒸馏和储水容器最好是石英材料。现在获得 18.2MΩ·cm 的超纯水比较容易，但一般只在电化学理论研究或微量电化学分析等要求比较高时才使用。

（2）有机溶剂电解液及其支持电解质

与水溶液电解液相比，能够用于非水体系电解液的有机溶剂及其支持电解质则复杂很多，如表 3-3～表 3-5 所示。作为电化学中使用的有机溶剂应满足如下条件：

① 常温下为液体，蒸气压尽可能小；

② 能够溶解足量的支持电解质；

③ 介电常数最好 10 以上，以使支持电解质能够离解；

④ 电位窗口足够大；

⑤ 黏性不能太大;

⑥ 容易精制,特别要除水容易;

⑦ 毒性小;

⑧ 价廉易得。

表 3-3　电化学测试中常用溶剂的物理特性常数（25℃）

溶剂	符号	分子量	沸点/℃	凝固点/℃	蒸气压/mmHg	密度/(g/cm³)	介电常数	偶极矩/D	黏度/cP	电导率/(S/cm)
水	H_2O	18.02	100	0	23.76	0.9970	78.3	1.76	0.894	5.49×10^{-8}
无水醋酸	HAc	102.09	140.0	-73.1	5.1	1.0691	20.17	2.82	0.78	5×10^{-9}
甲醇	MeOH	32.04	64.70	-97.68	125.03	0.7866	32.70	2.87	0.54	1.5×10^{-9}
四氢呋喃	THF	72.11	66	-108.5	197	0.8892	7.58	1.75	0.64	—
碳酸丙烯酯	PC	102.09	241.7	-49.2	—	1.2	64.9	4.9	2.53	1×10^{-8}
硝基甲烷	NM	61.04	101.20	-28.55	36.66	1.1313	35.87	3.56	0.61	5×10^{-9}
乙腈	AN	41.05	81.60	-45.7	92	0.7766	36.0	4.1	0.344	6×10^{-10}
二甲基甲酰胺	DMF	73.10	152.3	-61	3.7	0.9440	37.0	3.9	0.796	6×10^{-8}
二甲亚砜	DMSO	78.13	189.0	18.55	0.60	1.0958	46.7	4.1	2.00	2×10^{-9}
六甲基磷酰胺	HMPA	179.20	235	7.2	0.07	1.027	29.8	5.4	3.24	

数据源自: Coetzee J F. Recommended Methods for Purification of Solvents and Tests for Impurities. Pergamon Press, 1982。

表 3-4　有机溶剂体系中常用的支持电解质的氧化还原特性

还原用	$NaClO_4$, $LiClO_4$, R_4NX, R_4NClO_4, R_4NBF_4, $R_4NCF_3SO_3$
氧化用	$LiClO_4$, $LiBF_4$, $LiPF_6$, R_4NClO_4, R_4NBF_4, R_4NPF_6, $R_4NCF_3SO_3$

表 3-5　有机溶剂体系中常用的支持电解质

溶剂名称及其缩写	支持电解质
无水醋酸（HAc）	$NaClO_4$, $LiClO_4$
甲醇（MeOH）	KOH, $KOCH_3$, $NaClO_4$, $NaOCH_3$, LiCl, NH_4Cl, R_4NX
四氢呋喃（THF）	$LiClO_4$, $NaClO_4$, $n\text{-}Bu_4NI$
碳酸丙烯酯（PC）	R_4NClO_4
硝基甲烷（NM）	$LiClO_4$, $Mg(ClO_4)_2$, R_4NX, R_4NClO_4
乙腈（AN）	$NaClO_4$, $LiClO_4$, LiCl, $NaBF_4$, $R_4NX(\sim C_5)$, R_4NBF_4, R_4NX
二甲基甲酰胺（DMF）	LiCl, $NaClO_4$, $NaNO_3$, R_4NX, R_4NClO_4, R_4NBF_4
二甲亚砜（DMSO）	LiCl, $NaNO_3$, $NaClO_4$, $KClO_4$, NaAc, R_4NX, R_4NClO_4
六甲基磷酰胺（HMPA）	LiCl, $LiClO_4$, $NaClO_4$, $R_4NClO_4(\sim C_4)$

3.1.5　电解液的电位窗口

电位窗口（potential window）是指惰性工作电极在仅有支持电解质（惰性）的溶液中产生明显阳极/阴极反应的电位范围。因此，工作电极与电解质溶液中的惰性也仅仅在电位窗口内才有效。

图 3-8 说明了常见工作电极在水溶液体系中的电位窗口一般在 ±2V。这也是早期的恒电位仪或电化学工作站乃至现在部分微型化的电化学工作站的控制电位范围仍然只有 ±2V 的原因。

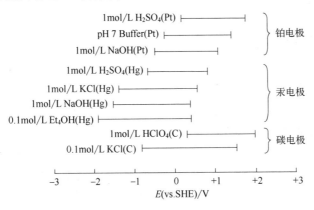

图 3-8　常见电极和电解质溶液的电位窗口

注意：电解质水溶液的电位窗口即水溶液的稳定区域（不产生 H_2 和 O_2）随溶液 pH 值的变化而改变（图 3-9），依据是：

当 H_2 的分压为 1atm 时，电位 $E=-0.059pH$；

当 O_2 的分压为 1atm 时，电位 $E=1.23-0.059pH$。

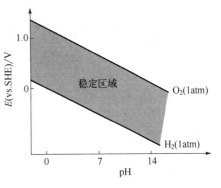

图 3-9　水溶液的电位窗口及其随 pH 的变化

3.1.6　电解液除氧

一般情况下电解液都溶解有一定量的空气，具体多少则与电解液种类、温度和存放方法有关。溶解氧气的电化学活性强，易被电解还原为过氧化物或水，常使电位窗口变小，故电解液除氧在某些电化学分析测试中是必不可少的操作。当然研究大气溶氧腐蚀是例外。除氧的具体方法是把电化学惰性的气体（如干燥氮气或氩气）往电解液中鼓泡 10～

15min，时间长短也与电解液多少、通气量、通气口形状等因素有关。干燥氮气价廉，故常用；氩气虽价高，但密度比空气大，不易从电解液中逸出，有利于在溶液上方形成保护气氛。

值得注意的是：许多电化学分析测试在进行时一般需要停止鼓泡，否则将干扰测试。此时也要避免空气（氧气）再次进入电解液，如采用氮气封住电解液上方或将整个电解池放入氮气箱中。

3.2
参比电极简介

参比电极是测量电极电位时的参照标准，工作电极与参比电极组成的电池的电动势定义为工作电极相对于配套参比电极的电位。参比电极的要求是：电位稳定，重现性好，不易极化，温度系数小。

参比电极广泛应用于电化学测量中，如电极过程动力学研究、溶液 pH 值测定、电化学分析、化学电源、电镀电解、金属腐蚀等各个领域。参比电极的性能直接影响电位测量的稳定性、重现性和准确性。不同的实验对参比电极的性能要求不尽相同，需要根据具体的待测体系合理选择参比电极。几种常见的参比电极如表 3-6 所示。

表 3-6　几种常见参比电极

电极名称	电极符号	电极组成	25℃电极电位 E/V
标准氢电极	SHE	Pt, H_2(1atm)|H^+(a=1)	0.000
饱和甘汞电极	SCE	Pt, Hg|Hg_2Cl_2|饱和 KCl 溶液	0.242
饱和氯化银电极	Ag/AgCl	Ag|AgCl|饱和 KCl 溶液	0.199
氧化汞电极	MOE	Pt, Hg|HgO|1mol/L NaOH 溶液	0.114
硫酸亚汞电极	Hg/Hg_2SO_4	Pt, Hg|Hg_2SO_4|饱和 K_2SO_4 溶液	0.650
饱和硫酸铜电极	Cu/$CuSO_4$	Cu|饱和 $CuSO_4$ 溶液	0.316

参比电极在使用中应特别注意以下几点：

① 参比电极应不时与其新电极或标准电极对比测试校对，以保证电极电位的准确性。

② 参比电极的溶液中不能有气泡，以防止断路。

③ 采用饱和溶液时，需留有少许晶体（如 KCl、K_2SO_4 等），以确保溶液

的饱和性。

④ 参比电极一般有较大的正或负温度系数和热滞后性，测量时应尽量防止参比电极的温度大幅度波动，精确测量时最好把参比电极恒温。

⑤ 参比电极一般不宜在过高或过低的温度下使用。

⑥ 参比电极不能在超声波下清洗。

3.2.1　标准氢电极

标准氢电极（standard hydrogen electrode，SHE；也称为 normal hydrogen electrode，NHE）是最基本的参比电极，其电极电位规定为零：

$$E^{\ominus}_{H^+/H_2} = 0V$$

即待测电极与标准氢电极组成的电池电动势等于该电极相对于标准氢电极的电位，一般称为氢标电位。如不注明，则表示参比电极为 SHE 或 NHE。

如图 3-10 所示，标准氢电极是在铂片上镀一层蓬松的铂黑（其表面积可达表观面积的1000 倍，故在使用中极化很小），并浸入 H^+ 活度为 1.0 的 H_2SO_4 溶液中，在 298.15K 时，不断通入 100kPa 纯氢气流，使 H_2 在铂黑上吸附达到饱和。金属铂在标准氢电极中是作为集流体和 H_2 的反应载体，吸附在铂黑上的 H_2 和溶液中的 H^+ 建立如下平衡：

图 3-10　标准氢电极示意图

$$2H^+ + 2e^- \rightleftharpoons H_2$$

标准氢电极表示为：

$$Pt, H_2(100kPa)|H^+(a=1)$$

使用相对电极电位时，规定标准氢电极电位为零，但并不表示双电层两侧无剩余电荷。反之，双电层两侧无剩余电荷时的电位（零电荷电位）也并不等于零，电极电位高于零电荷电位表明双电层金属侧带过剩正电荷。

标准氢电极是气体电极，要求氢气纯度高且压力稳定；加之铂在溶液中容易吸附其他组分而产生中毒失活现象，所以标准氢电极的制备和使用条件都十分苛刻。

在实际应用中，常采用易于制备、方便使用的可逆氢电极（reverse hydrogen electrode，RHE）或其他参比电极进行测量。这些电极相对于标准氢电极的电位已经知道，当测出工作电极相对于这些参比电极的电位以后，很容易换算为相对于标准氢电极的电位，或者不进行换算，只在电极电位后面注明即可，如 1.23V（RHE 或 vs.RHE）。

RHE 不要求电解液中 H^+ 活度为 1.0，其余部分则与 SHE 相同。采用 RHE 的最大好处是充分利用电化学测试时的溶液体系，而不用考虑液接电位差，特别方便在酸性或碱性溶液中的测试，即使在大于 5mol/L 的强酸（H_2SO_4）或强碱（NaOH）水溶液中都可使用。

====================铂黑电极的制作方法====================

将约 3g 氯铂酸（H_2PtCl_6）溶解于 100mL 水中（即含量约 3%），用约 30mA/cm^2 阴极电流密度在铂电极电镀 5~10min，对电极可以是铂电极或石墨电极等。其间需充分搅拌以防氢气析出，并需进行多次阴阳极交替极化。镀好的铂黑电极经水洗后，在 0.1mol/L H_2SO_4 溶液中进行电镀反应相同次数阴阳极交替极化处理，最后经充分水洗后使用。铂黑电极不用时需在蒸馏水中保存。

==

3.2.2 甘汞电极

甘汞电极即汞/甘汞（Hg/Hg_2Cl_2）电极，是实验室最常用的参比电极之一。如图 3-11 所示，铂丝插入汞/甘汞（Hg_2Cl_2）糊状物，并浸泡于 KCl 溶液中。电极下端与待测溶液接触部分是熔结陶瓷芯或玻璃砂芯等多孔材料。饱和甘汞电极的上侧有开孔及橡胶帽，以便添加溶液和固体 KCl 使溶液饱和。在使用中应关闭其开孔，以免其中的溶液通过下端多孔材料流失。

甘汞电极组成为：

Pt,Hg|Hg_2Cl_2|KCl（水溶液）

电极反应为：

$$Hg_2Cl_2(s)+2e^- \rightleftharpoons 2Hg(l)+2Cl^-(aq)$$

甘汞电极的电极电位与 Cl^- 的活度和温度有关，如表 3-7 所示。常用饱和 KCl 溶液，称为饱和甘汞电极（saturated calomel electrode，SCE）。SCE 的电位对温度比较敏感，与温度 t（℃）的关系如下：

$$E=0.2412-6.61\times10^{-4}\times(t-25)-1.75\times10^{-6}\times(t-25)^2-9\times10^{-10}\times(t-25)^3$$

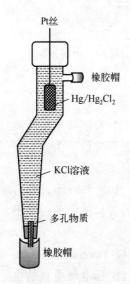

Pt丝

橡胶帽

Hg/Hg_2Cl_2

KCl溶液

多孔物质

橡胶帽

图 3-11 甘汞电极

表 3-7　甘汞电极的电极电位 E(V)随 KCl 溶液浓度与温度的变化

电极组成	10℃	15℃	20℃	25℃	30℃	35℃	40℃	50℃
Pt,Hg|Hg$_2$Cl$_2$|0.1mol/L KCl 溶液	0.3343	—	0.3340	0.3337	0.3334	—	0.3316	0.3296
Pt,Hg|Hg$_2$Cl$_2$|1mol/L KCl 溶液	0.2839	—	0.2815	0.2801	0.2786	—	0.2753	0.2716
Pt,Hg|Hg$_2$Cl$_2$|饱和 KCl 溶液	0.2507	0.2477	0.2444	0.2412	0.2378	0.2344	0.2307	0.2252

3.2.3　硫酸亚汞电极

当实验体系中不允许氯化物存在时，可采用汞/硫酸亚汞电极（Hg/Hg$_2$SO$_4$），简称硫酸亚汞电极。其电极结构与制备方法与甘汞电极相似，用 Hg$_2$SO$_4$ 代替 Hg$_2$Cl$_2$、SO$_4^{2-}$ 代替 Cl$^-$ 即可，具体组成：

$$\text{Pt,Hg} \mid \text{Hg}_2\text{SO}_4 \mid \text{SO}_4^{2-} \text{（水溶液）}$$

电极反应为：

$$\text{Hg}_2\text{SO}_4(s)+2e^- \Longleftrightarrow 2\text{Hg}(l)+\text{SO}_4^{2-}(aq)$$

硫酸亚汞电极的电极电位取决于 SO$_4^{2-}$ 的活度，如表 3-8 所示。

表 3-8　不同硫酸亚汞电极的电极电位及其随温度的变化

电极组成	温度 t/℃	电极电位 E/V
Pt,Hg|Hg$_2$SO$_4$|0.1mol/L H$_2$SO$_4$ 溶液	18	0.679
	25	0.687
Pt,Hg|Hg$_2$SO$_4$|饱和 K$_2$SO$_4$ 溶液	25	0.650
Pt,Hg|Hg$_2$SO$_4$|K$_2$SO$_4$ 溶液（a=1）	10	0.6270
	15	0.6231
	20	0.6193
	25	0.6152
	30	0.6110
	35	0.6070
	40	0.6031

Hg$_2$SO$_4$ 在水溶液中溶解度较大，故稳定性较差。一般常用于硫酸和硫酸盐体系，但切忌用于含氯离子的体系。对可能污染参比电极的电解液体系，需用 0.1mol/L K$_2$SO$_4$ 的盐桥连接。测量时，盐桥溶液面应高于待测液面，在重力作用下以一定流速与待测溶液形成通路，防止待测溶液向参比电极内扩散。

3.2.4　氧化汞电极

氧化汞电极（mercury oxide electrode，MOE）即汞/氧化汞电极（Hg/HgO），是碱性溶液中常用的参比电极，由汞、氧化汞和碱性溶液组成：

$$Pt,Hg|HgO|OH^-（水溶液）$$

电极反应为：

$$HgO(s)+H_2O+2e^- \rightleftharpoons Hg(l)+2OH^-(aq)$$

MOE 的电极结构形式与甘汞电极基本相同，可自行制作。将汞和氧化汞混合研磨，用碱液调成糊状，浸于碱性溶液中，并用铂丝与汞接触作为电极的引线。

MOE 的电极电位稳定并取决于 OH^- 的活度，其标准电极电位为+0.0977V（25℃）。常用氧化汞电极的电极电位如表 3-9 所示。在碱性溶液中一价汞离子会被歧化为零价汞和二价汞离子，所以不会因 Hg_2O 的存在而引起电位的偏移，故其重现性好。

MOE 只适用于碱性溶液。因为：①氧化汞可溶于酸性溶液，故不能使用；②pH<8 的弱碱溶液中因存在反应 $Hg+Hg^{2+} \Longrightarrow Hg_2^{2+}$ 形成黑色氧化亚汞而消耗汞；③若有 Cl^- 则会形成甘汞，故当 $Cl^->0.1mol/L$ 时，只能在 pH>11 的溶液中使用。

表 3-9　不同氧化汞电极的电极电位及其随温度 t（℃）的变化

电极组成	电极电位 E/V
Pt,Hg|HgO|1mol/L KOH	$0.107-1.1\times10^{-4}(t-25)$
Pt,Hg|HgO|1mol/L NaOH	$0.1135-1.1\times10^{-4}(t-25)$
Pt,Hg|HgO|0.1mol/L NaOH	$0.169-7\times10^{-5}(t-25)$

3.2.5　氯化银电极

银/氯化银电极（silver silver-chloride electrode，SSE）即氯化银电极（Ag/AgCl），是将覆盖有 AgCl 的银丝浸在含 Cl^- 的溶液中所构成（图 3-12），其电极组成为：

$$Ag|AgCl|Cl^-（水溶液）$$

电极反应为：

$$AgCl(s)+e^- \rightleftharpoons Ag(s)+ Cl^-(aq)$$

银/氯化银电极的电极电位取决于 Cl^- 的活度。含 Cl^- 的溶液常用饱和 KCl 溶液，构成的电极称为饱和氯化银电

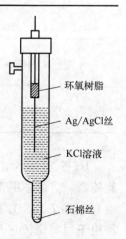

环氧树脂

Ag/AgCl丝

KCl溶液

石棉丝

图 3-12　氯化银电极

极（saturated silver-chloride electrode，SSE），电极电位+0.199V（25℃）；若在 3.5mol/L KCl 溶液中则为+0.205V（25℃）。氯化银电极的温度系数小于SCE，如表 3-10 所示。

表 3-10 氯化银电极电位及其随温度的变化

温度 $t/℃$	0	10	15	20	25	30	35	40	50	60
电位 $E^\ominus$ / V	0.2363	0.2313	0.2286	0.2255	0.2223	0.2191	0.2157	0.2120	0.2044	0.1982

AgCl 在水中溶解度很小（约 10^{-5}mol/L，25℃），但在高浓度 Cl⁻ 溶液中，因反应 $AgCl(s)+Cl^-(aq) = [AgCl_2]^-(aq)$ 而增加了 AgCl 的溶解度，如在 1mol/L KCl 溶液中溶解度为 0.014g/L，饱和 KCl 溶液中可达 10g/L。所以，在使用中，KCl 溶液最好先用 AgCl 饱和；但 Ag/AgCl 电极插入稀溶液时，AgCl 又可能重新沉淀而堵塞参比电极的多孔封口，故此时需要使用 KCl 盐桥。

银/氯化银电极的结构紧凑、耐震，具有较好的稳定性和重现性，且无毒，故应用广泛。另外，AgCl 遇光会分解，须避光保存。

================== AgCl 电极的制作方法 ==================

将一定长度和直径的 Ag 丝（也可用 Pt 丝镀 Ag 代替之）用 3mol/L HNO₃ 溶液清洗以除去其表面氧化物，经蒸馏水清洗后在 0.1mol/L HCl 溶液中进行阳极极化，采用 0.4mA/cm² 电流密度电解 30min，取出用蒸馏水洗净即可。为防止 AgCl 层因干燥剥落，可将其浸入 KCl 溶液中保存待用。

==

3.2.6 特殊参比电极

前述的常见参比电极都是水溶液体系，几乎可以应对水溶液中大多数电化学分析测试。但若是非水体系（非水溶剂或熔盐）则有问题，如非水溶剂可能会遇到水溶液参比电极的漏水现象。于是就出现了一些特殊的参比电极。

（1）有机溶剂中的参比电极

要选择对非水溶液没有污染的参比电极确有难度，不过有些有机溶剂本身可以与水互溶，所以形成的体系并非真正的非水体系。在有机溶剂体系中使用水溶液参比电极的最大问题是液接电位，其最大值可达 170mV，如表 3-11 所示。从表 3-12 可以看出，通过非水溶剂参比电极室等措施，可以在非水有机溶剂中使用常规的水溶液参比电极，且稳定性、再现性均好；但有些则不稳定，如饱和甘汞电极等。

表 3-11　饱和 KCl（水）|0.1mol/L Et$_4$NX（有机溶剂）之间的液接电位

有机溶剂	AN	PC	DMF	DMSO	HMPA	NM	EtOH	MeOH
液接电位 E/V	0.093	0.135	0.174	0.172	0.152	0.059	0.030	0.025

表 3-12　用于非水体系的参比电极

参比电极	参比电极室种类	乙腈（AN）	碳酸丙烯酯（PC）	二甲基甲酰胺（DMF）	二甲基亚砜（DMSO）
Pt,H$_2$/H$^+$	非水溶剂	○	○	○	×
Ag/Ag$^+$	非水溶剂	○	○	○	×
Ag/AgCl	非水溶剂	×	×	×	×
Pt,Hg/Hg$_2$Cl$_2$	非水溶剂	×	×	×	×
Pt,Fe(Cp)$_2$/Fe(Cp)$_2^+$	非水溶剂	○	○	○	○
Pt,Hg/Hg$_2$Cl$_2$+盐桥	水溶液	○	○	○	○
Ag/AgCl+盐桥	水溶液	○	○	○	○

注：○表示稳定、再现性好；×表示不稳定。

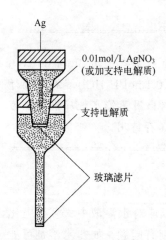

图 3-13　带盐桥的 Ag/Ag$^+$
参比电极

Ag$^+$参比电极：利用 Ag/Ag$^+$可逆氧化还原反应，尽管仍是水溶液体系，但关键是采用了带支持电解质的盐桥进行缓冲，如图 3-13 所示。

二茂铁参比电极：由二茂（cyclopentadienyl，Cp）铁组成的可逆氧化还原体系[Fe(Cp)$_2$/Fe(Cp)$_2^+$]是有机溶剂中较常用的参比电极之一，其电极组成为：

Pt|0.01mol/L Fe(Cp)$_2$+0.01mol/L Fe(Cp)$_2^+$+
0.1mol/L Et$_4$NClO$_4$

（2）准参比电极

准参比电极（quasi-reference electrode，QRE）是将一根铂丝或覆有 AgCl 的银丝插入待测电化学体系中，当测试中电解液组分基本不变时，尽管金属丝的电位未知，但在一系列的电化学测量中并不变化。在报告相对于 QRE 的电位之前，通常需要采用已知的参比电极对准参比电极的实际电位进行对测校正。RHE 也可以理解为一种特殊的 QRE。

（3）金属参比电极

在生产过程中进行测量和监控时，为坚固和方便，常用金属材料制作参比

电极，如铜、铅、不锈钢等，但要求在不通电时电位稳定、有电流通过时不易极化。当此种金属参比电极可能处于腐蚀溶液中时，要求有较好的耐蚀性。例如，在碱性电池测试中，可用 $Cd|Cd(OH)_2|OH^-$ 电极，而在铅酸蓄电池中则用 $Cd|Cd(OH)_2|SO_4^{2-}$ 电极。

（4）同材参比电极

在生产现场的监测发展中提出了采用同种材料参比电极，即工作电极与参比电极是两个相同材质、大小、形状、表面状态的电极，并均处在相同的腐蚀溶液中。此时腐蚀电位应当相近。当工作电极受极化偏离腐蚀电位时，工作电极与参比电极之间的电位差就是待测工作电极的极化值。

（5）微参比电极

微参比电极主要用于测定电极表面微区的电位，既可采用针尖状的金属丝（如 Pt、W 等），也可采用玻璃毛细管作盐桥的组合微参比电极。主要用在：①电化学扫描显微镜的扫描电极，用于金属局部腐蚀研究；②生物医学方面，如测试生物体内细胞电位、细胞组织 pH 值及有关离子浓度。

3.3
工作电极与制作方法

3.3.1 指示电极

指示电极（indicator electrode）是一类工作电极，原理是依据 Nernst 方程，通过测量电极电位来指示待测物种的多少。指示电极主要靠电极上的传感器来感知待测物种，故又称为传感电极（sensor electrode，SE），主要包括离子选择电极、玻璃电极、气体传感电极、酶电极等。

（1）离子选择电极

离子选择电极（ion-selective electrode，ISE）是通过电极对待测体系中离子的电位响应来检测其含量，如图 3-14 所示。商品化的典型离子选择电极见表 3-13。玻璃电极是最典型的 ISE。

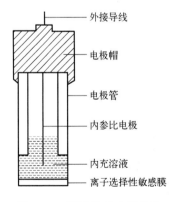

外接导线
电极帽
电极管
内参比电极
内充溶液
离子选择性敏感膜

图 3-14　离子选择电极结构示意图

表 3-13　典型的离子选择电极

待测离子	类型[①]	浓度范围 /(mol/L)	pH 范围	干扰离子
NH_4^+	L	$10^{-6} \sim 10^{-1}$	5～8	K^+、Na^+、Mg^{2+}
Ba^{2+}	L	$10^{-5} \sim 10^{-1}$	5～9	K^+、Na^+、Ca^{2+}
Br^-	S	$10^{-5} \sim 1$	2～12	I^-、S^{2-}、CN^-
Cd^{2+}	S	$10^{-7} \sim 10^{-1}$	3～7	Ag^+、Hg^{2+}、Cu^{2+}、Pb^{2+}、Fe^{3+}
Ca^{2+}	L	$10^{-7} \sim 1$	4～9	Ba^{2+}、Mg^{2+}、K^+、Pb^{2+}
Cl^-	S	$5 \times 10^{-5} \sim 1$	2～11	I^-、S^{2-}、CN^-、Br^-
Cu^{2+}	S	$10^{-7} \sim 10^{-1}$	0～7	Ag^+、Hg^{2+}、S^{2-}、Cl^-、Br^-
CN^-	S	$10^{-6} \sim 10^{-2}$	10～14	S^{2-}
F^-	S	$10^{-7} \sim 1$	5～8	OH^-
I^-	S	$10^{-7} \sim 1$	3～12	S^{2-}
Pb^{2+}	S	$10^{-6} \sim 10^{-1}$	0～9	Ag^+、Hg^{2+}、S^{2-}、Cd^{2+}、Cu^{2+}、Fe^{3+}
NO_3^-	L	$5 \times 10^{-6} \sim 1$	3～10	Cl^-、Br^-、NO_2^-、F^-、SO_4^{2-}
NO_2^-	L	$10^{-6} \sim 1$	3～10	Cl^-、Br^-、NO_3^-、F^-、SO_4^{2-}
K^+	L	$10^{-6} \sim 1$	4～9	Na^+、Ca^{2+}、Mg^{2+}
Ag^+	S	$10^{-7} \sim 1$	2～9	S^{2-}、Hg^{2+}
Na^+	G	$10^{-6} \sim$ 饱和	9～12	Li^+、K^+、NH_4^+
S^{2-}	S	$10^{-7} \sim 1$	12～14	Ag^+、Hg^{2+}

① G=玻璃；L=液膜；S=固态。典型的温度范围：液膜电极为 0～50℃；固态电极为 0～80℃。

（2）玻璃电极

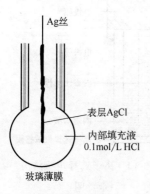

图 3-15　玻璃电极

玻璃电极是一种特殊的氢离子（H^+）选择电极，由特殊的玻璃薄膜制成，广泛用作氢离子指示电极。当玻璃膜把两个不同 pH 的溶液隔开时，玻璃膜的两边产生电位差，数值大小取决于两边溶液 pH 的差值。如果固定玻璃膜一边溶液的 pH，则膜电位差只随另一边溶液 pH 变化，故可制成 H^+ 指示电极。

玻璃电极通常制成球形，其中装入 0.1mol/L HCl 溶液和氯化银电极或甘汞电极，如图 3-15 所示。测量时，玻璃薄膜完全浸在待测溶液中，记录相对于另外一个参比电极（如饱和甘汞电极）的电极电位。

待测溶液从两个方面影响电位差。一是参比电极和待测溶液之间的液接问题，希望此液接电位差很小且恒定；二是待测溶液对玻璃膜电位差的影响。既然体系中其他界面均有恒定的组成，则电位的变化可完全归结为玻璃膜与待测溶液之间的液接界面变化，但实际上玻璃的水合硅酸盐结构会造成与溶液相接触的膜表面与本体不同。膜的本体厚度大约 $50\mu m$，是干燥的玻璃，通过内部存在的阳离子专一地进行电荷转移。玻璃内部存在的阳离子为碱金属离子，如 Na^+ 或 Li^+，但溶液中 H^+ 对玻璃膜内的导电并无贡献。

玻璃电极的内阻很大，一般在 $1\sim50M\Omega$ 数量级，必须采用高阻（$>10^{10}\Omega$）场效应晶体管作为输入级的电压表或酸度计进行测量。

与其他 H^+ 指示电极不同，玻璃电极本身不包含氧化还原电对，故不受待测溶液中存在的其他氧化还原物质的影响，电位响应快，使用灵便，已经成为常用 pH 计的工作电极。

测量溶液 pH 的步骤为：①预先将玻璃电极浸泡在水溶液中至少 2h。②用标准 pH 溶液（pH 已知）进行校对。采用一个 pH 标准液的为单点校对；采用两个以上 pH 标准液的则为多点校对。③将玻璃电极放入待测液中至读数稳定。

（3）气体传感电极

气体分子传感电极能够检测 O_2、CO_2、H_2、CH_4 等气体，包括半导体气体传感电极、接触燃烧式气体传感电极、恒电位电解式气体传感电极、伽伐尼电池式气体传感电极、固体电解质气体传感电极等。具体则有高温 O_2 电极、溶解 O_2 电极、H_2O_2 电极等，其中 O_2 传感电极应用广泛，详见图 3-16。

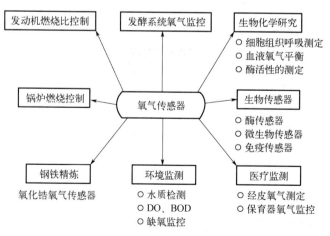

图 3-16　O_2 传感电极的应用

（4）酶电极

酶电极是典型的生物传感电极之一，具体包括免疫电极、微生物电极、细胞电极、组织电极等。酶电极及其应用领域发展迅速，如表 3-14 所示。

表 3-14　常见酶电极的应用情况

检测对象	酶电极构造	样品量/μL	处理能力（每小时测样个数）
葡萄糖	GOD 膜/O_2 电极	5～20	300～500
葡萄糖	GOD 膜/H_2O_2 电极	10	120
尿素	尿素酶膜/NH_3 电极	20	120
尿酸	尿素酶膜/H_2O_2 电极	20	150
葡萄糖、总胆甾醇中性脂质、磷脂质	酶膜/O_2 电极	40（4 个项目）	160

酶电极是利用酶对特定基质发生特异性酶催化反应的检测方法，最有代表性的为葡萄糖酶传感电极（图 3-17）。它是由溶解氧测定的 Clark 型 O_2 电极（即通过电极的电流正比于 O_2 分压）加上葡萄糖氧化酶（GOD）膜构成，只对葡萄糖具有专属的选择性：

$$\beta\text{-D-葡萄糖} + O_2 + H_2O \longrightarrow \text{葡萄糖酸} + H_2O_2$$

即待测溶液中溶解氧还原电流的减少与葡萄糖浓度成正比关系。当然也有利用反应生成 H_2O_2 的多少进行检测的酶电极。

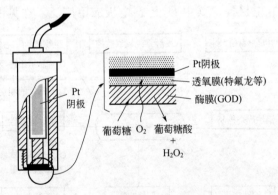

图 3-17　葡萄糖测定之酶电极示意图

3.3.2　工作电极的制作

除指示电极、液态金属汞电极外，常见工作电极几乎都是固态。由于固体电极表面状态的复杂性，电极体系的制备对测量结果有很大的影响。尽管已有商品化的多种惰性与活性固态电极可供选择，但在实验室自行加工与处理固态工作电极仍是电化学实验室的基本技术。

固态电极制作包括电极材料切割、电极引线连接、电极封装、电极表面打磨等步骤。

（1）电极材料切割

常见工作电极的表观面积一般为约 $1cm^2$ 的圆盘或矩形，如果恒电位仪或电化学工作站的输出电流较小则可适当减小。当制作的电极不多，可用钢锯和锉刀完成；若量大则可外协用线切割完成。若材料是片状则可直接用剪刀剪成带有极耳的形状；薄片状材料也可先焊接在大块铜等基底上再行加工。对丝状、长片状或块状等材料也可直接进行后续处理。

（2）电极引线连接

丝状、条状或带有极耳的电极一般不需要连接引线。引线连接一般采用焊锡焊接或螺丝连接，如 Pt、Au、Ag、Cu、Fe 等片/块状电极均可采用焊接且操作简便。对于不好焊接的材料如 Ti 等，则可采用攻螺纹孔，通过螺丝连接引线。在电极封装前，需要使用塑料或玻璃套管将连接线封闭绝缘。

（3）电极封装

为了保证电流在电极表面均匀分布，并固定参与反应的电极面积，必须对电极进行绝缘封装。经过封装之后可以确定电极表观面积的准确大小，从而方便定量的电化学测试。封装的基本原则是效果要好、封装材料与试样间不产生缝隙。具体的封装方法包括以下几种。

① 简单涂封法。采用石蜡、油胶、绝缘漆、硅橡胶等涂装材料将电极工作表面以外的部分涂覆［图 3-18（a）］，经干燥后使用。

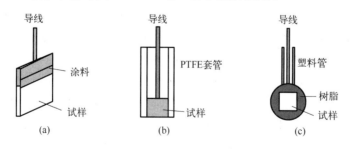

图 3-18　固体电极的制作示意图

这种方法简便易行，但要求涂覆材料应具有足够的耐蚀性、不污染电解液、耐热性较高。但存在较多缺点：a. 涂层固化时容易在边缘脱离，从而产生缝

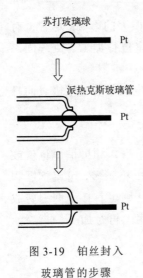

苏打玻璃球

Pt

派热克斯玻璃管

Pt

Pt

图 3-19　铂丝封入
玻璃管的步骤

隙，造成不可控的腐蚀因素，对电化学测试产生很大的干扰，甚至得到完全错误的实验结果；b. 只适用于电极工作面打磨好以后（具体方法见后）的封装，否则封装之后再打磨非常容易产生缝隙；c. 使用的电解液受到比较大的限制；d. 使用的温度范围有限，高低温均受限制，多在常温下使用。

② 玻璃熔封法。即通过酒精喷灯等加热手段使玻璃熔融把电极封住，常用于丝、片状电极，特别是贵金属 Pt 与 Au，如图 3-19 所示。几种电极材料的热性质如表 3-15 所示。玻璃熔封电极的优点：a. 几乎可以在各种无机和有机电解质溶液中使用，即使氢氟酸或氟化物电解液中也可短时使用；b. 使用温度范围宽，从低温到几百摄氏度高温下均可。

表 3-15　几种电极材料的热性质

电极材料	Pt	Pd	Au	Ag	W	派热克斯玻璃	苏打玻璃
熔点或软化点 T_m/℃	1769	1552	1063	961	3387	820	700
（0～100℃）热膨胀系数 $\alpha/10^7$	91	111	143	188	75	32.5	92

③ 聚四氟乙烯（PTFE）嵌封法。多用于圆柱形电极的封装，常见的圆盘状金属电极和玻碳电极均用此法加工。具体方法是 [图 3-18（b）]：a. 将电极材料加工成圆柱形，要求柱面光滑；b. 将聚四氟乙烯棒材钻孔，孔径略小于圆柱状电极，要求孔壁光滑，外形也多为圆柱形，也可根据需要加工；c. 将加工好的聚四氟乙烯电极套在 70～80℃下加热软化，利用聚四氟乙烯的热塑性，趁热将圆柱状电极材料压入聚四氟乙烯电极套中，冷却即成。聚四氟乙烯电极套的特点是耐酸碱和有机溶剂，但高温性能较差。

④ 环氧树脂封装法。为热固性塑料封装法，适用于各种形状电极的封装，特别是封装方形或圆形电极时最为常用。具体做法是 [图 3-18（c）]：a. 在玻璃板上铺平整的牛皮纸或纸板，便于脱模；b. 将电极的工作面朝下放在牛皮纸上，其四周用薄纸板围成模具样，并注意留出灌注空间；c. 用适量固化剂（如乙二胺等）将环氧树脂调匀后灌入模具内，一天即可固化成型；d. 将固化后的电极泡在水中使纸质材料软化脱模，然后用锉刀或砂纸加工打磨电极的外形。此法需要特别注意：若固化剂偏少，则固化后的

环氧树脂性脆，造成密封不好，也难以进一步打磨加工；但若固化剂过量，则环氧树脂难以固化。

（4）电极表面打磨

电极的表面即工作面，除特殊要求外（如镀的铂黑层），一般都要求平整且为镜面。电极表面打磨包括成形、粗磨、细磨、抛光等步骤。成形时使用锉刀或木工砂纸；粗磨采用水砂纸由粗到细（砂纸号数从低到高，如 $500 \rightarrow 800 \rightarrow 1200 \rightarrow 1500$ 等）；细磨则用金相砂纸（如 $2000 \sim 2400$ 等）；抛光时采用抛光机抛光或手工抛光，抛光膏多用刚玉粉。电极表面打磨处理时需要特别注意：一是打磨需要纵横交替且单向进行（避免来回转圈！），且以前次划痕磨完为止；二是打磨过程中尽可能用水冷却，以免封装材料软化产生缝隙或电极材料高温变性。

3.3.3　工作电极的表面处理

电极表面处理是每次使用电极前需要进行的预先处理步骤，目的是除去电极表面的污染物，使电极表面能够尽可能重现。玻碳与铂、金等贵金属电极的表面一般呈镜面，其表面处理的基本程序是：

手工抛光→自来水冲洗→蒸馏水清洗→稀 NaOH 溶液擦洗→无水乙醇或丙酮擦洗→重蒸水清洗→干燥

在重复测试时，如果电极表面比较干净，则不需要进行抛光处理。

在某些要求高的电化学测试中，还需要通过对电极表面进行阴阳极交替极化处理来获得电极表面的一致性。如 Pt 电极可以在 $1mol/L\ H_2SO_4$ 溶液中于电位范围 $0 \sim 1.6V$ 内来回扫描（约 $100mV/s$），直到 CV 曲线重合为止；若是玻碳电极，也可在约 $1mmol/L\ K_3Fe(CN)_6/K_2Fe(CN)_6$ 溶液中，通过 CV 曲线的重现性来判断电极表面是否处理好。

对某些活性电极，最后可能需要增加酸洗步骤来除去电极表面的氧化物。如 Fe 电极可用稀 HCl 酸洗、Cu 电极可用稀 HNO_3 酸洗等。

图 3-20 列出了常见的几种重金属离子在悬汞电极（a）、旋转热解石墨电极（b）、未抛光静止玻碳电极（c）、抛光旋转玻碳电极（d）等不同电极在不同处理方式下的溶出伏安曲线，其中尤以抛光旋转玻碳电极的灵敏度和分辨率最好。

3.3.4　电极的表面积

电极反应是在电极表面上进行的，所以电极表面积是一个重要参数。电极的极化程度直接与电流密度（即单位电极面积上通过的电流）有关。

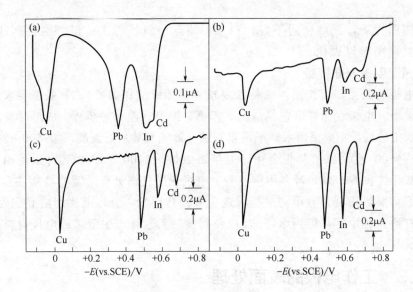

图 3-20　200nmol/L Cu^{2+}、In^{2+}、Pb^{2+}、Cd^{2+}等金属离子在不同电极上的溶出伏安曲线

（引自文献[22]）（0.1mol/L KNO_3 溶液，电位扫速 5mV/s）

（a）HMDE（t_d=30min）；（b）热解石墨 RDE（t_d=5min）；（c）未抛光静止 GC 电极（t_d=5min）；

（d）抛光 GC-RDE（t_d=5min）

其中 RDE 采用 2000r/min 并在溶液中加有 20μmol/L Hg^{2+}

除了液态汞电极外，电极表面积的正确求算并不简单。一般电极只用电极几何尺寸来计算表观面积。但因固体电极的表面粗糙度各不相同，故其真实表面积需要结合其他方法进行测定，如铂电极可以通过氢离子吸附峰来求算。

================铂黑电极表面积的求算方法================

① 氢原子吸附法。Pt 在 H_2SO_4 溶液中进行 CV 扫描，在+0.4～0.05V（vs.SHE）电位范围出现氢原子吸附峰，由峰面积（电量）即可计算出电极的表面积，其中需要扣除双电层的充电电量约 120μC/cm²。

② 安培计时法：在静止平板电极上进行恒电位阶跃实验，记录电流-时间曲线（i/A-t/s），然后通过 Cottrell（科特雷尔）方程 $i=nFAc[D/(\pi t)]^{1/2}$ 即可计算出电极面积 A(cm²)。其中，电子转移数 n、法拉第常数 F=96490C、扩散系数 D(cm²/s)、物质浓度 c(mol/L)等参数均为已知。具体处理时一般取电解 30s 后约 1s 的数据点。

③ 变速 CV 法：根据 $i_p \propto v^{1/2}$ 也可计算出电极面积 A。

==

3.4
碳电极

碳电极是最常用的电极之一，主要利用了碳原子 sp^2 杂化为基础所形成的微晶石墨结构单元的导电特性，具体包括石墨、碳纳米管、富勒烯、石墨烯等碳材料。其特点有：

① 碳电极形式多样，有不同的电极性能，尤其是机械强度好、耐高温、价廉。

② 碳电极氧化缓慢、电化学惰性好、电位窗较宽，特别是在正电位方向优于铂电极和汞电极，后者阳极电流背景明显。

③ 碳电极表面可进行化学修饰，以改变其电极表面活性。

④ 碳电极表面不同的电子转移动力学和吸附行为也有利于特殊电极过程的研究。

碳电极可分为六大类：石墨电极、玻碳电极、碳纤维电极、热解石墨和高定向热解石墨电极、碳纳米电极、硼掺杂金刚石电极等。

碳电极材料种类繁多、性能各异，并在不断发展之中（表 3-16）。选择何种碳电极材料取决于对电极性能的具体要求。

表 3-16　不同碳材料的主要特性参数[1]

碳材料种类	表观密度 d /（g/cm³）	电阻率 ρ/（Ω·cm）	微晶石墨大小 L_a/nm	微晶石墨厚度 L_c/nm
热解石墨	2.18	—	100^a	100^a
高定向热解石墨（HOPG，c 轴方向）	1.8	$1.7×10^{-1}$		>10000
高定向热解石墨（HOPG，a 轴方向）	1.8	$4×10^{-5}$	>1000	—
随机定向石墨（超碳 UF-4s 级）	1.8	$1×10^{-3}$	30	50
玻璃碳（GC-10，1000℃制）	1.5	$4.5×10^{-3}$	2	1.0
玻璃碳（GC-20，2000℃制）	1.5	$4.2×10^{-3}$	2.5	1.2
玻璃碳（GC-30，3000℃制）	1.5	$3.7×10^{-3}$	5.5	7.0
碳纤维（随制法可能有变）	2.26	$(5\sim20)×10^{-4}$	>10	4.0
炭黑（Spheron-6）	1.3~2.0	$5×10^{-2}$	2.0	1.3

① 数据源于：McGreery R L. *Electroanalytical Chemistry*（Ed by Bard A J）. New York：Marcel Dekker Inc，1991，17：221-374.

3.4.1 石墨电极

石墨是单质碳的主要存在形式之一,其单晶结构如图 3-21 所示,具有层状解理特性,摩擦系数小。

单晶石墨很少用作电极,而使用较多的则是成型的多晶石墨电极(图 3-22),如柱状、块状、片状。石墨电极以其独特的电化学性质在实验研究和工业上广泛使用,如电池中的碳棒集流体、电镀槽中的阳极、电解槽中的阳极(有时也作阴极)、电弧电极、电机电刷等。但需注意的是锂离子电池中的碳负极则是利用了石墨的嵌锂特性。

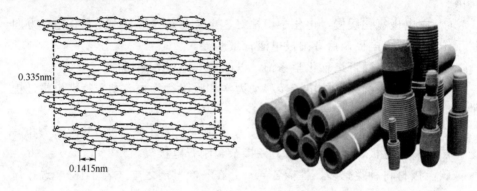

图 3-21 石墨单晶结构模型   图 3-22 成型的石墨电极

多晶石墨电极主要以石油焦、针状焦为原料,煤沥青作黏合剂,经煅烧、配料、混捏、压型、焙烧、石墨化、机加工而制成。

石墨电极的特点:可加工性好,能实现复杂的几何造型;质量轻,密度不足铜的 1/4;电极容易夹持,可捆绑做成组合电极;热稳定性好,不易变形。

石墨电极是在电弧炉中以电弧形式释放电能并对炉料进行加热熔化的导体,据其质量指标高低,可分为普通功率、高功率和超高功率石墨电极。

① 普通石墨电极。允许使用电流密度低于 $17A/cm^2$,主要用于炼钢、炼硅、炼黄磷等的普通功率电炉。

② 抗氧化涂层石墨电极。表面涂覆一层抗氧化保护层(石墨电极抗氧化剂),既能导电又耐高温氧化,可降低炼钢时的电极消耗(19%~50%),延长电极的使用寿命(22%~60%),降低电极的电能消耗。

③ 高功率石墨电极。可使用电流密度为 $18\sim25A/cm^2$,主要用于炼钢的高功率电弧炉。

④ 超高功率石墨电极。可使用电流密度大于 $25A/cm^2$,主要用于超高功

率炼钢电弧炉。

3.4.2 碳糊电极

碳糊电极（carbon paste electrode，CPE）是利用了石墨粉导电性与惰性的一类电极。制备 CPE 的材料为石墨粉（粒径 10～20μm）、憎水性的黏合剂（如石蜡、硅油等）、聚四氟乙烯外套、铜推压棒等，如图 3-23 所示。将石墨粉与黏合剂混合制成糊状物，然后将其涂在电极棒表面或填充入电极管中用铜棒压实即可。电极可以重复使用。

化学修饰碳糊电极（CM-CPE）是在 CPE 基础上发展起来的。根据电极预定的功能，通过电极表面的分子剪裁等电极修饰方法可制得 CM-CPE。CM-CPE 的出现提高了碳糊电极的选择性和灵敏度，使分离、富集和选择性测定三者合而为一，并已应用在无机物分析、有机物分析、药物分析、电化学和生物传感器等领域。

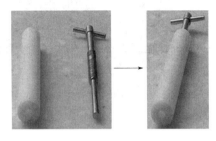

图 3-23 碳糊电极模具

3.4.3 玻碳电极

玻碳电极是玻璃碳电极（glassy carbon electrode，GCE）的简称。GCE 是一种较好的惰性电极，广泛用作工作电极并具有导电性好、热膨胀系数小、质地坚硬、光洁度高、气密性好、氢过电位高、极化范围宽（-1～1V，vs. SCE）、化学稳定性高等特点，可制成圆柱、圆盘等形状的电极。以此基体还可制成汞膜玻碳电极和化学修饰电极等，在电化学分析测试中应用广泛。

玻璃碳是将聚丙烯腈树脂或酚醛树脂等在惰性气氛中缓慢加热至高温（达 1800℃）处理成外形似玻璃状的非晶态碳，其结构模型如图 3-24 所示。

成品的玻碳电极如图 3-25 所示。玻碳电极表面容易受到一些有机物、金属化合物的污染，严重地影响测量（如不出峰、出杂峰、不重现等），必须保证玻碳表面清洁并呈镜面，所以测量前都必须做清洁处理。主要方法有：

① 化学法。包括硝酸浸泡和擦洗；以氨水-无水乙醇或乙酸乙酯 1:1 浸泡擦洗；用酒精擦洗后再以 6mol/L HCl 或 HNO₃ 浸泡。

② 电化学处理法。在 +0.8～-1.8V（0.5mol/L KCl，pH=7，除 O₂）电位范围内反复进行阳极-阴极极化多次。

③ 机械处理法。若电极表面严重污染或有麻坑、划痕，可将 200 目以上 MgO 粉放在湿绒布上，加少量水抛光。也可根据电极情况把几种方法联合使

用，但不宜长时间将电极浸泡在强酸、强碱和有机溶剂中。玻碳电极的抛光要求用 1.0μm 磨料研磨，并用 0.05μm 磨料抛光，然后转移到乙醇和去离子水中超声（一般不超过半小时）。

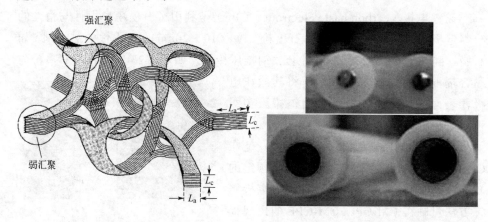

图 3-24　玻璃碳结构模型　　　　　　　　图 3-25　玻碳电极

3.4.4　热解石墨电极

热解石墨中最有代表性的是高定向热解石墨（high oriented pyrolytic graphite，HOPG）。HOPG 类似于石墨单晶，具有各向异性结构，a 轴方向电阻率很低，c 轴方向电阻率则高很多（接近于理想石墨晶体），基平面的界面电容仅为几微法。HOPG 电极主要用于基础电化学研究。

HOPG 可由烃类分解制得：烃类在 800℃ 炭化，然后在 2000℃ 高温下继续处理，使碳发生石墨化，促使晶粒长大。

3.4.5　碳纤维电极

碳纤维电极（carbon fiber electrode，CFE）的碳纤维直径在几微米到几十微米，是由石油沥青或聚丙烯腈热解而成的，在固化阶段碳材料被拉成纤维状。碳纤维在拉伸过程中使石墨的轴沿纤维方向定向，从而获得一定程度的各向异性特征。

碳纤维电极可用于生物活体（in vivo）测试。CFE（直径为 10μm 或者 30μm）检测可达 200pmol/L（ppb 级）。短 CFE（25～100μm）适用于电流和电位的活体测量；长 CFE 具有更高的灵敏度，尤其适用于离体（ex vivo）测量。

3.4.6　纳米碳电极

纳米碳电极主要是指碳纳米管电极。碳纳米管（carbon nano tube，CNT）包括单壁碳纳米管（SW-CNT）和多壁碳纳米管（MW-CNT），其中 SW-CNT 是由石墨单层原子同轴缠绕而成的管状物，MW-CNT 则是由单层石墨圆筒沿同轴层层套构而成的管状物。碳纳米管的直径一般在 1～100nm 之间，长度远大于直径。

3.4.7　类金刚石薄膜碳电极

类金刚石（diamond-like carbon，DLC）薄膜是一种新型的碳电极，具有电位窗口宽（图 3-26）、背景电流较低（电极表面的双电层电容仅几个 μF/cm²，比 GC 等电极要小 1～2 个数量级）、吸附少、物理化学稳定性较好等电化学特性。

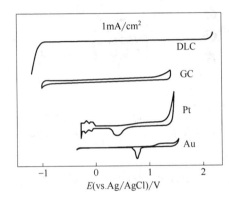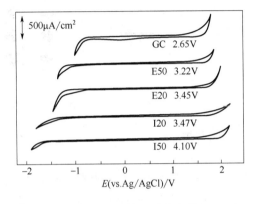

图 3-26　DLC 与常见电极在 0.1mol/L H_2SO_4 溶液中的 CV 曲线比较（引自文献[23,24]）

众所周知，碳原子 sp^3 杂化成键的金刚石是很好的绝缘体，电阻率高达 $10^{16}\Omega \cdot cm$。但金刚石经过 B、N、P 等杂原子掺杂后就具有了半导体或半金属特性，电阻率大大降低（可小于 $0.01\Omega \cdot cm$）。DLC 一般是通过化学气相沉积（CVD）在 Si、Pt、Au、Ti 等基底上沉积出的薄膜电极。根据掺杂的原子，DLC 可以分为：掺硼金刚石（boron-doped diamond，BDD）、a-C BH、a-C BN、ta-C BN、ta-C BP 等。Raman 光谱和 XPS 能谱等结构表征方法证明，DLC 中的碳原子呈现 sp^3 和 sp^2 两种杂化成键方式，其中 sp^3 含量大于 50% 称为四面体非晶碳（ta-C），反之则为非晶碳（a-C）。DLC 薄膜也可通过电化学方法在液相中沉积。

3.5

超微电极

超微电极（ultramicro-electrode，UME）是在微电极（microelectrode，ME）

的基础上发展起来的，其一维尺寸（如圆盘或环的半径）＜50μm，甚至可达100nm。早期的微电极多为 5～100μm。UME 的形状多样，如球形、半球形、圆盘状、圆环状和带状等（图 3-27）。

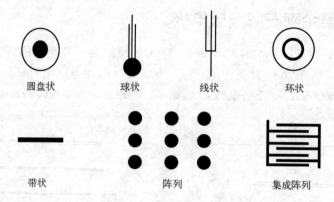

图 3-27 超微电极示意图

同常规电极相比，UME 的几何尺寸已小于电极表面的扩散层厚度，故有以下特点：

① 电极尺寸小。一般在微纳米，能够提高电化学测量的空间分辨率，甚至可以插入单个细胞进行生物活体的电化学测试。

② 电极面积小。正比于电极面积的双电层电容小，通过 UME 的电流绝对值小。

③ 双电层充电电流小。充电衰减很快，使得与法拉第电流比值增大，可提高电化学测量的信噪比和灵敏度，且提高了检测限。

④ 测量响应快。UME 的时间常数小，容易达到稳态电流，故可用于研究快速的电荷转移或化学反应、检测短寿命物质等暂态测量。

⑤ 电解池 iR 降小。可以忽略不计，不会对电极电位的测量造成影响。因此，在某些有机溶剂和未加支持电解质的水溶液等高阻体系中测量时，可将简单双电极体系代替为能够消除池内 iR 降的三电极体系。

在电化学测试中，利用微电极的特点可使其用于微区、有机等高阻的电化学体系。同时，微电极能够很快得到稳定电流的特点还可用于快速电极反应、测定反应速率常数以及电沉积的机理研究。

在生物电化学研究方面，微电极以其不破坏组织、不因电解破坏待测体系平衡等优点而广泛应用，并成为研究神经系统中传导机理、生物体循环和器官功能跟踪检测的得力工具。例如：①测量脑神经组织中多巴胺及儿茶酚胺等物质浓度的变化；②通过微铂电极测定血清中抗坏血酸，确定生物器官的循环障碍；③用微型碳纤维电极植入动物体内进行活体组织的连续测定，如对 O_2 的连续测定时间可达一月之久。

3.5.1 常规 UME

常见的圆盘 UME 可用玻璃或树脂等绝缘材料封装贵金属丝（铂、金）或碳纤维，经磨制和交错抛光横截面作为电极工作表面。球状 UME 可采用贵金属铂或金，但难用其他材料替代；半球状的可在 UME 上镀汞制得。较难制备的是条带状 UME，要求其宽度小于 $25\mu m$，而长度则可至毫米级。

典型 UME 上的 CV 曲线及其随电位扫描速度的变化如图 3-28 所示，显然可以在较快的电位扫描速度下获得稳态极限扩散电流。

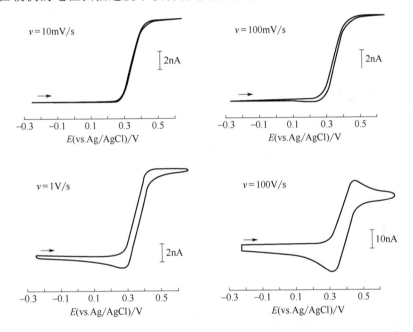

图 3-28　二茂铁 $[Fe(C_5H_5)_2$，ferrocene，Fc] 在 $6\mu m$ Pt 微盘电极上的 CV 曲线
及其随电位扫描速度的变化（引自文献[25]）

3.5.2 阵列电极

阵列电极是由多个 UME 集束在一起所组成的电极，其电流是各 UME 电流之和。阵列电极保持了原有单一电极的特性，同时又可获得较大的电流以提高分析检测的灵敏度。阵列电极常见制备方法为微刻蚀法和模板法。图 3-29 为阵列微带（$3\mu m$ 宽，$2\mu m$ 间隔）电极上的 CV 曲线，其电流显然比单微盘电

极有明显的提高。

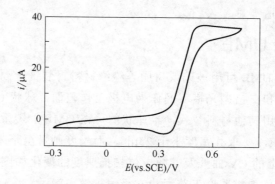

图 3-29　微带电极的 CV 曲线（引自文献[26]）

3.5.3　纳米电极

纳米电极是指由纳米材料所构成的电极，并非电极尺寸达到纳米级。如前述的碳纳米管电极以及近年来使用较多的纳米金、纳米铂电极等。

电化学过程与电极材料的表面积有关。当材料粒度小到纳米级时，表面积有数量级的变化，其化学性能表现出新的特点。如利用原子力显微镜的导电针尖，对组装在单晶硅上的有序长链硅烷（OTS）单分子膜进行微区电化学氧化，非破坏地改变其表面甲基为羧基，能够形成线宽、间距在纳米量级且可控的梳状结构模板。然后通过镉离子吸附，与硫化氢气体反应生成硫化镉线，继续与氯金酸（$HAuCl_4$）反应，最后可形成纳米金电极。

3.6
多方式汞电极与极谱法

多方式汞电极（multi-mode mecury electrode，MME）包括滴汞电极、悬汞电极和汞膜电极。MME 源于捷克电化学家海洛夫斯基（Jaroslar Heyrovsky）在 1922 年首创的滴汞电极（drop mercury electrode，DME）技术，它是电化学分析发展史上的一个重大突破，广泛用于电化学定量分析。采用滴汞电极的伏安法称为极谱法（polarography），在电化学工作站中常有极谱模式（polarographic mode）可供选择。

汞电极的共同特点是电化学惰性较好、可使用的电极电位范围较宽，特别是在水溶液中的析氢过电位大，能在较负的电位区间应用。但因为汞的毒性问题，传统的汞电极现在很少使用了，甚至不用。

========================汞的精制方法========================

许多金属易与汞形成汞齐合金，所以金属汞在使用之后一般含有杂质，故常需在实验室对其进行精制纯化。具体方法是将粗汞放入 2mol/L HNO_3 稀溶液中浸泡 1～3 d 并不时搅拌（必要时还吹入空气加速杂质的氧化与溶解），其产物常以黑色粉末状析出在汞表面，最后过滤即可。此法可得相当纯净的金属汞，但对 Pt、Au、Ag 等难氧化溶解的杂质，则需采用蒸馏法进行纯化。

==

3.6.1　滴汞电极与极谱

DME 是汞电极的最基本方式。如图 3-30 所示。DME 是内径 20～100μm、长约 10cm 的玻璃毛细管，通过厚壁橡胶管（或塑料管）与储汞瓶相连。汞面与毛细管出口端距 60～80cm（有的装置带有垂直标尺），其汞柱高度的压力即可产生汞滴的下落。滴汞速度由汞柱高度调节，一般以 1～10s 一滴的速度缓慢滴下为宜。为使汞滴流畅下落，常用酸（HNO_3）和 [(CN)_3SiCl] 处理毛细管内壁。

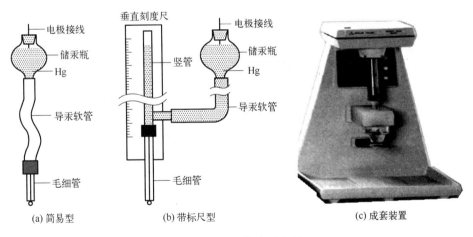

(a) 简易型　　　　　(b) 带标尺型　　　　　(c) 成套装置

图 3-30　不同的滴汞电极

DME 具有以下特点：
① 表面可不断更新，重现性好，特别适用于精确测量和理论研究。
② 是液态金属电极，表面光洁均匀，可以认为表观面积就是真实面积。

③ 汞滴面积远小于对电极，可认为槽电压的变化近似为滴汞电极电位的变化。

④ 极化电流很小，一般可不考虑因电解而引起的活性物质浓度变化。

滴汞在生长期间其半径及表面积是不断变大的，由 Cottrell 方程可得极限扩散电流 i_d：

$$i_d = \pi^{1/2}(3/4\pi\rho_{Hg})^{2/3}4nFD^{1/2}\,m^{2/3}t^{1/6}c^0$$

因滴汞生长时的"扩张效应"，相当于把扩散系数增加了 7/3 倍，经修正后可得：

$$i_d = (7\pi/3)^{1/2}(3/4\pi\rho_{Hg})^{2/3}4nFD^{1/2}\,m^{2/3}t^{1/6}c^0$$

若把全部常数代入，则有 Ilkovic（伊尔科维奇）方程：

$$i_d = 708nD^{1/2}\,m^{2/3}t^{1/6}c^0$$

式中，n 为电子转移数；F 为法拉第常数；D 为扩散系数，cm^2/s；m 为滴汞的流速，mg/s；c^0 为电活性物质的初始本体浓度，mol/L；t 为滴汞时间，s。这就是极谱法定量分析测定物质浓度 c^0 的电化学依据。

在 DME 上，除了主要的扩散电流外，尚有随着滴汞生长而增加的微分电容的充电电流 i_c 以及随电解液变化的"极谱极大"电流。它们的存在增加了电流背景，从而降低了极谱定量分析的检测限。

如图 3-31 所示，DME 上的电流随滴汞生长呈周期性的变化，不同响应时间的记录仪器得到的结果有一些差别。

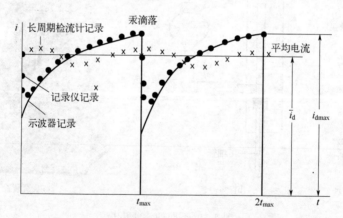

图 3-31　i_d 随滴汞生长的变化关系及其不同的记录结果（连续 2 个汞滴）

以前示波器可记录瞬时的电流细节，故早期的经典直流极谱的波动幅度最大（图 3-32），用于定量分析的灵敏度不是很高。但后来在此基础上发展出了示波极谱、脉冲极谱、方波极谱等一系列极谱新方法。

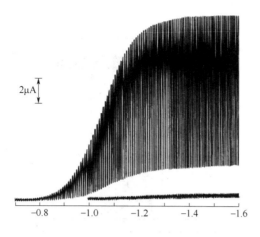

图 3-32   1mmol/L CrO_4^{2-} 的经典的直流极谱

0.1mol/L NaOH 溶液；下为空白残余电流

3.6.2   悬汞电极

悬汞电极（hanging mercury drop electrode，HMDE）是一种静止的滴汞电极（static mercury drop electrode，SMDE），既有滴汞电极的优点——重现性好，亦具固体电极的特点——电容电流小、灵敏度高。

HMDE 常有两种形式：其一是挂吊式悬汞电极，即将汞滴托于汞齐化了的微铂丝（也可用金丝、银丝等）即制成悬汞电极；其二是由电磁阀（或机械螺旋）控制的悬汞电极（图 3-33），启动电磁阀（或旋动螺旋）把汞从毛细管的一端挤压出来，形成汞滴。衡量 HMDE 的标准是保证悬汞滴大小重现，且在一定范围内任意控制悬汞滴的大小。

在汞滴生长到 τ 时有扩散电流：

$$i_d(\tau) = nAFDc^0[1/(D/\pi\tau)^{1/2} + 1/r_0]$$

当 τ 比较小时（一般为 50ms），扩散层厚度小于 r_0，故可忽略上式中球形贡献的第二项，得到线性扩散电流（Cottrell 方程）：

$$i_d(\tau) = nAF(D/\pi\tau)^{1/2}c^0$$

此即 HMDE 上的 Ilkovic 方程。采样时间 τ 越长，电流 $i_d(\tau)$ 就越小。

HMDE 常用于伏安法，尤其是循环伏安法和溶出伏安法中的工作电极，也是极谱分析中理想的工作电极，可用于无机、有机物质的微量分析和电化学理论研究，以及络合吸附极谱法、脉冲极谱法、催化极谱法及新极谱法，完成物质的痕量和超痕量分析。HMDE 可得到的重现性不亚于 DME，且构造简单、使用方便。HMDE 的充电电流比 DME 小得多（通常约 10%），这是因为充电电流主要包括两部分，即电极电位的改变与电极双电层电容的乘积、电极双电层电容的改变与其电位的乘积。

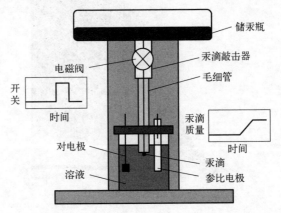

图 3-33　带电磁阀的悬汞电极（插图为电磁阀控制信号与汞滴质量变化）

3.6.3　汞膜电极

汞膜电极（mercury film electrode，MFE）是在导电基体上涂覆或电镀一层薄的汞膜而制成的电极。电极基体材料应具备电化学惰性，并对汞有良好的化学稳定性，常用的基体为玻碳电极。图 3-20（a）和（d）比较了 HMDE 和 MFE（沉积时同步形成的汞膜）上的溶出伏安曲线，显然 MFE 上的效果（特别是分辨率）要好一些。

MFE 多用于阳极溶出伏安法中的工作电极，其特点是：

① 具有与汞电极相似的特性；

② 汞层的体积小，面积大，有较高的面积/体积比，可加快搅拌速度，降低扩散层的厚度，电解富集效率进一步提高；

③ 溶出电流峰高尖、分辨能力强。

不足之处在于：

① 重现性较差；

② 汞膜易使溶解其中的金属达到过饱和，形成金属间化合物，产生干扰；

③ 易受支持电解质组分的影响。

==================玻碳汞膜电极的制备方法==================

① 镀汞法：将玻碳电极在稀汞盐溶液中电解沉积镀上一层汞膜。

② 同位镀汞法：在待测溶液中加入少量汞盐，如 $Hg(NO_3)_2$，在电解富集过程中，与待测物同时在玻碳电极表面上析出且形成汞膜或汞齐。汞膜的厚度可由溶液中汞盐浓度和电解时间来控制。

==

3.7

旋转圆盘电极技术

旋转圆盘电极（rotating disk electrode，RDE）技术属于流体动力学（hydrodynamics）强制搅拌法。电极表面的扩散层厚度决定了极限电流的大小，强制搅拌法能够有效地减小扩散层厚度来增大电流。

流体动力学方法包括：普通搅拌法、电解液喷射法、阻挡法、旋转圆盘电极法。前 3 种是直接改变电解液对流的溶液法；旋转圆盘电极则是实验室研究中最常用、最有效的定量电极方法。

3.7.1 旋转圆盘电极

如图 3-34 所示，将圆盘状金属电极镶嵌在非金属绝缘支架上，由金属圆盘引出导线和外电源相连，构成了 RDE。

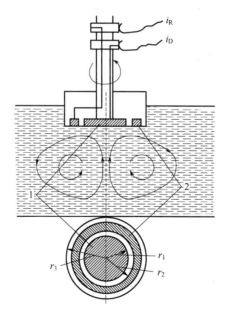

图 3-34 RDE-RRDE 及其溶液对流示意图

1—RDE（盘电流 i_D）；2—RRDE（环电流 i_R）

RDE 围绕垂直于圆盘中心的轴迅速旋转时，与圆盘中心相接触的溶液被离心力甩向圆盘边缘，溶液从圆盘中心底部向上流动，对圆盘中心进行冲击；当溶液上升到与圆盘接近时，又被离心力甩向圆盘边缘。所以在旋转圆盘引起的对流扩散中，对电极表面液层的扩散层厚度存在着两种具有相反且成比例的影响。旋转圆盘上各点的扩散层厚度均匀，可使其电流密度分布均匀，克服了平面电极表面受对流作用影响电流分布不均匀的问题。

如果旋转圆盘的转速为 n_0(r/s)，角速度为 $\omega=2\pi n_0$，根据流体力学理论可以推出扩散层厚度 δ：

$$\delta=1.62D^{1/3}v^{1/6}\omega^{-1/2}$$

式中，D 为扩散系数，cm^2/s；v 为黏滞系数，cm^2/s。于是可得扩散电流 i（mA）：

$$i= nFAD(c^0-c^S)/\delta$$
$$=0.62nFAD^{2/3}v^{-1/6}\omega^{1/2}(c^0-c^S)$$

式中，n 为电子转移数；F 为法拉第常数；A 为电极表面积，cm^2；c^0 为电活性物质的初始本体浓度，mol/L；c^S 为其在电极表面附近的浓度，mol/L。由此可得：

① 电流 i 与角速度平方根 $\omega^{1/2}$ 成正比。只在溶液体积大且无湍流时成立。

② 极限扩散电流（i_d）。当极化程度大时 $c^S=0$，在稳态伏安曲线上表现出极限扩散电流（i_d）的 Levich 方程：

$$i_d= 0.62nFAD^{2/3}v^{-1/6}\omega^{1/2}c^0$$

据此可进行物质浓度 c^0 的定量电化学分析测定。

③ K-L（Koutecky-Levich）方程。在引入极限扩散电流（i_d）后可以导出K-L 方程：

$$\frac{1}{i}=\frac{1}{i_K}+\frac{1}{i_d}=\frac{1}{i_K}+\frac{1}{0.62nFAD^{2/3}v^{-1/6}\omega^{1/2}c^0}$$

式中，$i_K=FAk_f(E)c^0$；$k_f(E)$ 为正向速率常数，并随电位 E 变化。显然，电流的倒数（$1/i$）与角速度平方根的倒数（$\omega^{-1/2}$）成正比。据此通过测量不同角速度下的极化曲线 LSV，然后选择某一电位下的电流，可以作出直线 $1/i$-$\omega^{-1/2}$。在已知 D、v、A、c^0 时，可由直线 $1/i$-$\omega^{-1/2}$ 的斜率［$1/(0.62nFAD^{2/3}v^{-1/6}c^0)$］求出电子转移数 n；反之亦然。因直线截距（$1/i_K$）与电位有关，故不同电位时的直线 $1/i$-$\omega^{-1/2}$ 一般并不重合，如图 3-35、图 3-36 所示。RDE 方法在研究溶液扩散动力学方面非常有用。

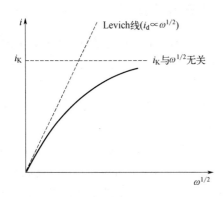

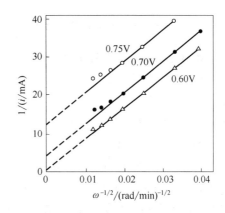

图 3-35 慢电极反应在 RDE 上的 i-$\omega^{1/2}$ 曲线（恒定 E_D）

图 3-36 饱和 O_2（约 1mmol/L）在 Au 电极上还原为 HO_2 时的 K-L 图（引自文献[27]）

0.1mol/L NaOH 溶液，电位扫速 1V/min，

$A=0.196\mathrm{cm}^2$，电位相对于 H/β-Pd

④ RDE 上的 LSV 曲线。受电位扫描速度 v 的影响比较大。只当 v 比较小时才可能表现出极限扩散电流 i_d 的稳态特征，如图 3-37 所示。但 RDE 上的 LSV 曲线受电解质溶液及其对流的影响不大，常常一次测试就可得到峰值电流 i_p 或极限扩散电流 i_d。

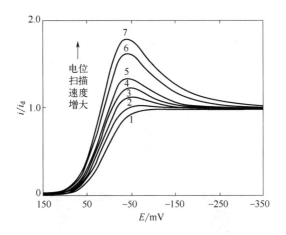

图 3-37 可逆电极反应（$k=2.236$）在同转速 RDE 的 LSV 曲线及其随电位扫描速度的变化（引自文献[28]）

v(mV/s)=50, 100, 150, 200, 250, 400, 500

================RDE 与 UME 的对流传质比较================

图 3-38 比较了不同半径（r）的静止 UME 和 RDE 角速度（ω）对溶液传质系数（m）的影响。在 $\omega \to 0$ 时，UME 与其旋转与否关系不大；但在 $\omega \to \infty$ 时，RDE 的传质效果则与 $\omega^{1/2}$ 成正比，增加缓慢。显然，ω=500rad/s（约 5000r/min）的 RDE 仅相当于 10μm UME 的传质效果；而 5μm UME 则需要 ω>1500rad/s（约 15000r/min）的 RDE 才能达到。

若要达到 150nm UME 的传质效果，则可采用壁喷电极（wall-jet electrode）或微喷电极（microjet electrode），如图 3-39 所示。采用 ϕ50～100μm 的小喷嘴喷流冲击 UME（约 ϕ25μm）表面，流速可达 0.55cm/s（传质系数与体积流速的平方根成正比）。

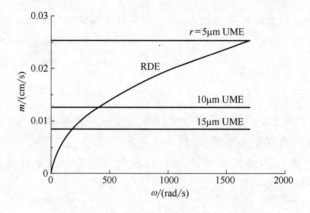

图 3-38 RDE 的 ω 对 m 的影响（引自文献[29]）

水平线是不同半径（r）的静止 UME 的传质系数 $m=4D\pi r$ 计算时假设：D=1.0×10^{-5}cm^2/s，ν=0.01cm^2/s

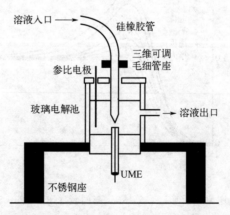

图 3-39 微喷电极装置（引自文献[30]）

3.7.2 旋转圆盘-环盘电极

旋转圆盘-环盘电极（rotating ring-disk electrode，RRDE）是在 RDE 的基础上发展起来的，其控制装置仅在后者的基础上增加了环盘电极的引线。如图 3-40 所示，RRDE 由设置在中间的盘电极和分布在盘周围的环电极组成，两者之间相隔一定距离并绝缘，且分别有导线接出。故此，在使用 RRDE 时必须配套双恒电位仪才能进行测试。

RRDE 主要测量方法有：①固定 ω，测量 i_D-E_D 和 i_R-E_D；i_D-E_R 和 i_R-E_R；②固定 E_D 和 E_R，测量 i_D-ω 和 i_R-ω。利用 RRDE 的环电极可以检测中心盘电极产生的不稳定中间产物及其电极动力学规律。

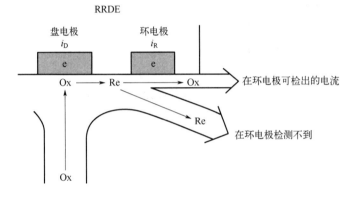

图 3-40　RRDE 的溶液流动及其与捕获率的关系

① 屏蔽效应。RRDE 的极限环电流为：

$$i_{Rd} = 0.62\pi (r_3^2 - r_2^2) nFD^{2/3} v^{-1/6} \omega^{1/2} c^0$$

当盘电极与环电极同时发生同一反应时，从溶液向电极表面传输的反应粒子的一部分因在盘电极反应而消耗，向环电极上传输的反应粒子的浓度减小，故在环电极上测得的电流应小于 i_{Rd}，即相当于屏蔽掉了一部分。

② 捕获率。盘电极进行还原反应 $Ox + e^- \Longrightarrow Re$，则其产物在环电极上进行氧化反应 $Re - e^- \Longrightarrow Ox$。由于生成的 Re 并不能全部在环电极上参与氧化反应（有一部分被抛向本体溶液），故此定义捕获率为环-盘电流之比：

$$N = -i_R/i_D = |i_R/i_D|$$

其中 $N \leqslant 1$，与电极形状有关，并可由流体力学导出：

$$N = 1 - F\frac{\alpha}{\beta} + \beta^{2/3}[1 - F(\alpha)] - (1 + \alpha + \beta)^{2/3}\left\{1 - F\left[\frac{\alpha}{\beta}(1 + \alpha + \beta)\right]\right\}$$

$$\alpha = \left(\frac{r_2}{r_1}\right)^3 - 1$$

$$\beta = \left(\frac{r_3}{r_1}\right)^3 - \left(\frac{r_2}{r_1}\right)^3$$

$$F(\theta) = \frac{\sqrt{3}}{4\pi} \ln \frac{(1+\theta^{1/3})^3}{1+\theta} + \frac{3}{2\pi} \arctan\left(\frac{2\theta^{1/3}-1}{3^{1/2}}\right) + \frac{1}{4}$$

【RRDE 应用示例 1】可逆氧化还原体系 $Fe(CN)_6^{3-/4-}$ 捕获率的测定。当电解液中只有 $Fe(CN)^{4-}$ 时,盘电极上的氧化电流 i_D 和环电极上的还原电流 i_R 为:

$$Fe(CN)_6^{4-} \underset{i_R}{\overset{i_D}{\rightleftharpoons}} Fe(CN)_6^{3-} + e^-$$

固定 $\omega=1000r/min$,设置环电位 $E_R=0.2V$(vs. SCE),测量 $i_D\text{-}E_D$ 和 $i_R\text{-}E_D$ 极化曲线,结果如图 3-41 所示。当盘电极达到极限扩散电流 $i_D=500\mu A$ 时,环电极上也有极限扩散电流 $i_R=-150\mu A$。所以实际的捕获率为:

$$N = |i_R/i_D| = 150\mu A/500\mu A = 0.30$$

【RRDE 应用示例 2】Cu-Cu$^+$-Cu^{2+}体系中间态 Cu$^+$ 的 RRDE 检测。如图 3-42 所示,Cu^{2+} 的还原反应分两步进行:

第 1 步:$Cu^{2+} + e^- = Cu^+$

第 2 步:$Cu^+ + e^- = Cu$

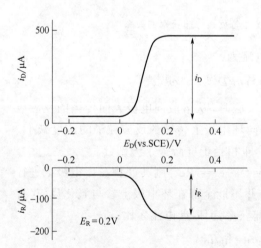

图 3-41　$Fe(CN)_6^{3-/4-}$ 体系在 RRDE-Pt 电极上的极化曲线

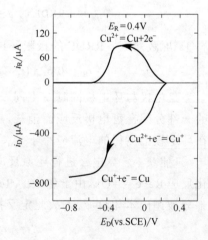

图 3-42　RRDE-Pt 电极的极化曲线
溶液:1mmol/L $CuCl_2$+0.5mol/L KCl

在环电位 $E_R=0.4V$ 时，只有 Cu^+ 的氧化在环电极上可以检测到；而在第 2 波 Cu^+ 已经被还原为 Cu 后，就检测不到 Cu^+ 了。

3.8
丝网印刷电极

形如印刷电路板状的集成多电极系统——丝网印刷电极（screen printing electrode，SPE）广泛用于血糖、血铅、水质、农残等专业化检测的电化学分析。如图 3-43 所示，丝网印刷电极既可商业购买，亦可自己制作。其中工作电极和对电极一般采用电化学惰性材料（如 Pt、Au、C 等），参比电极则多用 Ag/AgCl。

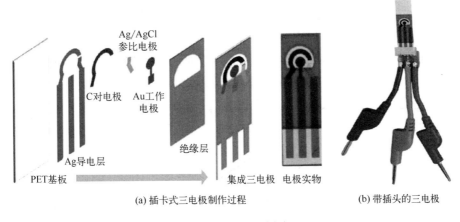

图 3-43   丝网印刷电极

在专业化的电化学分析测试中，为了提高选择性和灵敏度，工作电极表面一般需要进行修饰处理。如电化学法血糖测定用的试纸就是在丝网印刷工作电极表面涂覆有葡萄糖氧化酶。

3.9
溶出分析技术

预先富集是微量分析中提高灵敏度常采用的方法之一。溶出分析（stripping

analysis)是根据电化学分析的特点,在电化学测量前,将金属离子电解沉积 2～15min,从而达到预先富集的目的;然后利用电位扫描伏安法、电位调制伏安法等进行阳极氧化,再把这些金属离子快速地(＜100s)重新溶解出来,并形成电流峰。具体过程如图 3-44 所示。结合溶出分析技术能够有效地提高电化学检测方法的灵敏度。

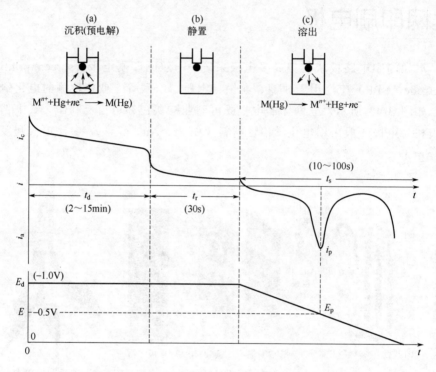

图 3-44　金属离子 M^{n+} 在 DME 上的阳极溶出分析原理(电位扫速 10～100mV/s)

上述溶出进行的是阳极氧化,故称为阳极溶出法。对应的也有阴极溶出法:富集时发生阳极氧化反应,生成难溶的沉淀或配合物,并沉积在电极表面;溶出分析时发生阴极还原反应,破坏上述沉积物。

溶出分析中采用的惰性电极主要是汞(Hg)电极、铂(Pt)电极、玻碳(GC)电极等。

第 4 章

计时法

计时法（chronography）是控制电位或电流，记录电流或电位随时间变化的一大类方法的统称。计时法测量一般都是关注电化学体系的暂态过程。具体方法包括：开路电位法、单电位阶跃法（包括电流-时间曲线法、本体电解库仑法）、双电位阶跃法（包括计时安培法、计时库仑法）、多电位阶跃计时电流法；单电流阶跃法、双电流阶跃法（计时电位法）、多电流阶跃计时电位法；线性电流计时电位法、电位溶出分析法等。

组合脉冲安培法就是多脉冲电位-计时电流法，具体有差分脉冲安培法、双差分脉冲安培法、三脉冲安培法、集成脉冲安培法等。它们是在电位脉冲或电位扫描的基础上组合而集成的方法，主要用于液相色谱、离子色谱、毛细管电泳色谱的电化学检测器。

电化学噪声法也可归属到计时电位/电流法。

4.1
方法 1——开路电位法

开路电位（open circuit potential，OCP）是电化学体系的基本参数之一，它是电化学体系开路时的电极电位。电化学工作站测量电位的输入阻抗很高（$>10^{12}\Omega$），故 OCP 十分接近电化学体系的电动势。OCP 可以用来描述电化学活性物质的浓度大小、电池电压高低、材料腐蚀强弱等。

测量 OCP 时电解池是开路的，没有激励的电位或电流信号。但若归类到电流阶跃法中，则是电流 $i=0$ 时的电位响应。

4.1.1 常见测试界面及参数设置

开路电位法常见测试界面如图 4-1 所示。

测试界面中的参数设置范围如下：

- 实验时间 t_{run}/s：1～500000；
- 采样间隔 Δt_s/s：0.0025～50；
- 高电位限制 E_h/V：−10～+10；
- 低电位限制 E_l/V：−10～+10。

有关说明：

① 采样间隔一般在 ms 级，有的电化学工作站可以达到 μs 级。

② 测量时间/采样间隔=测量点数，一般都可超过 10000 点。所以在设置

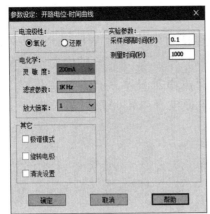

图 4-1 开路电位法的常见测试界面

测量时间、采样间隔时需要考虑软件的数据容量限制。

③ 有时电化学体系需要在初始电位 E_i 极化一段时间 t_0 再进行 OCP 测量，此时需要输入 E_i 和 t_0，但 $t_0=0$ 时则忽略此功能。

④ 电位高限 E_h 和低限 E_l 表示当 OCP 测量值高于 E_h 或低于 E_l 时结束测量。此控制功能具有保护仪器和电化学体系的作用。

4.1.2 相关理论基础

开路电位是两电极（WE-RE）的电位差。若 RE 是一个已知的参比电极，则 OCP 就是 WE 的特征参数，并与电极材料的属性、电解质溶液的种类和浓度密切相关，定量描述公式为 Nernst 方程：

$$E = E^{\ominus\prime} + \frac{RT}{nF} \ln \frac{c_O}{c_R}$$

4.1.3 应用示例

（1）检验仪器

OCP 法是检测电化学工作站电位测量回路的最有效方法。

其一是 0V 测量，即短接 WE 和 RE，此时 OCP 应在 0mV 左右；若 OCP 较大，则说明电化学工作站有问题。

其二是测量已知电压（可先用万用表测试过）的电池，原则上电池的新旧不限。将电化学工作站的 WE、RE 分别接到电池的正负极，测量电池的电压，再与已知电压进行比较，从而判断电化学工作站是否工作正常，至少能够判断电位测量部分正常与否。

（2）测量开路电位

将电化学工作站的 WE、RE 分别接到电解池的 WE 和 RE 即可进行测量。电解池开路时的电极电位有许多应用，如：①循环伏安法中初始电位设置；②材料的腐蚀电位测量；③交流阻抗也常常在开路电位进行测量；④电位分析法中的 pH 测量、离子选择电极电位测量、电位滴定中的电极电位显示等。

（3）判断参比电极的好坏

一些参比电极使用久了，其电位可能不准确。特别像饱和甘汞电极，饱和的 KCl 溶液往外扩散较多，很容易造成 KCl 流失，从而影响电极电位。这时可以利用 OCP 测量直接判断参比电极的好坏。

具体办法是使用一新（标准的）、一旧（待测的）两支参比电极，同时放入适当的电解液中（如果是饱和甘汞电极，在蒸馏水中加少许 KCl 或 NaCl 即可），然后测量它们的 OCP。若 OCP 超过 5mV，则说明旧的参比电极可能有问题。

（4）用作记录仪

OCP 法可以记录电压-时间曲线，记录时间可长可短，即当作高输入阻抗的记录仪/示波器使用。测量电压范围一般为-10～+10V，电压分辨率为 0.5mV 左右；但当采样时间间隔在 μs 级时，记录时间一般不超过 10s。

（5）电位分析法

电位分析法是电化学分析的一类重要方法，它是根据 Nernst 方程中电位 E 与待测物浓度 c 的关系进行定量分析的。电位滴定法和离子选择电极法便基于此原理。酸度计（pH 计）的测量原理就是基于典型的 H^+ 离子选择电极方法。

4.2
方法 2——单电位阶跃电流-时间曲线法

单电位阶跃法（single potential step，SPS）与传统的恒电位法（potentiostatic method）类似，但功能增加了。前者关注暂态过程，后者则是稳态测量。恒电位法又称为恒电位电解 i-t 曲线法、电流-时间曲线法（amperometric i-t）。

单电位阶跃法具体操作是先在初始电位（常选择开路电位）静置一段时间，然后阶跃到一个新的电位，详见图 4-2。由于静置时电化学工作站不采集数据，可以在 ms 采样间隔以下准确记录阶跃时的电流波形。

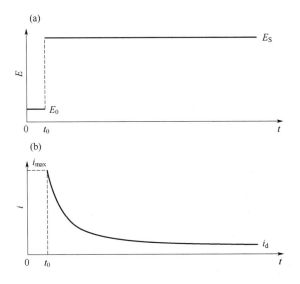

图 4-2 单电位阶跃法的电位激励波形（a）及其电流响应信号（b）

4.2.1 常见测试界面及参数设置

单电位阶跃电流-时间曲线法的常见测试界面如图 4-3 所示。

图 4-3 单电位阶跃法的常见测试界面

测试界面中的参数设置范围如下：

- 初始电位 E_i/V：$-10 \sim +10$；
- 采样间隔 Δt_s/s：0.000002（2μ）~ 50；
- 实验时间 t_{run} /s：0.001（1m）~ 50000（50k）；
- 静置（等待）时间 t_0/s：0 $\sim$ 100000（100k）；
- 测试中 Y 轴（电流）显示方式：1=自动满量程 FS；2=FS/100、FS/10；

3=FS/100、FS/10、FS/1；

• 电流量程-灵敏度 IV/（A/V）：10^{-12}（1p）～0.1。

有关说明：

① 初始电位与阶跃电位一般须小于等于 13V。

② 测量点数=测量时间/采样间隔，一般都可超过 10000 点。在设置测量时间、采样间隔时需要考虑软件系统的数据容量限制。

③ 等待时间是仪器对体系施加初始电位的时间长度，一般用于电极预处理，并可减弱或消除实验开始时充电电流的影响。

④ 电化学工作站开始运行接通继电器等需要一定的稳定时间（ms 级），不利于 μs 级的测量。此时可把初始电位设置为体系的开路电位，等待（静置）时间 t_0 后再记录阶跃数据，这样可以消除仪器启动时的干扰。

4.2.2 相关基础理论

单电位阶跃电流-时间曲线法涉及如下基础理论。

（1）电极等效电路与电流衰减规律

从工作电极的 R(RC)等效电路可知（见第 7 章），双电层电容 C_{dl} 充电引起电流衰减，且有：最大电流 $i_{max}=(E_s-E_0)/R_1$；极限残余电流 $i_d=(E_s-E_0)/(R_1+R_s)$。

（2）小幅度电位阶跃

此时对平衡电位的扰动较小，电流-电位（i-E）关系可简化为线性关系：

$$i=i_0\,\eta(-nF/RT)$$

（3）大幅度电位阶跃——扩散控制下的计时电流法

对电极反应 $O+ne^-\longrightarrow R$，当用足够高的负电位阶跃进行极化时，可使 O 的表面浓度为零。此时无论电极反应的快慢，电化学反应都进入到扩散传质控制的浓差极化状态。

对可逆电极过程的 i-E 关系可用 Nernst 方程来描述：

$$E = E^{\ominus'} + \frac{RT}{nF}\ln\frac{c_O}{c_R}$$

它不含动力学参数 k 和传递系数 α，可大大简化数学处理。

对完全不可逆过程的电子转移 i-E 关系符合 Tafel 行为（见第 5 章 5.4 方法 19）。

若是准可逆体系，即电极过程不是很快也不是很慢时，必须考虑复杂的 i-E 关系，此时阴极过程、阳极过程均对净电流有贡献。

通过求解扩散方程，可以得到暂态的极限扩散电流 $i_d(t)$ 的表达式。

① 平面电极

$$i(t)= i_d(t)=nFA\,c_O^0\,(D_O/\pi t)^{1/2}$$

此式称为 Cottrell 方程。它表明随着反应的进行，本体溶液中的氧化态 O 向电极表面不断扩散，使得电极表面浓度梯度逐渐减小，电流也逐渐减小。由于记录的是电流与时间的关系，故称为计时电流法。

② 球形电极

$$i_d(t) = nFAc_O^0 D_O[1/(\pi D_O t)^{1/2} + 1/r_0]$$

也可写为：

$$i_d(球形) = i_d(平面) + i_d(球面)$$

对于平面电极：

$$\lim_{t \to \infty} i_d(平面) = 0$$

对于球形电极：

$$\lim_{t \to \infty} i_d(球面) = nFAc_O^0 D_O / r_0$$

若半径 $r_0 \to \infty$，则球面电极就转化为平面电极。

（4）计时库仑法

对 Cottrell 方程积分，得到电位阶跃时电量 $Q(t)$ 随时间的变化关系为：

$$Q_d = \int_0^t i_d(t)\,dt = 2nFAc_O^0 (D_O t / \pi)^{1/2}$$

此法称为计时库仑法，即记录电流的积分。上式表明，随时间的增长，Q_d 与 $t^{1/2}$ 成线性关系。但在实际应用中，Q 还包含了双电层充电和还原吸附的电量，即

$$Q_d = 2nFAc_O^0 (D_O t/\pi)^{1/2} + Q_{dl} + nFA\Gamma_0$$

式中，Q_{dl} 为电容电量；$nFA\Gamma_0$ 为电极表面吸附 O 还原的法拉第电量。

计时电流法和计时库仑法作为动力学研究方法可以用于测定电子转移数 n、电极的真实面积 A 及物质的扩散系数 D_O。

（5）电结晶过程中的固相成核理论

有些电极反应涉及电极表面的固相转变，如金属电沉积、PbO_2 与 PbO 转变、Ag_2O 与 AgO 转变、电极表面的吸脱附等氧化还原过程。此时单电位阶跃测量的 *i-t* 曲线会有电流峰（极值）出现，如图 4-4 所示。其原因与电结晶过程中的固相成核有关。如果把其中的电容充电电流扣除则有图 4-5 的三种情况。

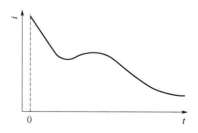

图 4-4 涉及固相成核的 *i-t* 曲线

① 二维成核理论。如果晶面上发生二维成核和生长，则电位阶跃的暂态电流特征为：

瞬时成核

$$i = \frac{2nF\pi MN_A k^2 ht}{\rho} \exp\left(\frac{-\pi M^2 N_A k^2 t^2}{\rho^2}\right)$$

连续成核

$$i = \frac{nF\pi MN_A bk^2 ht}{\rho} \exp\left(\frac{-\pi M^2 N_A bk^2 t^3}{\rho^2}\right)$$

式中，n 为沉积离子的电子转移数；M 为沉积离子的分子量；ρ 为沉积相密度；h 为二维沉积相厚度；b 为成核速率常数；k 为生长速率常数；F 为法拉第常数；N_A 为阿伏伽德罗常数。

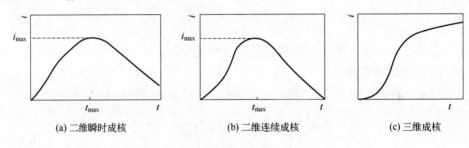

(a) 二维瞬时成核   (b) 二维连续成核   (c) 三维成核

图 4-5　固相成核与生长过程中的 i-t 曲线

显然两种情况的瞬时电流都有一极大值，是生长表面周边的增大与生长中心的重叠，两种相反影响共同作用的结果。

当时间 t 很小时，指数项近似为 1，即在阶跃电位的短时内，电流随 t（瞬时成核）或 t^2（连续成核）而线性地增大。

当 $t > t_{max}$ 时则指数项占优，可以导出判断二维成核机理的 i-t 关系式：

$$\ln(i/t) = A - Bt^2 \quad （瞬时成核）$$

$$\ln(i/t^2) = A' - B't^3 \quad （连续成核）$$

式中，A、B 和 A'、B' 是与参数有关的常数。求出极值即得电流峰值 i_{max} 和出峰时间 t_{max}：

瞬时成核　$i_{max} = (2\pi N_A)^{1/2} nFkhe^{-1/2}$；$t_{max} = \rho / (2\pi N_A)^{1/2} Mk$

连续成核　$i_{max} = nF(4\pi N_A bk^2 \rho)^{1/3} he^{-1/2}$；$t_{max} = (2\rho^2 / \pi M^2 N_A bk^2)^{1/3}$

显然 t_{max} 均随 k 的增大而减小，瞬时成核机理尤为显著。峰值参数 i_{max} 和 t_{max} 的乘积为：

瞬时成核 $\qquad i_{\max}t_{\max} = nF\rho h/Me^{1/2}$

连续成核 $\qquad i_{\max}t_{\max} = 2nF\rho h/Me^{2/3}$

它们均与 k 无关，可用于测试 M 和 ρ 以及估算 h。

② 三维成核理论。如果晶面上发生三维成核和生长，则电位阶跃的暂态电流特征为：

瞬时成核

$$i = \frac{nFD^{1/2}c}{\pi^{1/2}t^{1/2}}\left[1 - \exp(-N\pi kDt)\right] \qquad k = (8c\pi M/\rho)^{1/2}$$

连续成核

$$i = \frac{nFD^{1/2}c}{\pi^{1/2}t^{1/2}}\left[1 - \exp(-bN_\infty\pi kDt^2/2)\right] \qquad k = \frac{4}{3}(8c\pi M/\rho)^{1/2}$$

式中，n 为沉积离子的电子转移数；D 为沉积离子的扩散系数；c 为沉积离子的浓度；b 为成核速率；k 为由实验体系决定的常数；N 为晶核数密度；N_∞ 为最大晶核数密度或表面活性点数；F 为法拉第常数。

三维成核的 i-t 曲线如图 4-5（c）所示。显然曲线特征与二维成核不同。当 t 足够大时，暂态电流不是指数地下降至零，而是趋于一定值。

若求出极值，可得峰值电流 $i_{\max}$ 和出峰时间 $t_{\max}$，通过无量纲数学处理后，即可判断成核机理和各重要参数（表 4-1）。

表 4-1　三维成核暂态电流特征

三维瞬时成核	三维连续成核
$\dfrac{i^2}{i_{\max}^2} = \dfrac{1.9542}{t/t_{\max}}\{1 - \exp[-1.2564(t/t_{\max})]\}^2$	$\dfrac{i^2}{i_{\max}^2} = \dfrac{1.2254}{t/t_{\max}}\{1 - \exp[-2.3367(t/t_{\max})^2]\}^2$
$t_{\max} = \dfrac{1.2564}{N\pi kD}$	$t_{\max} = \left(\dfrac{4.6733}{AN_\infty\pi kD}\right)^{1/2}$
$i_{\max} = 0.6382nFDc(kN)^{1/2}$	$i_{\max} = 0.4615nFD^{3/4}c(kbN_\infty)^{1/4}$
$i_{\max}^2 t_{\max} = 0.1629(nFc)^2 D$	$i_{\max}^2 t_{\max} = 0.2598(nFc)^2 D$

4.2.3　应用示例

（1）检验仪器

使用一个阻值已知的电阻，比如 1kΩ，当恒定电位为 1V 时，那么测量的电流应该是 1mA，若不是则说明仪器有问题。

由于电流测量一般有多种量程，故可采用多种阻值的电阻在不同挡位下进行测量。

（2）铜电结晶过程中的固相成核

图 4-6 显示了金属铜在电结晶过程中的固相成核典型特征。在电位阶跃开始的极短时间内，先是双电层充电电流下降，后是晶核的形成和新相的生长，电流再次逐渐上升达到最大值后再衰减，此时表现为扩散控制下的三维多核生长机理特征。通过模型分析和实验数据拟合，可以获得在添加剂存在下 Cu 成核数密度和 Cu^{2+} 扩散系数等电化学参数。结果表明：①酸性镀铜溶液中，添加剂 PEG-Cl$^-$ 使 Cu^{2+} 的扩散系数降低，对铜的电沉积、电结晶过程具有明显的阻化作用。随着 Cl$^-$ 浓度增大，Cu^{2+} 扩散系数、Cu 沉积速率和成核速率都提高，表现出较强的促进作用。②在 PEG-Cl$^-$ 作用下，铜的电沉积过程按瞬时成核、三维生长方式的电结晶机理进行；PEG-Cl$^-$ 有利于晶核的形成并增加成核数密度。

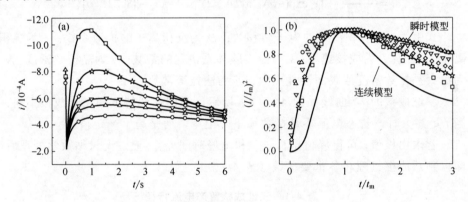

图 4-6　GC 电极上 Cu 电结晶过程的 i-t 曲线（a）及其归一化曲线（b）

随 NaCl 浓度的变化（引自文献[33]）

NaCl 浓度（mg/L）：□—0；☆—10；◇—20；▽—40；△—80；○—160

电解液 0.05 mol/L CuSO$_4$-0.5mol/L H$_2$SO$_4$ + 0.060g/L PEG（平均分子量 6000）；

参比电极 Hg/Hg$_2$SO$_4$；沉积电位-0.750 V（其他电位下亦类似但峰电位和峰电流不同）

（3）PITT 法测固相中的离子扩散系数

恒电位间歇滴定技术（potentiostatic intermittent titration technique，PITT）是电位阶跃-计时电流法的典型应用之一。

根据平面电极的一维有限扩散模型，可以推出电流随时间的衰减公式：

$$i = i_0 \sum_{k=0}^{\infty} \exp[-(2k+1)^2 \pi^2 Dt / 4L^2]$$

式中，$i_0 = 2nFA(c_S - c_0)D/L$；c_S 是 t 时电极表面的离子浓度；c_0 是开始即 t=0 时电极表面的离子浓度；n 是电子转移数；F 是法拉第常数；A 是电极/电解质接触面积；L 是电极活性层厚度。

在较长时间下（$Dt/4L^2 > 0.1$），上式可只取首项，近似为：

$$i(t) = i_0 \exp(-\pi^2 Dt/4L^2)$$

进一步简化，可得扩散系数 D 与电流 i 的关系：

$$\ln(i) = \ln(i_0) - (\pi^2 D/4L^2)t$$

上式表明，将 i-t 曲线转换为 $\ln(i)$-t 作图，则在较长时间范围内应该可以得到直线，由其斜率（$-\pi^2 D/4L^2$）可计算出扩散系数 D。

PITT 测试前，应先对待测电池以小倍率电流（$<C/10$）经过一次充放电，以使电极材料能够进行电化学活化；静置 12h，当电池的 OCP 在 30min 内变化不超过 0.1mV 时，即认为电极充放电过程基本达到平衡。PITT 测试中，电流衰减到最大阶跃电流的 1% 以下才能结束；若电位阶跃幅度大，则电流衰减时间长；一般选择电位阶跃 30mV，以控制时间在 30min 左右；然后开路（OC，$i=0$）弛豫 30min 左右，再进行下一次 PITT 测试。PITT 法测得锂离子电池的正极材料 LiV_3O_8 中 Li^+ 扩散系数约为 $10^{-13}cm^2/s$，随电位的变化不大，如图 4-7 所示。

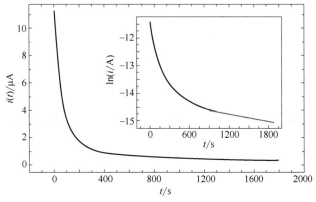

(a) i-t曲线与$\ln(i/A)$-t曲线(电位阶跃2.6～2.65V)

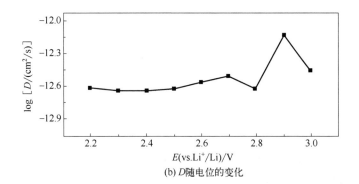

(b) D 随电位的变化

图 4-7   PITT 法测定正极材料 LiV_3O_8 中 Li^+ 扩散系数 D（引自文献[34]）

4.3

方法 3*——控制电位整体电解库仑法

整体电解库仑法（bulk electrolysis with coulometry，BE）是控制电位恒定（图 4-8）并记录电量随时间的变化曲线（Q-t），也称为控制电位整体电解库仑法。实际上 Q-t 曲线可由 i-t 曲线数值积分得到，反之亦然。

预电解步骤能够有效减小背景干扰的残余电流，如对电极表面进行预电解氧化/还原或溶液除氧等。

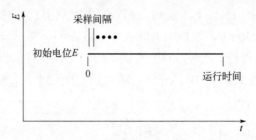

图 4-8　控制电位法的波形

控制电位整体电解库仑法的常见测试界面如图 4-9 所示。

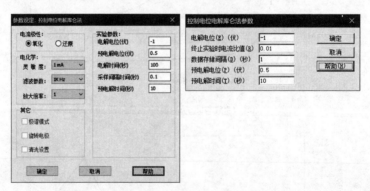

图 4-9　控制电位整体电解库仑法的常见测试界面

测试界面中的参数设置范围如下：

- 电解电位 E_s/V：-10～+10；
- 终止实验时电流比值 R_i：0～100%；
- 数据存储间隔 Δt_s/s：0.01（10m）～100；
- 预电解电位 E_p/V：-10～+10；

- 预电解时间 t_p /s：0～100000（100k）。

有关说明：

① 预电解结束时的电流作为残余电流进行背景扣除。

② 若 $t_p=0$，则没有预电解步骤。

③ 测试过程中，可随时手动按钮 STOP，停止测量。

④ 部分电化学工作站在测试过程中，电流灵敏度可自动切换。

⑤ 起始电流为开始时间内 Δt_s 的平均值。

⑥ 若终止实验时电流比值 $R_i=0$，则实验一直进行，此时需手动按钮 STOP 才能停止。

⑦ 若数据存储间隔 Δt_s 比较小，能够观察到过程的细节（特别是薄层电解）；其值越大则数据平均点越多，噪声越小。

⑧ 测试过程中，若数据将超过最大点数时，则 Δt_s 自动翻倍，以免长时间测试的数据意外溢出。

4.4
方法 4——双电位阶跃计时安培法

双电位阶跃法（double potential step，DPS）也称为计时电流法或计时安培法（chronoamperometry，CA）。其过程是从初始电位阶跃到高/低电位，持续一段时间后再阶跃到低/高电位，并可循环多次；结果记录电流-时间曲线（i-t），电位激励波形和电流响应信号如图 4-10 所示。计时库仑法也是在此基础上发展起来的。

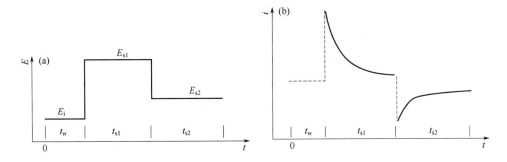

图 4-10　双电位阶跃法的电位激励波形（a）和电流响应信号（b）

4.4.1 常见测试界面及参数设置

双电位阶跃计时安培法的常见测试界面如图 4-11 所示。

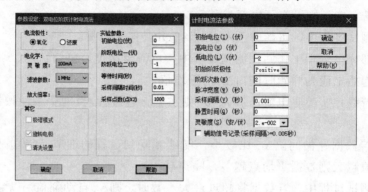

图 4-11 双电位阶跃计时安培法的常见测试界面

测试界面中的参数设置范围如下：

- 初始电位 E_i/V：-10～+10；
- 高电位 E_h/V：-10～+10；
- 低电位 E_l/V：-10～+10；
- 初始阶跃极性（P/N）：正向（positive）/负向（negative）；
- 阶跃次数 N_p：1～320；
- 脉冲宽度 t_p/s：0.0001（100μ）～1000；
- 采样间隔 Δt_s/s：0.000001（1μ）～10；
- 静置（等待）时间 t_0/s：0～100000（100k）；
- 电流量程-灵敏度 IV/（A/V）：10^{-12}（1p）～0.1。

有关说明：

① 有的电化学工作站采用两个阶跃电位和采样点数则更为直接，此时不需要初始阶跃极性（P/N）：

a. 阶跃电位 E_{s1}：-10～+10V；

b. 阶跃电位 E_{s2}：-10～+10V；

c. 采样点数 N_s =可控的测量时间/采样间隔 Δt_s。

② 初始阶跃极性由 E_i 与 E_h、E_l 的关系自动调整。

③ 高低电位差应该满足：13.1V $\geqslant$ $|E_h-E_l|$ $\geqslant$ 1mV，否则系统自动调整。

④ 采样间隔 Δt_s 越小，数据量越大，信噪比越差。

⑤ 如果关注测试初期的暂态数据，则应减小采样间隔 Δt_s。

⑥ 如果关注后期结果，则应增大采样间隔 Δt_s，但每步至少 100 点。

⑦ 如果采样间隔 $\Delta t_s \geqslant 2\mathrm{ms}$（快速通信口则为 $\geqslant 0.5\mathrm{ms}$），则实时显示测试结果；但每步的数据点数不能超过 64k，否则系统自动调整采样间隔 Δt_s。

⑧ 如果采样间隔 $\Delta t_s \leqslant 2\mathrm{ms}$（快速通信口 $\geqslant 0.5\mathrm{ms}$），则数据不能实时传送，需实验结束后才能传送显示；传送期间将切断（off）电解池，除非单独选择接通（on）电解池按钮。

⑨ 数据点若超 64k，则系统自动调整采样间隔 Δt_s。

⑩ 等待时间是施加初始电位的时间，一般用于电极预处理，以减弱或消除测试开始时充电电流的影响。

⑪ 若要记录辅助信号，则采样间隔 $\Delta t_s \geqslant 5\mathrm{ms}$。

4.4.2 相关理论基础

在双电位阶跃法中，一种典型情况是两次电位阶跃的方向相反。对简单电极反应 $\mathrm{O}+ne^- \rightleftharpoons \mathrm{R}$，设溶液中开始前只存在氧化态组分 O；在初始电位 E_i 静置（等待）时间 t_0 后开始计时，阶跃电位 E_{s1}（或低电位 E_l）设置为电极发生极限扩散的还原电位 E_R，在此电位持续一段时间 $\tau = t_{s1}$ 之后，再阶跃到 E_{s2}（或高电位 E_h）。

对平面电极：

第一次阶跃（$0 < t < \tau$），与单电位阶跃相同，即

$$i(t) = nFA\, c_O^0 (D_O/\pi t)^{1/2}$$

第二次阶跃（$t > \tau$），设 $c_O(0, t < \tau) = 0$ 且 $c_R(0, t) = 0$，解扩散方程可得反向阶跃电流

$$i_r(t > \tau) = -nFA\, c_O^0 (D_O/\pi)^{1/2}[1/(t-\tau)^{1/2} - 1/t^{1/2}]$$

只要电位阶跃足够大，上式可适用于可逆或准可逆体系。

扩散引起并持续累积的电量与时间的关系为：

$$Q_d(t > \tau) = 2nFA\, c_O^0 (D_O/\pi)^{1/2}[t^{1/2} - (t-\tau)^{1/2}]$$

当两个阶跃方向相反且 $t > \tau$ 时，Q_d 随 t 增加而降低，如图 4-12 所示。若正向阶跃充电，反向则放电，总电量中没有净的电容电量。反向时去除的电量

$$Q_r(t > \tau) = Q(\tau) - Q_d(t > \tau)$$

即

$$Q_r(t > \tau) = Q_{dl} + 2nFA\, c_O^0 (D_O/\pi)^{1/2}[\tau^{1/2} - (t-\tau)^{1/2} - t^{1/2}]$$

$$= Q_{dl} + 2nFA\, c_O^0 (D_O/\pi)^{1/2}\theta$$

式中，$\theta = \tau^{1/2} - (t-\tau)^{1/2} - t^{1/2}$。

若 R 在电极上不吸附，则 $Q_r(t > \tau)$ 对 θ 作图是线性的。$Q(t < \tau)$-$t^{1/2}$ 和 Q_r

$(t>\tau)$-θ 关系图称为 Anson 图（图 4-13），图中两个截距之差为 $nFA\Gamma_O$，即源于纯吸附的法拉第电量。若 R 在电极上吸附，则为 $nFA(\Gamma_O-\Gamma_R)$。这些关系对研究吸附物质的电极反应非常有用。

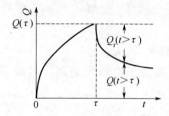 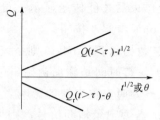

图 4-12　双电位阶跃下的计时电量响应　　　　图 4-13　Anson 图

若产物 R 在溶液中因发生均相反应而消耗，分析其再氧化阶段对应的电量可得到均相反应的程度及动力学过程。若 O 和 R 都稳定且无吸附，则有：

$$Q_d(t<\tau)/Q_d(\tau)=(t/\tau)^{1/2}$$

$$Q_d(t>\tau)/Q_d(\tau)=(t/\tau)^{1/2}-(t/\tau-1)^{1/2}$$

上述比值与 n、c_O^0、D_O、A 等实验参数无关，为稳定体系计时电量响应的特点。对稳定体系，当 $t=2\tau$ 时有：

$$Q_d(2\tau)/Q_d(\tau)=0.414$$

$$[Q_d(\tau)-Q_d(2\tau)]/Q_d(\tau)=0.586$$

4.4.3　应用示例

（1）检验仪器

除采用与单电位阶跃相同的方法外，双电位阶跃法则更具特点：选已知阻值的电阻，如 1kΩ，阶跃电位分别设置为 +1V 和 -1V，则观测到的电流应是 ±1mA，否则仪器有问题。此时阶跃时间可长可短，为节省时间一般可选 5～100s。此法同样可以采用不同阻值的电阻来检验电流量程的不同挡位。

（2）电极表面 CO 吸附/脱附

HCOOH 等有机小分子极易在 Pt 电极表面解离产生 CO 吸脱附，其氧化脱附过程的 i-t 曲线特征与固相成核类似（图 4-14）。在固定电位 E_{ad} 吸附时间 t_{ad} 后，阶跃电位到 E_{Ox} 可氧化除去 CO，则 HCOOH 在单晶 Pt（100）电极上解离吸附反应时间 t_{ad} 后产生 CO 的氧化电量为：

$$Q_{Ox}^{CO}=Q(t_{ad})-Q\,(t_{ad}=0)$$

进而可得时间 t_{ad} 内 HCOOH 解离产生的 CO 量：

$$\Gamma_{CO}=Q_{Ox}^{CO}/2F \,(mol/cm^2)$$

当固定吸附电位 E_{ad}=-0.03V（vs. SCE），则 Q_{Ox}^{CO} 随 t_{ad} 增加而快速变化：3s 前呈线性关系；20s 后逐渐达饱和值 198μC/cm²，若 CO 都以线性顶位吸附，则相当于 Pt（100）上约 0.48 吸附单层，可近似认为 HCOOH 解离吸附是在"清洁"的 Pt（100）表面进行的。

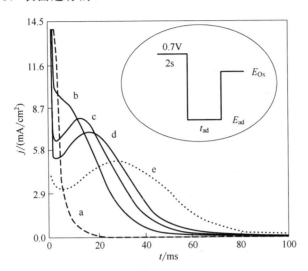

图 4-14　HCOOH 在 Pt（100）电极上解离吸附 CO 的 i-t 曲线及其
随 t_{ad} 的变化（引自文献[35]）

溶液：0.5mmol/L HCOOH+0.1mol/L HClO₄；吸附电位 E_{ad}=-0.03V(vs.SCE)

t_{ad}/ms：a—0；b—10；c—50；d—100；e—400

插图为电极预处理与吸脱附过程的电位阶跃波形

4.5
方法 5*——计时库仑法

计时库仑法（chronocoulometry，CC）也属于双电位阶跃法，与 CA 操作几乎相同，只是 CC 法的测量结果显示的是 Q-t 曲线。

电量的测定既可采用附件电量计通过硬件完成，也可直接采用数值积分电流，通过软件计算完成，所以在电化学工作站中 CA、CC 可以通过微积分方法相互转换。

计时库仑法的常见测试界面如图 4-15 所示。

测试界面中的参数设置范围如下：

图 4-15　计时库仑法的常见测试界面

- 初始电位 E_i/V：$-10 \sim +10$；
- 阶跃电位 E_s/V：$-10 \sim +10$；
- 采样间隔 Δt_s/s：0.000001（1μ）~ 10；
- 静置（等待）时间 t_0/s：$0 \sim 100000$（100k）；
- 电流（或电量）量程-灵敏度 IV/（A/V）：10^{-12}（1p）$\sim 0.1/10^{-9}$（1n）$\sim 10^{-6}$（1μ）C/V。

有关说明：

① 初始、阶跃电位差应该满足：$13.1V \geqslant |E_s - E_i| \geqslant 10mV$，否则系统自动调整。

② 采用电量计（电荷/电压转换器）时，其量程/灵敏度为 10^{-9}（1n）$\sim 10^{-6}$（1μ）C/V。

③ 如果电量超过 8μC，则电量计将放电复位，新结果将加上前值，因此可扩展电量计量程，但可能导致 $Q\text{-}t$ 曲线的不连续。若不希望有此现象，可直接使用 I/V 转换器，通过软件把电流转换为电量；但"软件电量计"有缺点，不太适用于双电层电容或表面反应的初期暂态过程。

④ 当电量大须用"软件电量计"时，应减小采样间隔 Δt_s，但数据量越大，信噪比越差。

⑤ 如果关注初期的暂态数据，则应减小采样间隔 Δt_s。

⑥ 如果关注后期结果，则应增大采样间隔 Δt_s，但每步至少 1000 点。

⑦ 如果采样间隔 $\Delta t_s \leqslant 2ms$（快速通信口 $\geqslant 0.5ms$），则数据不能实时传送，需实验结束后才能传送，且传送期间将切断（off）电解池，除非单独选择接通（ON）电解池按钮。

⑧ 数据点最多 64k，若超过此值，系统将自动调整采样间隔Δt_s。

⑨ 如果采样间隔$\Delta t_s \geqslant 2ms$（快速通信口则为$\geqslant 0.5ms$），则实时显示测试结果；但每步的数据点数不能超过 64k，否则系统将根据数据点自动调整采样间隔Δt_s。

⑩ 如果使用 I/V 转换器，在测试中可能出现溢出警告，此为阶跃初期暂态电流大所致；若不关注 Anson 图（$Q-t^{1/2}$）的截距（与双电层电容和吸附有关），则可不管；但若数据明显变乱，则需降低量程的灵敏度。

⑪ 有时希望使用 I/V 转换器的滤波电路，但应注意其时间常数[$1/f$（截止频率）]远小于脉冲宽度t_p。

⑫ 如果希望减少噪声并提高测量精度，应尽可能使用高灵敏度的量程。

4.6
方法 6*——多电位阶跃计时电流法

多电位阶跃法（multi-potential step，MPS）是多个电位阶跃的组合，记录的结果是电流-时间曲线。多电位阶跃为多个电位的连续阶跃，电流响应可以多次借用单电位阶跃的结果进行分析。常见的有 12 阶跃和 16 阶跃，并可进行多次循环，具有自主编程的特点，且对电位阶跃的方向没有要求。

多电位阶跃计时电流法的常见测试界面如图 4-16 所示。

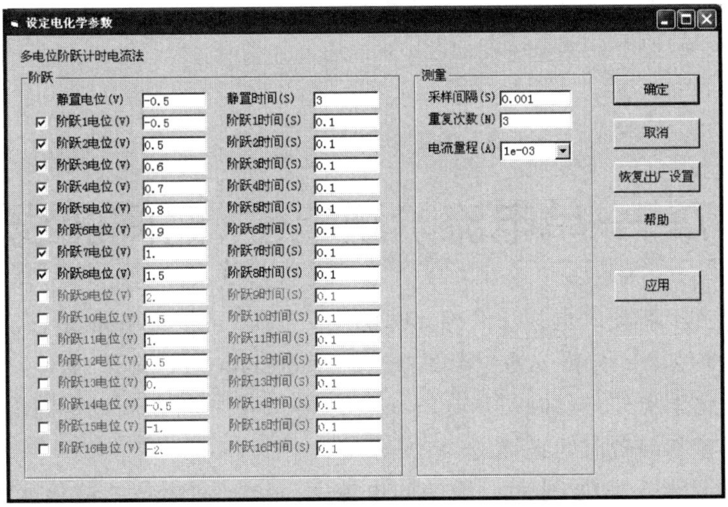

图 4-16

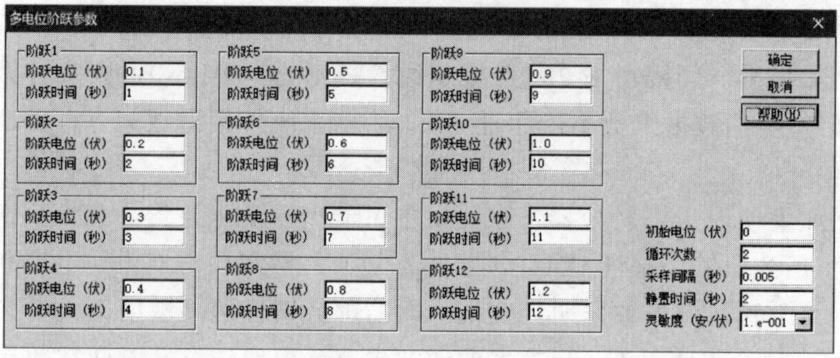

图 4-16　多电位阶跃计时电流法的常见测试界面

测试界面中的参数设置范围如下：
- 阶跃电位 E_s /V：$-10\sim10$；
- 阶跃时间 t_s /s：$0\sim10000$（10k）；
- 初始电位 E_i /V：$-10\sim+10$；
- 采样间隔Δt_s /s：0.0001（100μ）~1；
- 循环次数 N_{cyc}：$1\sim10000$（10k）；
- 静置（等待）时间 t_0 /s：$0\sim100000$（100k）；
- 电流量程-灵敏度 IV/（A/V）：10^{-12}（1p）~0.1。

有关说明：
① 如果阶跃时间 $t_s<1$ms 或 $t_s<\Delta t_s$，则此步阶跃将被忽略。
② 如果数据点（$N_{cyc}=t_s/\Delta t_s$）超过 64k，则将自动增大Δt_s。
③ 如果$\Delta t_s>2$ms，则实时显示测试结果。
④ 阶跃电位范围$|E_i-E_s|\leqslant13.1$V。

4.7
方法 7——单电流阶跃电位-时间曲线法

单电流阶跃计时电位法简称计时电位法（chronopotentiometry），也叫恒流电解 E-t 曲线法，与传统的恒电流法（galvanostatic method）类似，但功能增加。因电化学工作站实际是从开路（电流 $i=0$）直接阶跃到设定的电流值，故无初始电流和静置时间设置。

单电流阶跃电位-时间曲线法的电流激励波形与电位响应信号如图 4-17 所示。

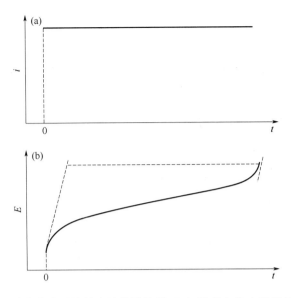

图 4-17　单电流阶跃法的电流激励波形（a）及其电位响应信号（b）

4.7.1　常见测试界面及参数设置

单电流阶跃法的常见测试界面如图 4-18 所示。

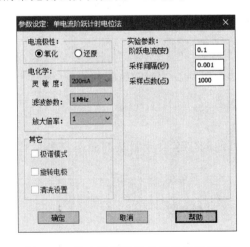

图 4-18　单电流阶跃法的常见测试界面

测试界面中的参数设置范围如下：

- 阶跃电流 i_s /A：0～0.25；
- 采样间隔Δt /s：0.0001（100μ）～60000（60k）；
- 采样点数 N_s：1～10000（10k）。

有关说明：

① 阶跃电流正负号决定是阳极电流（+）还是阴极电流（-）。

② 为了控制电流的精度，系统根据设置电流的大小自动选择电流挡位。

③ 上述方法的不足是没有高低电位限制（详见 4.8 节方法 8）。

4.7.2　相关基础理论

（1）Sand 方程

对平板电极上的电极反应 O+ne$^-$ ——→ R，开始仅有氧化态 c_O^0，还原态 R 不存在，则由扩散方程可以导出：

$$c_O(0,t)=c_O^0-2it^{1/2}/nFA(\pi D_O)^{1/2}$$

恒电流电解从开始 $c_O(0,0)=c_O^0$ 到 $c_O(0,\tau)=0$ 的时间 τ 称为过渡时间，此时有 Sand 方程：

$$i\tau^{1/2}/c_O^0=nFA(\pi D_O)^{1/2}/2=85.5nA\,D_O^{1/2}$$

式中各物理量的单位是：i 为 mA；τ 为 s；c_O^0 为 mmol/L；A 为 cm^2。

在 $t>\tau$ 时，到达电极表面的 O 流量难以维持体系的平台电位，以达到外加电流 i 所对应的电量，于是电极电位迅速变化，从而引起新的电极反应。

在恒电流下通过 E-t 曲线测量得到的 τ 值可用于确定电活性物质的浓度 c_O^0 和扩散系数 D_O，这是计时电位分析法的基础。

在 $0 \leqslant t \leqslant \tau$ 期间，在电极表面即 $x=0$ 处的氧化/还原态浓度分别为：

$$c_O(0,t)/c_O^0=1-(t-\tau)^{1/2}$$

$$c_R(0,t)=2it^{1/2}/nFA(\pi D_R)^{1/2}=\xi c_O^0(t/\tau)^{1/2}$$

式中，$\xi=(D_O/D_R)^{1/2}$。

（2）计时电位法

① 可逆过程。可逆的快速反应服从 Nernst 方程，于是有线性关系：

$$E=E_{\tau/4}+\frac{RT}{nF}\ln\left(\frac{\tau^{1/2}-t^{1/2}}{t^{1/2}}\right)$$

式中，$E_{\tau/4}$ 为 $t=\tau/4$ 时的电位：

$$E_{\tau/4}=E^{\ominus'}-\frac{RT}{2nF}\ln\left(\frac{D_O}{D_R}\right)$$

直线 E-lg[($\tau^{1/2}-t^{1/2}$)/$t^{1/2}$]的斜率为 $2.303RT/nF$，或$|E_{3\tau/4}-E_{\tau/4}|$=47.9mV（25℃）。

② 完全不可逆过程。此时的 i-E 关系为：

$$i=nFAk^{\ominus}c_O(0,t)\exp\left[\frac{-\alpha n_\alpha F(E-E^{\ominus'})}{RT}\right]$$

将 c_O 代入上式则可得：

$$E = E^{\Theta'} + \frac{RT}{\alpha n_\alpha F}\ln\left(\frac{nFAc_O^0 k^{\Theta}}{i}\right) + \frac{RT}{\alpha n_\alpha F}\ln\left[1 - \left(\frac{t}{\tau}\right)^{1/2}\right]$$

结合 Sand 方程则有：

$$E = E^{\Theta'} + \frac{RT}{\alpha n_\alpha F}\ln\left(\frac{2k^{\Theta}}{(\pi D_O)^{1/2}}\right) + \frac{RT}{\alpha n_\alpha F}\ln\left[\tau^{1/2} - t^{1/2}\right]$$

显然随着电流的增加，E-t 曲线移向负方向。

③ 准可逆过程。此时有通用 i-E 关系：

$$\frac{i}{i_0} = \left[1 - \frac{2i}{nFAc_o^0}\left(\frac{t}{\pi D_O}\right)^{1/2}\right]\exp(-\alpha nF/RT) - \left[1 + \frac{2i}{nFAc_R^0}\left(\frac{t}{\pi D_R}\right)^{1/2}\right]\exp(\beta nF/RT)$$

采用电流密度 j 和异相反应速率常数 k_c、k_a，则有：

$$j = k_c\left[nFc_O^0 - 2j(t/\pi D_O)^{1/2}\right] - k_a\left[nFc_R^0 + 2j(t/\pi D_R)^{1/2}\right]$$

如 $c_R^0 = 0$，则有：

$$j = k_c nF c_O^0 - \frac{2jt^{1/2}}{\pi^{1/2}}\left(k_c/D_O^{1/2} + k_a/D_R^{1/2}\right)$$

小的极化电流产生小的过电位 η，于是可以简化为线性公式：

$$-\eta = \frac{RT}{nF}i\left[\frac{1}{i_0} + \frac{2t^{1/2}}{nFA\pi^{1/2}}\left(1/c_O D_O^{1/2} + 1/c_R D_R^{1/2}\right)\right]$$

根据 η 与 $t^{1/2}$ 的线性关系，可从截距求出交换电流 i_0。

4.7.3 应用示例

（1）检验仪器

用一个已知阻值的电阻，比如 1kΩ，设定阶跃电流 1mA 时，可观察到测量电位应是 1V，否则说明仪器有问题。

由于阶跃电流需要在不同的量程下进行，故可采用多种阻值的电阻进行不同电流量程挡位的测量。

（2）测量电极参数

对于浓差极化，从电极过程动力学可分别导出以下两种情况的极化公式。

① 反应产物为独立相。如气泡或固相沉积层等，其极化公式为：

$$E = E_{eq} + \frac{RT}{nF}\ln\frac{i_d - i}{i}$$

式中，i_d 为极限扩散电流；E_{eq} 为平衡电位。其极化特征是 E-$\ln\dfrac{i_d - i}{i}$ 呈线

性关系，斜率为 RT/nF。据此可求出电极反应所涉及的电子数 n 和平衡电位 E_{eq}。

② 反应产物可溶。如在液相中溶解或生成汞齐等，则极化公式为：

$$E = E_{1/2} + \frac{RT}{nF} \ln \frac{i_d - i}{i}$$

其极化特征也是 E-$\ln \dfrac{i_d - i}{i}$ 呈线性关系，根据斜率和截距可求得电子数 n 和半波电位 $E_{1/2}$。

（3）判断反应物的来源

如果反应物来源于溶液，通过扩散过程到达电极表面并参与电化学反应，则在控制电流阶跃的过渡时间 τ 内消耗的电量 $Q = i\tau = n^2F^2\pi D_O c_O^{0\,2}/4i$，它与电极反应的可逆性及机理无关，只是反应物来源于溶液。显然，电量 Q 反比于电流阶跃 i，即 i 越小，过渡时间内所消耗的电量越大，原因是溶液中的反应物可不断地补充到电极表面。当采用不同的 i 值进行控制电流阶跃测试，则可得到一系列的 Q 值。用 $Q \sim 1/i$ 作图，可得过原点的直线（见图 4-19 中直线 a），其斜率为 $dQ/d(1/i) = n^2F^2\pi D_O c_O^{0\,2}/4$，结合 n、D_O 可求出 c_O^0。

如果反应物是预先吸附或以异相膜形式存在于电极表面，则这些反应物消耗完全所需电量 Q_θ 为一常数，与 i 无关。Q-$1/i$ 应为一条平行于横轴的直线，如图 4-19 中直线 b 所示。利用 Q-$1/i$ 曲线的不同特征，可以判断反应物的来源。

如果反应物同时来源于溶液和电极表面，则有：

$$Q = n^2F^2\pi D_O c_O^{0\,2}/4i + Q_\theta$$

此时 Q-$1/i$ 图中为一条不过原点的直线，如图 4-19 中直线 c 所示。

（4）测量电极表面覆盖层

在控制电流阶跃极化时，电极表面覆盖层的消长耗去了外加电流的绝大部分，双电层充电电流大为降低，电极电位的变化率也大大减小，在过电位-时间曲线上出现一个"超电位平阶"，如图 4-20 所示。

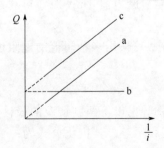
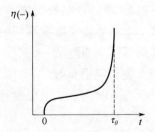

图 4-19　电流阶跃过程中 Q-$1/i$ 关系示意图　　图 4-20　电流阶跃中出现电极表面覆盖层时的过电位-时间曲线

以平阶过渡时间 τ_θ 乘以阶跃电流幅值 i 即为用于覆盖层消长的电量 $Q_\theta = i\tau_\theta$，据此可计算吸附层的表面覆盖度或成相层的厚度。

吸附层的表面覆盖度 θ 为：

$$\theta = Q_\theta / neNA$$

式中，n 为电极反应的电子转移数；e 为电子电量；A 为电极的真实表面积；N 为单位电极表面上的原子数，可由电极表面的晶型和晶格常数计算得到，在此可假设每个电极原子为一个吸附空位。分母表示电极表面完全吸附时所需的电量。

成相层厚度 δ 为：

$$\delta = \frac{Q_\theta M}{nF\rho A}$$

式中，M 为成相层物质的摩尔质量；ρ 为成相层物质的密度；其余同上。上述公式实质上是法拉第定律的变形。

恒电流阳极溶解法测定金属镀层的厚度和恒电流阴极还原法测定金属腐蚀产物的厚度等电解测厚法都是依据上述原理进行的。

4.8
方法 8——双电流阶跃计时电位法

在单电流阶跃计时电位法的基础上，再增加一次恒电流阶跃（或换向）的测量（图 4-21），可直接用于三电极体系或电池的充放电测试，所以也称为恒电流充放电法。有的电化学工作站也把双电流阶跃计时电位法简称为计时电位法（chronopotentiometry）。

在双电流阶跃计时电位法中，通过具体的参数设置范围可以变为单电流阶跃法、断电流法、双脉冲电流法、方波电流法等。

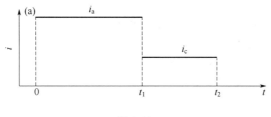

图 4-21

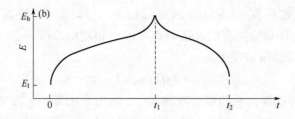

图 4-21　双电流阶跃计时电位法的电流激励波形（a）及其电位响应信号（b）

4.8.1　常见测试界面及参数设置

双电流阶跃计时电位法的常见测试界面如图 4-22 所示。

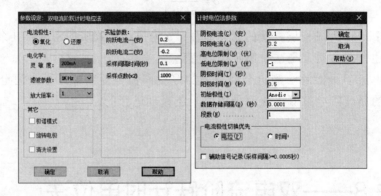

图 4-22　双电流阶跃法的常见测试界面

测试界面中的参数设置范围如下：

- 阴极电流 i_c/A：0～0.25；
- 阳极电流 i_a/A：0～0.25；
- 高电位限制 E_h/V：−10～+10；
- 低电位限制 E_l/V：−10～+10；
- 阴极时间 t_c/s：0.05～100000（100k）；
- 阳极时间 t_a/s：0.05～100000（100k）；
- 初始极性（C/A）：阳极极化/阴极极化；
- 数据存储间隔 Δt/s：0.0001（100μ）～32；
- 段数 N_d：1～100000（100k）；
- 电流极性切换优先：选择"电位"或"时间"。

有关说明：

① 阳极电流 i_a 或阴极电流 i_c 本身包含了正负，在输入时只能为正，需要

"初始极性"选择才能确定开始极化方向。其好处是便于电池充放电测试，但不能进行"双脉冲电流"等测试。

② 有的电化学工作站直接设置两个阶跃电流，更为灵活，相应参数也改为：
- 阶跃电流一 i_1：-0.5～+0.5A；
- 阶跃电流二 i_2：-0.5～+0.5A；
- 采样间隔时间Δt：0.0001（100μ）～32s；
- 采样点数 N_s：1～16000（16k）。

③ "阳极时间"和"阴极时间"确定了相应极化测量的最长时间。但若在"电流极性切换优先"中选择了"电位"优先，则相应极化测量是在高于"高电位限制 E_h"或低于"低电位限制 E_1"的设定值时切换。同时，高低电位限制还具有保护仪器和待测电化学体系的作用。

4.8.2 相关理论基础

双电流阶跃是最简单的多电流阶跃，相当于两次单电流阶跃，所以单电流阶跃，计时电位法的理论在此也适用。根据测量需要，常见的双电流阶跃法主要有以下几种。

（1）电流阶跃法

电流的两次阶跃分别设置为 $i_1=0$、$i_2=i_0$，就变为了单电流阶跃，如图 4-23（a）所示。

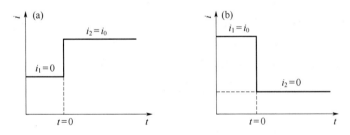

图 4-23 电流阶跃法（a）和断电流法（b）的电流波形

（2）断电流法

电流阶跃变化为 $i_1=i_0$、$i_2=0$，即实验前电流为某一恒定值。当电极过程达到稳态后（$t>0$），电极电流 i 突然切断，实际也是阶跃为零，如图 4-23（b）所示。在电流切断的瞬间，电极的欧姆极化消失为零。后述的测定扩散系数的GITT 法就是这一原理。

（3）同向双电流阶跃法

同向双电流阶跃法又称恒电流双脉冲法，也是一种特殊的三电流阶跃法。

如图 4-24 所示，测试前电流为零，开始测量后（$t>0$），电极电流跃变到某一较大的恒定值 i_1，持续很短时间 t_1（一般 0.5～5μs，且 $i_1>i_2$），此时双电层充电以消除其充电电流对后续测量的影响；然后电流再次突跃到另一较小的恒定值 i_2（电流方向可不变）直至测试实验结束。双脉冲法可将电化学反应速率的测量上限提高到 $k^{\ominus}=10\text{cm/s}$。

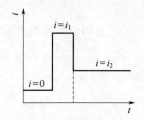

图 4-24　恒流双脉冲电流波形

在 $\tau_1 < R_f C_{dl}$ 的时间内叠加对双电层充电的第 1 脉冲电流 i_1，此时电位变化为：

$$\Delta\eta = i_1 \tau_1 / C_{dl}$$

然后叠加满足下式的第 2 脉冲电流 i_2：

$$\Delta\eta = i_2 R_f$$

最后测量 $\eta\text{-}t$ 响应特性，则 C_{dl} 的影响可忽略不计。即

$$\eta = \frac{iRT}{nF}\left(\frac{1}{i_0} + \frac{2N}{\pi^{1/2}t^{1/2}}\right)$$

速率非常大的氧化还原体系，R_f 很小。从 $\tau_1 < 0.1 R_f C_{dl}$ 可知，第 1 脉冲的电流 i_1 与 τ_1 应很小。如某体系的 $i_0=500\text{mA/cm}^2$、$n=1$、$A=0.02\text{cm}^2$、$R_f=2.5\Omega$、$i_2=1\text{mA}$、$\Delta\eta=2.5\text{mV}$，则 τ_1 大约 2μs 为宜。

电流 i_1 可任意选择，但不同体系的最佳值是不一样的，如图 4-25 所示。显然图 4-25 中 a 的 i_1 太大，存储在 C_{dl} 中的剩余电荷通过 R_f 放电，使 η 有一衰减过程；图 4-25 中 c 的 i_1 太小，即与 a 的情况相反；图 4-25 中 b 的 i_1 选择恰当，C_{dl} 中无存储剩余电荷。此时 η 对应曲线与 t 轴平行，其值为 η_d。改变 τ_1 进行同样测定，可求得相应的 i_1 和 η_d。以 $\eta_d\text{-}\tau_1^{1/2}$ 作图则有以下线性关系：

$$\eta_d = \frac{RTi_2}{nFi_0} + \frac{4RTi_2}{3\pi^{1/2}n^2F^2}\left(1/c_O D_O^{1/2} + 1/c_R D_R^{1/2}\right)\tau_1^{1/2}$$

从直线的斜率 S 和截距 η_0 可求出 R_f 和 i_0。其中：

$$S = 1/c_O D_O^{1/2} + 1/c_R D_R^{1/2}; \quad R_f = \frac{\eta_0}{i_2}; \quad i_0 = \frac{RTi_2}{nF\eta_0}$$

η_0 是 $\tau_1=0$ 截距处的电荷转移过电位：

$$\eta_0 = \frac{iRT}{nF}\left[\frac{1}{i_0} + \frac{4RTi_2}{\pi^{1/2}nF}\left(1/c_O D_O^{1/2} + 1/c_R D_R^{1/2}\right)\tau_1^{1/2}\right]$$

从 i_1、i_2、τ_1、η_0 可求得 C_{dl}：

$$C_{dl} = \frac{i_1\tau_1}{\eta_0}\left(1 - \frac{4RTi_2\tau_1^{1/2}}{3\pi^{1/2}n^2F^2\eta_0}S\right)$$

（4）方波电流法

方波电流法是控制电极电流在 i_1 持续时间 t_1 后，阶跃到另一值 i_2 且持续时间 t_2，然后再阶跃回到 i_1 并持续 t_1，……如此反复可得到不对称方波电流，如图 4-26 所示。当 $t_1=t_2$、$i_1=-i_2$ 时称为对称方波法。

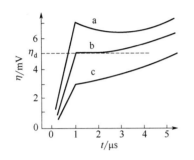

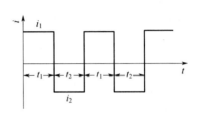

图 4-25　双电流阶跃法的过电位 η 响应

（引自文献[36]）

$c(Hg_2^{2+})$=0.25mmol/L；i_1 大小顺序 a＞b＞c；

i_2=19mA/cm^2

图 4-26　方波电流法的控制电流波形

方波电流法又称为恒流充放电法，主要用于电极材料的三电极体系或电池的二电极体系充放电性能测试。但需注意的是，工作电极的接法与其是充电还是放电密切相关：如电池正极或待测正极材料电极接工作电极时，阳极氧化电流（正）是充电，阴极还原电流（负）则是放电；反之，若电池负极或待测负极材料电极接工作电极时，阳极氧化电流（正）是放电，阴极还原电流（负）则是充电。

4.8.3　应用示例

（1）检验仪器

除采用与单电流阶跃相同的方法外，双电流阶跃法中的对称方波法更有其优点：如用一个已知阻值的电阻，如 1kΩ，阶跃电流分别设置为+1mA 和-1mA，则观测到的电位应是对称的±1V，否则仪器有问题。此时阶跃时间可长可短，为节省时间一般可选 5～100s。此法同样可以采用不同阻值的电阻来检验电流量程的不同挡位。

（2）研究氢在铂电极上的析出机理

氢在不同金属上的析出机理不同，可用控制电流暂态法来研究。氢的析出反应历程中可能出现的表面步骤主要有：

① 电化学步骤：$M+H^++e^- \longrightarrow MH$

② 复合脱附步骤：$MH+MH \longrightarrow M+H_2$

③ 电化学脱附步骤：$MH+H^++e^- \longrightarrow M+H_2$

如果电化学步骤是控制步骤，则电极表面吸附氢原子的量应很少，即覆盖度 θ_H 应远小于 0.01，此时符合"迟缓放电机理"。若复合脱附步骤或电化学脱附步骤是控制步骤，则应有 $0.1 < \theta_H < 1$，即氢原子的吸附覆盖比较大，此时符合"复合机理"。

用电流换向阶跃法测量铂电极上氢原子的吸附时，先以一定的电流密度对铂电极进行阴极极化，使铂电极以一定的速率发生氢原子吸附。当反应达到稳态时，电流快速换向（μs 级），使表面氢原子的量来不及发生明显变化，同时记录电位随时间变化。最后从响应曲线 $E\text{-}t$ 上测出过渡时间 τ，则单位电极面积上吸附氢离子所需电量为 $Q_\theta = i\tau$。设单位面积的铂原子数目为 N，若每个铂原子是一个氢的吸附位，则可求出覆盖度 $\theta_H = Q_\theta / neN$，进而确定其析出机理。

（3）GITT 法测定固相中离子扩散系数

GITT（galvanostatic intermittent titration technique）即恒电流间歇滴定技术，本质上属于电流阶跃法中的断电流法，其过程为"恒流脉冲+弛豫"，如图 4-27 所示。

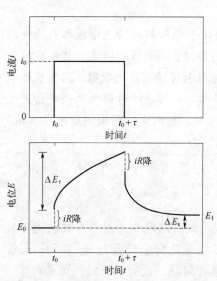

对平面电极的一维有限层扩散模型，可以推导出在短时间（$\tau \ll L^2/D$）内：

$$D = (4/\pi\tau)(n_m V_m/A)^2 (\Delta E_s/\Delta E_\tau)^2$$

式中，τ 是弛豫时间；n_m 是摩尔数；V_m 是电极材料的摩尔体积；A 是电极/电解液接触面积；ΔE_s 是脉冲引起的电压变化；ΔE_τ 是恒电流充（放）电的电压变化；ΔE_s 和 ΔE_τ 的大小如图 4-27 所示。

若电极中的活性颗粒为球体（半径 R_s），则上式可进一步简化为：

$$D = (4/\pi\tau)(R_s/3)^2 (\Delta E_s/\Delta E_\tau)^2$$

GITT 法的测试过程为：首先施加正电流脉冲，电池电压快速升高，并与 iR

图 4-27　GITT 法的电流激励和电位响应

降成正比，其中 R 是待测体系的内阻，包括未补偿电阻 R_{un} 和电荷转移电阻 R_{ct} 等；随后维持充电电流恒定，电压缓慢上升；一段时间后中断充电电流，电压迅速回落，下降程度与 iR 降成正比；最后进入弛豫过程，即通过离子扩散，电极中的活性组分趋于均匀分布，电压缓慢下降，直到再次平衡。可以重复上述步骤，直到电池完全充电。放电过程与充电相反。

图 4-28 为锂离子电池的三种（$x=0.00,0.09,0.20$）系列正极材料 $LiNi_{0.5}Co_x$ $Mn_{0.5-x}O_2$ 的 Li^+ 扩散系数测定结果及其随面积的变化情况。从中可以看出：a. 两者分布形状相似，但总体大小相差了 3～5 个数量级，所以在 GITT 测试中，如何选择电极面积很关键；b. 三种不同的正极材料 $LiNi_{0.5}Co_xMn_{0.5-x}O_2$ 属于一个系列，结构相似，其 Li^+ 扩散系数随充放电过程的变化分布是类似的。

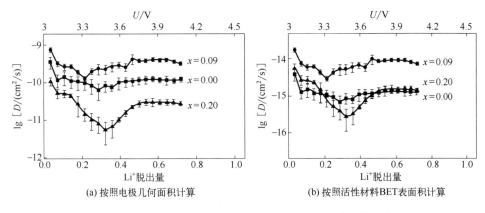

(a) 按照电极几何面积计算   (b) 按照活性材料BET表面积计算

图 4-28 三种正极材料 $LiNi_{0.5}Co_xMn_{0.5-x}O_2$ 的 Li^+ 扩散系数
及其随面积的变化（引自文献[37]）

GITT 测试时需要注意：①充放电时间 t 与电极厚度 L 应满足 $\tau \ll L^2/D$；②在充放电过程中，电池电压与时间的平方根应呈直线关系（U-$t^{1/2}$）；③iR 降的准确选取将直接影响计算结果。

4.9
方法 9*——多电流阶跃计时电位法

在双电流阶跃的基础上，根据需要还发展出了多电流阶跃计时电位法，常见的多电流阶跃计时电位法有 12 次阶跃，如图 4-29 所示。

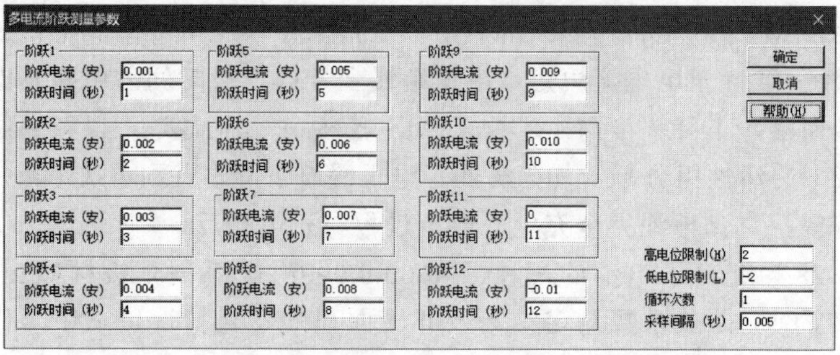

图 4-29　多电流阶跃计时电位法的常见测试界面

测试界面中的参数设置范围如下：

- 阶跃电流 i_s/A：$-0.25 \sim 0.25$；
- 阶跃时间 t_s/s：$0 \sim 10000$（10k）；
- 高电位限制 E_h/V：$-10 \sim +10$；
- 低电位限制 E_l/V：$-10 \sim +10$；
- 循环次数 N_{cyc}：$1 \sim 10000$（10k）；
- 采样间隔 Δt_s/s：0.0001（100μ）~ 1。

有关说明：

① 阶跃电流的正负取决于是阳极还是阴极过程。

② 如果阶跃时间 $t_s < 1\text{ms}$ 或 $t_s < \Delta t_s$，则此步阶跃将被忽略。

③ 如果数据点（$N_{cyc} = t_s / \Delta t_s$）超过 64k，则将自动增大 Δt_s。

④ 如果 $\Delta t_s > 2\text{ms}$，则将实时显示测试结果。

4.10
方法 10——线性电流计时电位法

线性电流计时电位法即线性电流扫描伏安法（linear current scan voltammetry，LCSV），也称为斜坡电流计时电位法（chronopotentiometry with current ramp，CPCR），是在自变量线性电流的激励下，记录电位随时间的变化曲线（E-t）。多数情况下可以转换为伏安曲线形式，如图 4-30 所示。

4.10.1　常见测试界面及参数设置

线性电流扫描伏安法的常见测试界面如图 4-31 所示。

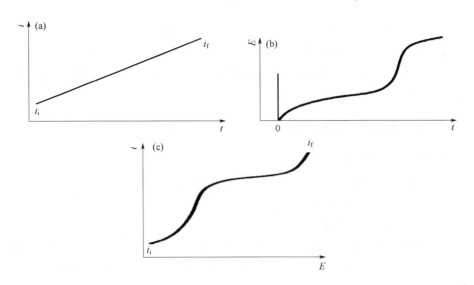

图 4-30 LCSV 的电流激励波形（a）与电位响应信号（b）及其伏安曲线（c）

图 4-31 LCSV 的常见测试界面

测试界面中的参数设置范围如下：

- 起始电流 i_i/A：$-0.25 \sim +0.25$；
- 终止电流 i_f/A：$-0.25 \sim +0.25$；
- 扫描速度 v/（A/s）：10^{-12}（1p）~ 0.01（10m）；
- 高电位限制 E_h/A：$-10 \sim +10$；
- 低电位限制 E_l/A：$-10 \sim +10$；
- 数据存储间隔 Δt_d/s：0.0001（100μ）~ 500。

有关说明：

① 电流扫描范围 $|i_i-i_f| \geqslant 1$nA，一般情况从 $i_i=0$ 开始。

② 正、负电流分别对应阳极氧化、阴极还原。

③ 测试过程中电位超过高低电位限立即结束。

④ 启动测试至少需要 10 点，若不满足则应减小电流扫速或采样间隔。

⑤ 需要根据测试时间选择数据存储间隔 Δt_d，Δt_d 越大测试时间越长。

⑥ 测试过程中，在数据点要超过最大值之前，Δt_d 会自动加倍，这样意外的长时间测试，数据点也不会溢出。

4.10.2　相关理论基础

（1）LCSV 的特点

① LCSV 不能测试有电流峰的电化学体系。

② 对没有电流峰的极化曲线，LCSV 曲线与 LSV 曲线是等价的。

（2）LCSV 的电位响应

LCSV 测试与单电流阶跃计时电位法类似。对简单电极反应 $R \rightleftharpoons O + ne^-$，设线性扫描电流为 $i(t)=v_i t$（v_i 为电流扫描速率），则可导出计时电位曲线的过渡时间 τ：

$$\tau = 2nFA\, c_O^0 (D_O/\pi)^{1/2}/v_i$$

与电流阶跃中的 Sand 方程相似，只是将 $\tau^{1/2}$ 变为了 τ，仍可用于定量分析，但应用不多。

4.10.3　应用示例——测定电池极化曲线

尽管都是极化伏安曲线 $I\text{-}V$，但因 LCSV 得到的实验结果没有线性电位扫描伏安法丰富，应用也不及后者广泛。在测量电池的极化曲线并进一步计算电池的功率曲线时，恒电流的强制放电作用，使 LCSV 方法有其优势。

如图 4-32 所示，电池的极化曲线呈"S"形，小电流（功率）为电化学极化损失，中等电流（功率）为欧姆极化损失，大电流（功率）为扩散极化损失。

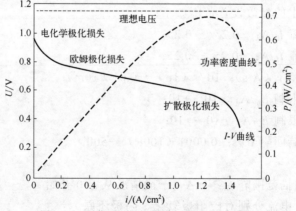

图 4-32　电池的伏安曲线与功率密度曲线

在燃料电池中，直接甲醇燃料电池（DMFC）的阳极过电位和欧姆过电位明显大于质子膜燃料电池（PEMFC），故其电压输出特性稍差，如图 4-33 所示。

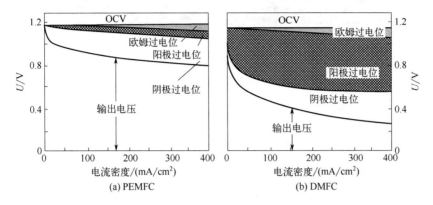

图 4-33　两种燃料电池的 I-V 曲线及其电位损失分布示意图

4.11
方法 11*——电位溶出分析法

电位溶出分析法（potentiometric stripping analysis，PSA）是一种电位阶跃（恒电位）与电流阶跃（恒电流）相结合的计时电位分析方法。通过电位阶跃将待测物质电解沉积而实现微量待测物的富集，再用电流阶跃法使沉积的待测物分步溶解，并进行计时电位分析。此法的特点是尽可能富集、完全溶出，电位曲线结果呈平台状，灵敏度远低于峰状曲线的差分脉冲-方波-交流溶出伏安法（见第 5 章）。电位沉积-电流溶出的波形如图 4-34 所示。

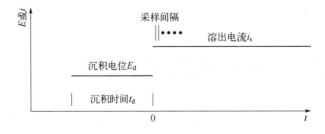

图 4-34　电位溶出分析法的波形

电位溶出分析法的常见测试界面如图 4-35 所示。

图 4-35　PSA 的常见测试界面

测试界面中的参数设置范围如下：

- 沉积电位 E_d /V：$-10\sim+10$；
- 沉积时间 t_d /s：$0\sim32$；
- 终止电位 E_f /V：$-10\sim+10$；
- 溶出电流 i_s /A：$0\sim+0.25$；
- 采样间隔 Δt_d /s：0.0001（100μ）~50；
- 静置（等待）时间 t_0 /s：$0\sim100000$（100k）。

有关说明：

① 沉积电位要尽可能低，以使待测的金属离子尽可能沉积，以便一次分析多组分。

② 终止电位即为电流阶跃中限制电位，电位超过此值，测试结束。

③ 如果溶出电流 i_s 设置为 0，则实际上与 CE 没有接通相当。

④ 沉积电位 E_d 和终止电位 E_f 的正、负分别对应氧化、还原过程。

⑤ 电流采样间隔 Δt_d 越大，测试时间越长；如果 $\Delta t_d < 2\text{ms}$，则最大数据点为 64k。

4.12
方法 12*——差分脉冲安培法

差分脉冲安培法（differential pulse amperometry，DPA）组合了三个脉冲电位进行循环测试，其中第 1 个脉冲电位用于清洗，另外两个脉冲用于测试，实时显示电流差-时间曲线（$\Delta i\text{-}t$），如图 4-36 所示。

差分脉冲安培法的常见测试界面如图 4-37 所示。

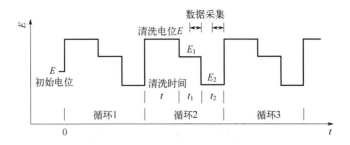

图 4-36　DPA 的电位激励波形

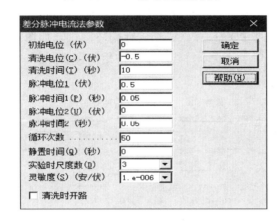

图 4-37　DPA 的常见测试界面

测试界面中的参数设置范围如下：

- 初始电位 E_i /s：-10～+10；
- 清洗电位 E /V：-10～+10；
- 清洗时间 t /s：0～32；
- 脉冲电位 1 E_1 /V：-10～+10；
- 脉冲时间 1 t_1 /s：0.01（10m）～32；
- 脉冲电位 2 E_2 /V：-10～+10；
- 脉冲时间 2 t_2 /s：0.01（10m）～32；
- 循环次数 N_{cyc}：10～100000（100k）；
- 测试中 Y 轴（电流）显示方式：1、2、3；
- 静置（等待）时间 t_0 /s：0～100000（100k）；
- 电流量程-灵敏度 IV/（A/V）：10^{-12}（1p）～0.1；
- 清洗时开路：选/不选。

有关说明：

① 第 2、3 脉冲的中点进行电流采样，并显示差值电流。

② 测试中 Y 轴（电流）显示方式：1=自动满量程 FS；2=FS/100、FS/10；3=FS/100、FS/10、FS/1。

4.13
方法 13*——双差分脉冲安培法

双差分脉冲安培法（double differential pulse amperometry，DDPA）集合了两组三个脉冲电位 PDA1、PDA2，进行循环测试。如图 4-38 所示，其中各组第 1 个脉冲电位用于清洗，另外两个脉冲用于测试，实时显示各系列的差值电流-时间曲线（Δi-t）。

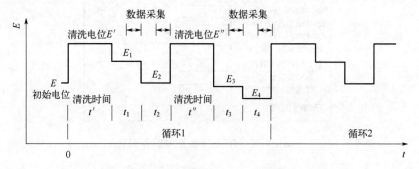

图 4-38　DDPA 的电位激励波形

双差分脉冲安培法的常见测试界面如图 4-39 所示。

图 4-39　DDPA 的常见测试界面

测试界面中的参数设置范围如下。

第 1 段 DPA：

- 清洗电位 1 E/V：-10～+10；
- 清洗时间 1 t/s：0～32；
- 脉冲电位 1 E_1/V：-10～+10；
- 脉冲时间 1 t_1/s：0.01（10m）～32；
- 脉冲电位 2 E_2/V：-10～+10；
- 脉冲时间 2 t_2/s：0.01（10m）～32；
- 清洗时开路：选/不选。

第 2 段 DPA：

- 清洗电位 2 E/V：-10～+10；
- 清洗时间 2 t/s：0～32；
- 脉冲电位 3 E_3/V：-10～+10；
- 脉冲时间 3 t_3/s：0.01（10m）～32；
- 脉冲电位 4 E_4/V：-10～+10；
- 脉冲时间 4 t_4/s：0.01（10m）～32；
- 清洗时开路：选/不选。

其他参数设置：

- 初始电位 E_i/s：-10～+10；
- 循环次数 N_{cyc}：10～100000（100k）；
- 测试中 Y 轴（电流）显示方式：1、2、3；
- 静置（等待）时间 t_0/s：0～100000（100k）；
- 电流量程-灵敏度 IV/（A/V）：10^{-12}（1p）～0.1。

有关说明：

① 两脉冲中点采样，显示差值电流。

② 测试中 Y 轴（电流）显示方式：1=自动满量程 FS；2=FS/100、FS/10；3=FS/100、FS/10、FS/1。

③ 曲线系列显示可以在菜单-图像中选择：DPA1 或 DPA2 或 DPA1+DPA2。

4.14

方法 14*——三脉冲安培法

三脉冲安培法（triple pulse amperometry，TPA）组合了三个脉冲电位并进行循环测试，实时显示电流-时间曲线（*i-t*），其中第三脉冲电位具有扫描功能。三脉冲安培法的电位激励波形如图 4-40 所示。

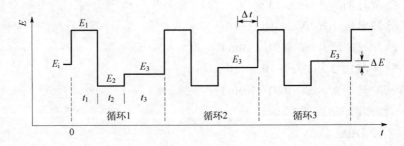

图 4-40　TPA 的电位激励波形

三脉冲安培法的常见测试界面如图 4-41 所示。

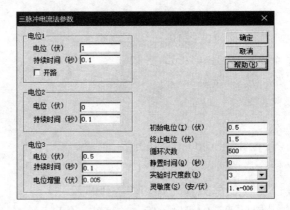

图 4-41　TPA 的常见测试界面

测试界面中的参数设置范围如下：
- 脉冲电位 1 E_1/V：−10～+10；
- 脉冲时间 1 t_1/s：0～32（为 0 时忽略）；
- 脉冲电位 2 E_2/V：−10～+10；
- 脉冲时间 2 t_2/s：0～32（为 0 时忽略）；
- 脉冲电位 3 E_3/V：−10～+10；
- 脉冲时间 3 t_3/s：0.01（10m）～32；
- 脉冲电位 3 增量 ΔE/V：0～0.02（20m）；
- 初始电位 E_i/V：−10～+10；
- 终止电位 E_f/V：−10～+10；
- 循环次数 N_{cyc}：10～100000（100k）；

- 测试中 Y 轴（电流）显示方式：1、2、3；
- 静置（等待）时间 t_0/s：0～100000（100k）；
- 电流量程-灵敏度 IV/（A/V）：10^{-12}（1p）～0.1。

有关说明：

① 脉冲 3 中点采样。

② 电位差 $|E_f-E_3|>0.01V=10mV$。

③ 如果 $\Delta E>0$，则 E_3 将每循环增加 ΔE，直到 E_f。此时不受循环次数 N_{cyc} 的影响。

④ 实验中 Y 轴（电流）显示方式：1=自动满量程 FS；2=FS/100、FS/10；3=FS/100、FS/10、FS/1。

4.15
方法 15——电化学噪声法

电化学噪声法（electrochemical noise，EN）是测量电化学体系的噪声响应，主要用于腐蚀过程的研究，主要方法有电位噪声法（EPN）和电流噪声法（ECN）。ECN 测试中需要使用零阻检流计（zero-resistor amperemeter，ZRA），大多数电化学工作站都有此硬件功能。

4.15.1　常见测试界面及参数设置

电化学噪声法的常见测试界面如图 4-42 所示。

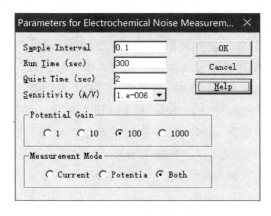

图 4-42　EN 的常见测试界面

测试界面中的参数设置范围如下：

- 采样间隔（Sample Interval）Δt_d/s：0.1（100m）～10；
- 运行时间（Run Time）t_run/s：10～100000（100k）；
- 静置（等待）时间（Quiet Time）t_0/s：0～100000（100k）；
- 电流量程-灵敏度（Sensitivity）IV/（A/V）：10^{-12}（1p）～0.1；
- 电位放大倍数（Potential Gain）X：1、10、100、1000（单选）；
- 测试方式（Measurement Mode）：电流（Current）、电位（Potential）、两者（Both）（单选）。

有关说明：

① EN 是在不加电位或电流激励信号情况下测量电化学体系的电位噪声和电流噪声。

② ECN 测量时，需要使用两个全同的电极 WE1、WE2（在同一溶液中）：WE1 通过 WE 接零阻检流计，其电位是虚地的（非常接近地电位 GND，但不能实接！），WE2 接 GND。

③ 测量 EPN 时，配上参比电极 RE 即可，对电极 CE 不使用。

4.15.2　相关理论基础

（1）EN 的测量方法

EN 的测量方法主要有开路电位噪声测量法（open circuit potential noise，OCPN）、恒电位控制电流噪声测量法（potentiostatic controlled current noise，PCCN）、恒电流控制电位噪声测量法（galvanostatic controlled potential noise，GCPN）、不相关三电极电位噪声电流噪声独立测量法（uncorrected three-electrode current & potential noise，UCPN）、相关二电极电位电流噪声同时测量法（corrected two-electrode current & potential noise，CorrEINoise®），详见图 4-43。有的电化学工作站具备上述几种测量方法，有的则不全。

PCCN 和 GCPN 两种需要引入外控信号，干扰较大、灵敏度不高，使用不多；UCPN 三电极独立测量方法的灵敏度高，能够自动抑制信号偏移，缺点是丢失了噪声信号的直流信息、独立噪声信号关联难、不便进行数据分析；CorrEINoise®能同时进行 EPN、ECN 的相关测量，克服了前法的不足，但 WE 作参比电极缺乏实际意义，仅表现出差异而已。目前应用较多的则是改进的三电极噪声同时测量法，直接利用电化学工作站的硬件即可完成，无需其他专门仪器。

EN 测量中使用的电极有三种类型：异种电极、全同电极、工作电极。传统的三电极体系一般就是三个异种电极；使用较多的则是采用两个全同电极

（同质、同形、同大）作为两个工作电极。

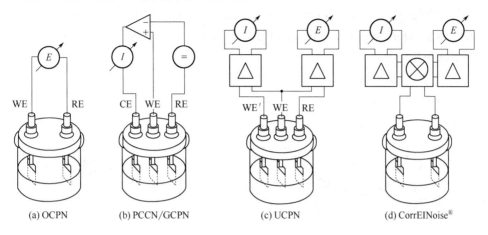

(a) OCPN   (b) PCCN/GCPN   (c) UCPN   (d) CorrEINoise®

图 4-43   测量电化学噪声的四种方法

（2）EN 的来源

① 热噪声。电子的随机热运动产生大小方向都不确定的随机电流，当其流过导体则产生随机的电位波动。没有外加电场时，这些随机波动信号的净结果为零。表面电阻中热噪声电压的均方根 $E[V_N^2]=4kTR\Delta\nu$，其中 k 为 Boltzman 常数、T 为温度、R 为自身电阻、$\Delta\nu$ 是频带宽度。热噪声一般很小，EN 测量中可以忽略。

② 散粒效应噪声。一般可以忽略，但在腐蚀体系中存在局部阴阳极反应，全部腐蚀电流 i 的 Gibbs 自由能变化：$\Delta G=-nF(E_a+E_c)=-nFE$，其中 n 为局部阴阳极反应交换的电子转移数，E_a、E_c 为局部阳、阴极电位，E 为待测电极外测电极电位，F 为法拉第常数。

孔腐等局部腐蚀能明显改变腐蚀电极上微区局部的阳极反应阻值，导致 E_a 剧烈变化。所以，当电极发生局部腐蚀时，如果开路下测定腐蚀电极的 EN，则其电极电位会发生负移，之后伴随电极局部腐蚀部位的修复而正移，此时若进行恒电位测量，则在 i-t 曲线上可观察到正脉冲尖峰。

③ 闪烁噪声。又称 $1/f^n$ 噪声（n 为 1、2、4、6 或更大），出现在所有的有源电子器件中，并与直流偏置电流有关。闪烁噪声的来源机制尚不清楚，但在实际的 EN 测试中发现，测量频率范围内（$10^{-2}\sim10^3$Hz）功率谱幅值反比于频率 f，且在低频段的斜率接近于 $1/f^n$。

（3）EN 数据处理分析方法

EN 曲线无明显的峰形特征，需要进行深入的数据处理与分析，才能得到有用的结果。EN 的数据处理一般需要先行预处理，再用时域分析和频域分析两种方法。时域法包括直接分析、统计分析，通过 E/i-t 曲线的特征判断腐蚀的类型和强度；频域法包括快速傅里叶变换法（fast Fourier transform，FFT）、最大熵法（maximum entropy method，MEM）、小波分析、分形理论等。其中 FFT 法应用较多。

① 预处理方法。电化学噪声曲线一般都包含了直流漂移，需先行预处理，如采用多项式拟合与扣除。图 4-44 是 A3 钢在 0.16 mol/L HCl 溶液中的电位/电流噪声曲线及其扣除基线后的对比。

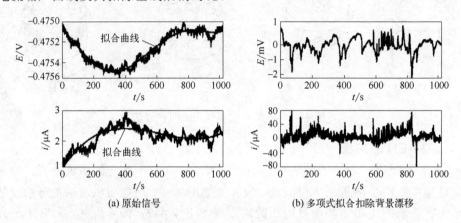

(a) 原始信号   (b) 多项式拟合扣除背景漂移

图 4-44   A3 钢在 0.16mol/L HCl 溶液中的电位/电流噪声

② 统计方法及其相关概念。统计方法是利用统计学原理和公式对时域信号（E/i-t）离散化的数据进行处理，并结合电化学背景，定义相关概念。

噪声电阻：若 X_i 分别是电位/电流的离散化数据，则根据标准差公式

$$s = \sqrt{\frac{1}{n-1}\sum_{i=1}^{n}(X_i - \bar{X})^2}$$

可定义噪声电阻（noise resistance）$R_n = s_E/s_I$，其中 s_E、s_I 分别为电位、电流噪声标准差。

噪声电阻是电化学噪声时域分析中应用最普遍的噪声指标之一，适用于同步测量的电流噪声和电位噪声等信号。R_n 类似于线性极化法得到的极化电阻 R_p，都反比于腐蚀电流 i_{corr}，可以作为度量均匀腐蚀的腐蚀速率的指标之一。

孔蚀因子：根据方均根（root mean square，RMS）计算公式

$$\text{RMS} = \sqrt{\frac{\sum_{i=1}^{n}X_i^2}{n}}$$

可定义孔蚀（pitting corrosion）因子 PI 或局部因子 LI（localization index）。

对电流噪声：PI=LI=s_I/RMS$_I$。一般认为，PI<0.1 为电极表面出现均匀腐蚀或保持钝化状态；PI=0.1～0.9 预示局部腐蚀发生；PI>0.9 则为孔蚀产生。

③ FFT 与频域噪声谱。根据傅里叶变换公式：

$$F(\omega) = \frac{1}{\sqrt{2\pi}} \int_{-\infty}^{\infty} F(t) e^{-j\omega t} \, dt$$

可将时域的电位噪声曲线 $E(t)$ 和电流噪声曲线 $i(t)$ 经傅里叶变换到频域上的电化学噪声谱 $E(\omega)$-ω 和 $i(\omega)$-ω。噪声谱的应用要比时域上的噪声曲线方便。

④ 功率谱密度。电位噪声（电流亦同）的功率谱密度（power spectral density，PSD）定义为：

$$PSD = 2 \lim_{T \to \infty} \frac{N(T) |E(\omega)|^2}{T}$$

式中，T 为时间长度；$N(T)$ 为其电位的瞬时脉冲数。若每一次信号波动认为是电位的瞬时脉冲，则有 $N(T)=\lambda AT$，即

$$PSD = 2 \lim_{T \to \infty} \frac{\lambda AT |E(\omega)|^2}{T} = 2\lambda A |E(\omega)|^2$$

式中，λ 为单位面积上电位的瞬时脉冲数频率，Hz/m^2；A 为待测电极的面积，m^2。

利用 FFT 算法，可以快速得到 PSD，且数据点越多，结果越好。PSD 随频率 f 的变化曲线如图 4-45 所示。

PSD 的主要特征参数有：a. 白噪声水平 W（white noise level），即其中水平部分的高度；b. 高频段斜率 k；c. 转折频率 f_c；d. 截止频率 f_z。这些参数随腐蚀电极表面腐蚀情况而变化，常被用来表征其腐蚀强度和腐蚀倾向。

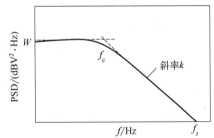

图 4-45　典型的 PSD 曲线及其特征参数

热噪声和散粒效应噪声均为高斯型白噪声，主要影响 PSD 曲线的水平部分；闪烁噪声则主要影 PSD 曲线的高频线性倾斜部分。背景噪声（直流漂移）对 PSD 有很大影响，在 FFT 之前应预处理消除直流部分。

比较 EN 与 EIS 发现，在 PSD 曲线上，闪烁噪声 $1/f^n$ 的典型斜率为 -10dB/decade；双电层电容和电荷转移电阻能够使之增加-20dB/decade；Warburg 扩散阻抗则增加-10dB/decade。一般而言，PSD 曲线高频段的变化快慢可用于区分不同类型的腐蚀，如电位噪声谱小于-40～-20dB/decade，则电极表面可

能处于钝化或均匀腐蚀状态。

图 4-46 是腐蚀电极铝合金（2024-T3）在不同时间的 PSD 曲线。可以看出，在孔蚀诱导期，曲线 a～c 的三个特征参数（W、k、f_c）均呈增大趋势；孔蚀发生时（曲线 d）的白噪声水平 W 达到最大值，截止频率 f_z 几乎与曲线 c 相等，而 PSD 曲线的高频线性段的斜率 k 却明显小于曲线 e。

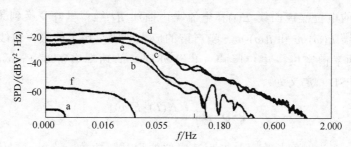

图 4-46　铝合金在 NaCl 溶液中的 PSD 曲线及其随时间的变化（引自文献[38]）

a—5min；b—10min；c—11min；d—17min；e—20min；f—287min

根据量纲分析原理还可从 PSD 的特征参数导出正确表征材料电极反应趋势的两个参数 SE 和 SG，便于对 PSD 曲线的相关参数进行正确可靠的分析，如与孔蚀强度存在同步变化关系等。

⑤ 谱噪声阻抗。在噪声谱及其 PSD 的基础上，可以引入谱噪声阻抗 R_{sn}（也称为谱噪声函数），将电位噪声谱和电流噪声谱有机地联系起来，其定义为：

$$R_{sn}(f) = \frac{|E_{FFT}(f)|}{|I_{FFT}(f)|} = \frac{|PSD_E(f)|}{|PSD_I(f)|}$$

由此可以进一步定义噪声电阻 R_{sn}^0：

$$R_{sn}^0 = \lim_{f \to 0} R_{sn}(f)$$

理论上 R_{sn}^0 可由 $R_{sn}(f)$ 曲线外推 $f \to 0$ 得到，实际是取低频段最后十个点的平均值。

$\lg R_{sn}(f)$-$\lg f$ 曲线高频段的斜率 $k_{R_{sn}}$ 可作为防护层被削弱的参量，而截距 $d_{R_{sn}}$ 则可关联 R_n 和 R_{sn}^0；$\lg R_{sn}(f)$-$\lg f$ 曲线与电化学阻抗谱 EIS 的 $\lg Z$-$\lg f$ 在相同频段斜率一致，但 $R_p > R_{sn}^0$。

第 5 章
电位扫描伏安法

电位扫描伏安法是在电位线性扫描的激励下,记录响应的电流(或进行对数转换),以伏安曲线的形式呈现。主要方法有:线性电位扫描伏安法、循环伏安法、阶梯伏安法、塔菲尔曲线法等。同时,还有旋转圆盘电极转速调制的流体力学调制伏安法以及用于伏安曲线数据处理的半微积分技术。

5.1
方法 16——线性电位扫描伏安法

线性电位扫描伏安法(linear-potential scan voltammetry,LSV)是最基本的现代电化学测试方法之一,其他许多方法都是在此基础上发展起来的,如 CV 和电位调制伏安法等。线性电位扫描伏安法的电位波形与电流响应及其伏安曲线如图 5-1 所示。

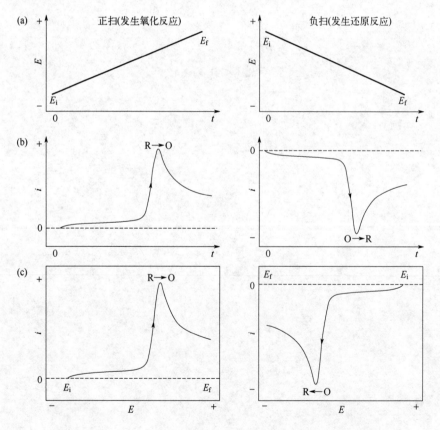

图 5-1 LSV 的电位波形(a)与电流响应(b)及其伏安曲线(c)

5.1.1 常见测试界面及参数设置

线性电位扫描伏安法的常见测试界面如图 5-2 所示。

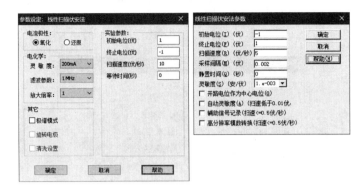

图 5-2　LSV 的常见测试界面

测试界面中的参数设置范围如下：

- 初始电位 E_i/V：-10V～$+10$；
- 终止电位 E_f/V：-10V～$+10$；
- 电位扫描速度 v/（V/s）：0.000001（1μ）～20000（20k）；
- 采样间隔 ΔE_s/V：0.001（1m）～0.064（64m）；
- 静置（等待）时间 t_0/s：0～100000（100k）；
- 电流量程-灵敏度 IV/（A/V）：10^{-12}（1p）～0.1。

有关说明：

① 电位扫描的方向：根据 E_i、E_f 的相对大小自动判断，$E_i < E_f$ 时正扫，$E_i > E_f$ 时负扫。

② 电位扫描范围：10mV $\leqslant |E_i - E_f| \leqslant$ 6.5535V。

③ 电位扫描速度对 LSV 曲线形状影响大，一般在 1～1000mV/s。但在电极反应中涉及固态过程时，如锂离子电池中有离子的嵌入/脱出，反应速度很慢，要求电位扫描速度<1mV/s，甚至需要到 50μV/s。

④ 静置（等待）时间是指测试前在起扫（初始）电位停留的时间。

⑤ 电流采样间隔 ΔE_s 一般手动设置；部分电化学工作站能够自动设置：1mV（<2500V/s）、2mV（5000V/s）、4mV（10000V/s）、8mV（20000V/s）；当扫速>0.5V/s 时，ΔE 的最小值为 1mV；当扫速<0.5V/s 时，ΔE（mV）的最小值<扫速（V/s）/500；当 $\Delta E <$ 1mV 时，只能选择 500μV、200μV、100μV、50μV、10μV、5μV、2μV、1μV 等值。

⑥ DA 给出的电位增量一般是自动改变：0.1mV（＜500V/s）；1mV（5000V/s）；4mV（20000V/s）。

⑦ 传统的伏安仪或信号发生器一般只有电位的上、下限调节旋钮，故需配有正扫/负扫按键来确定扫描方向。

⑧ 有的电化学工作站具有 LSV 溶出分析法，如图 5-3 所示。

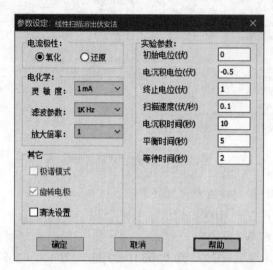

图 5-3　LSV 溶出分析法的测试界面

5.1.2　相关理论基础

（1）LSV 曲线中电流响应的特点

在进行大幅度 LSV 测量时，溶液中电极反应 $R \rightleftharpoons O + ne^-$ 的典型伏安曲线如图 5-4 所示。当电位从没有氧化反应发生的电位开始正向电位线性扫描时，氧化电流先是逐渐上升，达到峰值后又逐渐下降。在电位扫描过程中，随着电位移动，电极极化越来越大，电化学极化和浓差极化相继出现。随着极化的增大，电极表面的反应物浓度不断下降，扩散层中的反应物浓度差不断增大，扩散流量增大，扩散电流升高。当电极表面的反应物浓度下降为零时，就达到了完全浓差极化，扩散电流达到了极限扩散电流，但此时扩散过程并未达到稳态。电位继续扫描相当于极化时间延长，扩散层的厚度越来越大，相

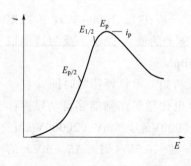

图 5-4　LSV 曲线及其峰值参数

应的扩散流量逐渐下降，扩散电流降低。于是在电位扫描伏安曲线上形成了电流峰。峰后电流衰减符合 Cottrell 方程。

电位线性扫描过程中，响应电流为电化学反应电流 i_f 和双电层充电电流 i_c 之和：

$$i = i_f + i_c$$
$$i_c = \mathrm{d}q/\mathrm{d}t = \mathrm{d}[-C_d(E_z-E)]/\mathrm{d}t = -C_d\,\mathrm{d}E/\mathrm{d}t + (E_z-E)\mathrm{d}C_d/\mathrm{d}t$$

式中，C_d 为双电层的微分电容；E 为电极电位；E_z 为零电荷电位（PZC）。

双电层充电电流 i_c 包括两个部分：一是电极电位改变时双电层充电电流 $-C_d\mathrm{d}E/\mathrm{d}t$；二是双电层电容改变时引起的双电层充电电流 $(E_z-E)\mathrm{d}C_d/\mathrm{d}t$。显然 i_c 在扫描过程中并非常数，将随 C_d 的变化而改变。当电极表面发生表面活性物质的吸脱附，C_d 会随之急剧变化，此时 $(E_z-E)\mathrm{d}C_d/\mathrm{d}t$ 很大，于是在 LSV 曲线上出现吸脱附过程的电流峰——吸脱附峰。

电位扫描速度对 LSV 曲线影响较大。高速扫描时，i_c 比 i_f 增大更多，背景电流更大，如图 5-5 所示；反之，扫速足够慢时，i_c 在总电流中的占比极低以至可以忽略，此时的 LSV 曲线可视为稳态极化曲线。

（2）LSV 曲线的特征——峰电流和峰电位之数值解

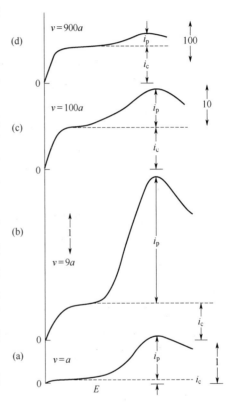

图 5-5　C_d 对 LSV 曲线背景的影响

LSV 曲线的特征参数——峰电流和峰电位与扩散过程有关。如果电极反应 $O + ne^- \rightleftharpoons R$ 在平面电极的传质为半无限线性扩散，且溶液起始状态仅含氧化态（O），无还原态（R），则在起扫电位 E_i 无电极反应发生。则由 Fick 第二定律，经 Laplace 变换并运用卷积定理，可以得到扩散方程的解为：

$$c_O(0,t) = c_O^0 - (\pi D_O)^{-1/2}\int_0^t f(\tau)(t-\tau)^{-1/2}\mathrm{d}\tau$$

$$c_R(0,t) = (\pi D_O)^{-1/2}\int_0^t f(\tau)(t-\tau)^{-1/2}\mathrm{d}\tau$$

式中，$f(\tau)=i(\tau)/nFA$。上述公式是通用的，不涉及具体的电极动力学和实验技术。

下面分别讨论可逆性不同的电化学体系。

① 可逆体系。此时电荷传递过程基本处于平衡状态，Nernst 方程仍然适用：

$$E = E^{\ominus'} + \frac{RT}{nF} \ln\left[\frac{c_O(0,t)}{c_R(0,t)}\right]$$

峰电流 i_p 为：

$$i_p = 0.4463 nFAc_O^0 \left(D_O nF/RT\right)^{1/2} v^{1/2}$$

$$i_p = 2.69 \times 10^5 Ac_O^0 D_O^{1/2} v^{1/2} \quad (25℃，n=1)$$

式中，0.4463 为数值求解得到的参数；n 为电子转移数；A 为电极的真实面积，cm^2；D_O 为反应物的扩散系数，cm^2/s；c_O^0 为反应物的初始浓度，mol/L；v 为电位扫速，V/s；i 为电流，A。

峰电位 E_p 为 $E_p = E_{1/2} - 1.109RT/nF$；当电流峰较宽、峰电位不好确定时，则可采用半峰电位 $E_{p/2}$（位于 $i_{p/2}$ 处）：

$$E_{p/2} = E_{1/2} + 1.09RT/nF \quad \text{或} \quad E_{p/2} = E_{1/2} + 28.0mV/n \quad (25℃)$$

半波电位 $E_{1/2}$ 则位于 E_p 和 $E_{p/2}$ 之间。对可逆波则有：

$$|E_p - E_{p/2}| = 2.20RT/nF \quad \text{或} \quad |E_p - E_{p/2}| = 56.5mV/n \quad (25℃)$$

所以，可逆电极体系的 LSV 曲线的特点为：

a. E_p、$E_{p/2}$、$|E_p - E_{p/2}|$ 均与扫描速度无关，$E_{1/2}$ 大约位于 E_p 和 $E_{p/2}$ 之间。

b. i_p 及 LSV 曲线上的电流 i 都正比于 $c_O^0 v^{1/2}$，说明 v 越大，达到峰值电位所需时间越短，暂态扩散层越薄，扩散速率越大，电流越大。若知 D_O，则由 i_p 公式的比例系数可以计算出电子转移数 n。利用 i_p 正比于 c_O^0 还可进行反应物浓度的定量分析。

② 完全不可逆体系。此时不能采用 Nernst 方程，但可数值解出电流方程：

$$i = nFAc_O^0 D_O^{\frac{1}{2}} v^{\frac{1}{2}} \left(\frac{\alpha n_\alpha F}{RT}\right)^{\frac{1}{2}} \pi^{\frac{1}{2}} \chi(bt)$$

其中 n_α 为控制步骤的电子转移数；$n\pi^{1/2}\chi(bt)$ 的最大值为 0.4958。

峰电流 i_p：

$$i_p = (2.99 \times 10^5) \alpha^{\frac{1}{2}} Ac_O^0 D_O^{\frac{1}{2}} v^{\frac{1}{2}} \quad (25℃，单电子反应)$$

峰电位 E_p：

$$E_p = E^{\ominus'} + \frac{RT}{\alpha n_\alpha F}\left[0.780 + \ln\left(\frac{D_O^{\frac{1}{2}}}{k^\ominus}\right) + \ln\left(\frac{\alpha n_\alpha Fv}{RT}\right)^{\frac{1}{2}}\right]$$

$$\left|E_p - E_{p/2}\right| = \frac{1.857RT}{\alpha n_\alpha F}$$

$$\left|E_p - E_{p/2}\right| = \frac{47.7}{\alpha n_\alpha}(\text{mV})（25℃）$$

显然，i_p 与 c_O^0 和 $v^{1/2}$ 成正比，但 E_p 则随 v 的增加而移向负方向。在 25℃，扫速变化 10 倍，峰电位变化 $30\text{mV}/\alpha n_\alpha$，$E_p$ 包含了与 $k^\ominus$ 有关的活化超电位。

③ 准可逆体系。准可逆体系的处理则较为复杂：

$$i/nFA = D_O[\partial c_O(x,t)/\partial x]_{x=0} = k^\ominus \exp\{-\alpha nf[E(t) - E^{\ominus'}]\}\{c_O(0,t) - c_R(0,t)\exp[nf(E(t) - E^{\ominus'})]\}$$

式中，$f = F/RT$；$k^\ominus$ 是条件电位 $E^{\ominus'}$ 下的标准反应速率常数。由扩散方程及其定解条件可得伏安曲线的数值解，其峰为传递系数 α 和 Λ 的函数。其中：

$$\Lambda = k^\ominus / (vnFD_O^{1-\alpha}D_R^\alpha / RT)^{1/2}$$

当 $D_O = D_R = D$ 时：

$$\Lambda = k^\ominus / (vnFD/RT)^{1/2}$$

则准可逆体系的 i_p、$E_{p/2}$ 依赖于 α 和 Λ。Λ 为表征电荷转移过程的参数 $k^\ominus$ 和表征传质过程的参数 $(vnFD/RT)^{1/2}$ 的比值，是描述电极过程的重要参量。此外，扫速 v 同样影响 Λ，进而使电极过程表现出不同的可逆性。当 $\Lambda \geqslant 15$ 时处于可逆状态；当 $\Lambda \leqslant 10^{-2(1+\alpha)}$ 时处于完全不可逆状态。

总之，准可逆体系 LSV 曲线的峰值电流 i_p、峰值电位与半波电位的差值 $|E_p - E_{1/2}|$、峰值电位和半峰电位的差值 $|E_p - E_{p/2}|$ 都在可逆体系和完全不可逆体系相应数值之间。

④ 电极反应可逆性与电位扫描速度的关系。对可逆体系，随着电位扫描速度 v 的增大，峰电流 i_p 关系能够从可逆转变到准可逆、再到完全不可逆，如图 5-6 所示。定性解释是：扫速 v 越快，达到一定电位所需时间越短，暂态扩散层厚度越薄，扩散流量越大，扩散速率越快，浓差极化在总极化中所占比例就越小；对应的电化学极化占比上升，逐步偏离电化学平衡状态，Nernst 方程不再适用。故电极反应过程由"可逆"到"准可逆"再到

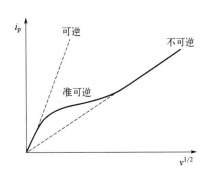

图 5-6　反应可逆性随电位扫描速度变化

"完全不可逆"状态。

5.1.3　应用示例

LSV 法可在比较短的时间内测试大范围电位内电极过程的变化，LSV 曲线也不同于稳态的电流-电位伏安曲线。通过数学解析得到的峰值电流（i_p）、峰值电位（E_p）与电位扫描速度（v）、反应粒子浓度（c）及动力学参数（$k^\ominus$）等系列关系，能够为研究电极过程提供丰富的电化学信息，所以 LSV 是一种应用十分广泛的电化学测量方法。

（1）检验仪器

LSV 是测试电化学工作站综合性能的重要方法之一。通常选择电阻 $R=1\sim10\mathrm{k\Omega}$ 进行 LSV 测试，得到的 LSV 曲线应为过原点的直线，且斜率 $\mathrm{d}i/\mathrm{d}E=1/R$。一般选择对称的电位扫描范围如$-1\mathrm{V}\sim+1\mathrm{V}$，即可从 E_i、E_f 处的电流直接判断结果。如 $R=1\mathrm{k\Omega}$，则 $i=\pm1\mathrm{mA}$，否则说明电化学工作站有问题。选择不同的电阻 R，可以逐挡检测电化学工作站的量程是否正确。

（2）判断电极反应的可逆性

LSV 可以用来判断电极过程的可逆性。若峰值电位 E_p 与电位扫描速度 v 无关，则为可逆电极反应，并且此时有峰值电流关系 $i_{pa}/i_{pc}\approx1$。若峰值电位随电位扫速的增大而变化（向扫描方向移动），则为不可逆的电极过程，如图 5-7 所示。

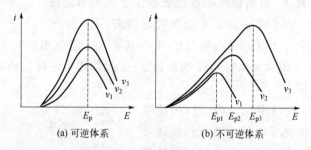

图 5-7　LSV 法判断电极反应的可逆性（电位扫速 $v_1<v_2<v_3$）

（3）研究电极反应物的来源

对 i-t 曲线积分可得电流峰下覆盖的面积，即用于计算电化学反应的电量（忽略双电层充电电量）：

$$Q=\int_{t_1}^{t_2}i\mathrm{d}t=\int_{E_1}^{E_2}\frac{i}{v}\mathrm{d}E$$

电位扫描过程中的响应电流 i 为：

$$i = \varphi(E)c_O^0(D_O v)^{\frac{1}{2}}$$

式中， $\varphi(E)$ 为电位 E 的函数。于是有：

$$Q = c_O^0 D_O^{\frac{1}{2}} v^{-\frac{1}{2}} \int_{E_1}^{E_2} \varphi(E)\mathrm{d}E$$

显然反应的电量 Q 与扫速平方根的倒数 $v^{-1/2}$ 成正比，即扫描越慢，用于电化学反应的电量就越大，本体溶液中的反应物能够更多地扩散到电极表面上参与反应。但反应物若是预先吸附在电极表面且数量一定，那么吸附反应物消耗完所需的电量 Q_θ 也是恒定的，而与扫速 v 无关。所以，利用伏安曲线积分得到的电量与扫描速度之间的关系，可以判断反应物的来源。

（4）LSV 法测阳极极化曲线——金属钝化

电极稳态的建立需要一定时间且随体系变化。为了实现稳态测量，电位扫速必须足够慢。在 LSV 法测量中，可逐步减慢扫速，极化曲线不再随扫速变化时，LSV 曲线就是该体系的稳态极化曲线。图 5-8 是 Ni 电极在 0.5mol/L H$_2$SO$_4$ 溶液中进行阳极极化时的 LSV 曲线及其随电位扫速的变化，显然扫速的影响很大。由此可见，测量金属 Ni 的稳态极化曲线，电位扫速必须小于 10mV/s。

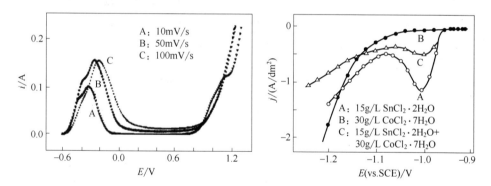

图 5-8　Ni 电极在 0.5mol/L H$_2$SO$_4$ 溶液中的　　图 5-9　不同金属离子镀液的阴极极化曲线
　　LSV 曲线及其随电位扫速的变化　　　　　　电位扫速 10mV/s；温度 55℃

（5）LSV 法测阴极极化曲线——镀液中金属离子的电沉积

在电镀中，镀层的结晶细密程度、光亮度和分散能力等是镀层质量评价的主要指标，且与电极的极化有很大关系。从极化曲线的变化能够分析各种因素对电极极化的影响，从而获得优质镀层的最佳条件，如电流密度、添加剂、附加盐、酸度（pH）、温度等，最后获得电镀配方和工艺条件。

在 Sn-Co 合金的电沉积时，从镀液的阴极极化曲线可以了解金属离子的沉积情况。从图 5-9 中曲线 A 可以看出，在-1.0V 时出现 Sn 的还原峰；但焦磷酸钾和钴盐组成的体系在析氢之前则不出现电流峰，如图 5-9 中曲线 B 所示；从图 5-9 中曲线 C 可以看出焦磷酸钾体系中，当组成为 15g/L SnCl$_2$·2H$_2$O+30g/L CoCl$_2$·7H$_2$O 时则能实现 Sn、Co 的共沉积。

（6）定量分析

根据 Butler-Volmer 公式，在测量条件一定时，LSV 上峰值电流 i_p 与其电活性物质的浓度 c 成正比，据此即可进行定量分析，其检测限一般在 μmol/L 以上，灵敏度较低，原因是 LSV 曲线的背景电流较大。具体示例可以参见循环伏安法（5.2 节方法 17）。

与溶出技术相结合，则是 LSV 在定量分析检测中的主要方法。

5.2
方法 17——循环伏安法

在 LSV 测量之后，紧接着再进行电位回（返）扫，甚至连续进行多个循环扫描则称为循环伏安法（cyclic voltammetry，CV）。CV 法已成为电化学测量中最基本、最重要的动态方法，具有电化学谱之称，应用十分广泛。CV 法的电位波形与电流响应及其伏安曲线如图 5-10 所示。

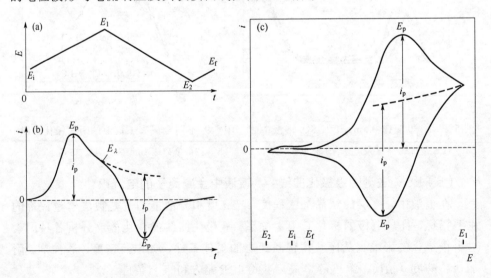

图 5-10　CV 法的电位波形（a）与电流响应（b）及其伏安曲线（c）

5.2.1 常见测试界面及参数设置

循环伏安法的常见测试界面如图 5-11 所示。

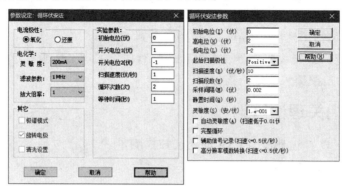

图 5-11 CV 的常见测试界面

测试界面中的参数设置范围如下：
- 初始电位 E_i/V：$-10\sim+10$；
- 高电位 E_h/V：$-10\sim+10$；
- 低电位 E_l/V：$-10\sim+10$；
- 起始扫描极性 P/N：正扫（Positive）/负扫（Negative）；
- 电位扫描速度 v/（V/s）：0.000001（1μ）$\sim$20000（20k）；
- 扫描段数 N_d：$1\sim100000$（100k）；
- 采样间隔 ΔE_s/V：0.000001（1μ）$\sim$0.064（64m）；
- 静置（等待）时间 t_0/s：$0\sim100000$（100k）；
- 电流量程-灵敏度 IV/（A/V）：10^{-12}（1p）$\sim$0.1。

有关说明：

① 有的电化学工作站不用开关电位表示，而是采用电位高限（高电位）E_h、电位低限（低电位）E_l 和电位起扫方向来确定：

a．电位高限 E_h/V：$-10\sim+10$；

b．电位低限 E_l/V：$-10\sim+10$；

c．起始扫描极性（方向）：正扫（Positive）/负扫（Negtive），若选择正扫，则 $E_1=E_h$，$E_2=E_l$；如选择负扫，则 $E_1=E_l$，$E_2=E_h$。

② 电位扫描范围：$10\text{mV}\leqslant|E_i-E_f|\leqslant6.5535\text{V}$

③ E_i 和 E_f 必须在（E_h，E_l）或（E_2，E_l）之间，不能超过它们。

④ 扫描段数为半循环扫描次数，即 2 次为一个循环。其最大值取决于计算机的容量限制，亦和电位扫描范围有关。当扫描段数为 1 时变为 LSV。

⑤ 电化学工作站一般没有 E_f 选项，而是根据扫描段数停止在 E_h 或 E_1（或 E_2、E_1）。

⑥ 电位扫描速度对 CV 曲线形状影响大，一般在 $1\sim1000\text{mV/s}$。但在电极反应中涉及有固态过程时，如锂离子电池中有离子的嵌入/脱出，反应速度慢，要求电位扫描速度$<1\text{mV/s}$，甚至需要到 $50\mu\text{V/s}$。

⑦ 传统的伏安仪或信号发生器一般只有电位的上、下限调节旋钮，故需配有正扫/负扫按键来确定扫描方向。

5.2.2 相关理论基础

CV 法可以看作是多个 LSV 的连续扫描测量。

（1）电位信号与电流响应

在 CV 法中，电位扫描信号可表示为：

$$E(t) = E_i + vt \, (0 \leqslant t \leqslant \lambda)$$
$$E(t) = E_i + v\lambda - v(t-\lambda) = E_i + 2v\lambda - vt \, (t > \lambda)$$

式中，λ 为换向时间；$E_\lambda = E_i + v\lambda$，为换向电位。

对电化学反应 $\text{R} \rightleftharpoons \text{O} + ne^-$，正向扫描时（即向电位正方向扫描）发生阳极氧化 $\text{R} \longrightarrow \text{O} + ne^-$；反向扫描时，正向扫描过程中生成的反应产物 O 重新发生阴极还原反应 $\text{O} + ne^- \longrightarrow \text{R}$，所以反向扫描时也能够得到峰形分布的 $i\text{-}E$ 曲线，详见图 5-12。

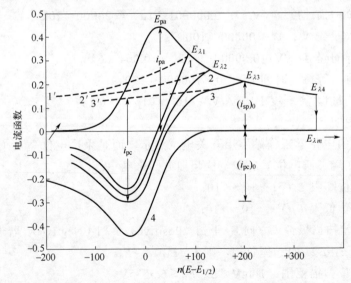

图 5-12 换向电位 E_λ（mV）对 CV 曲线的影响

$1\text{—}E_{\lambda1}=E_{1/2}+90/n$；$2\text{—}E_{\lambda2}=E_{1/2}+130/n$；$3\text{—}E_{\lambda3}=E_{1/2}+200/n$；

$4\text{—}E_{\lambda4}>E_{1/2}+300/n$，且保持到 $i_d=0$

在回扫时间 λ 之前，即 $t \leqslant \lambda$ 时，正扫的 CV 曲线规律与前述 LSV 完全相同。但在 $t > \lambda$ 之后，回扫的伏安曲线与换向电位 E_λ 有关。只有控制 E_λ 在越过峰值电位 E_p 足够远时，回扫伏安曲线形状受 E_λ 的影响才可以被忽略。对可逆体系，E_λ 要超过 E_p 至少 $(35/n)$ mV；对准可逆体系，E_λ 要超过至少 $(90/n)$ mV；一般控制 E_λ 超过 $(100/n)$ mV 以上。

（2）CV 曲线的特征参数——峰电流与峰电位

CV 曲线上有两组重要的特征峰值参数：①阴、阳极峰值电位 E_{pc}、E_{pa} 及其差值 $|\Delta E_p| = E_{pa} - E_{pc}$；②阴、阳极峰值电流 i_{pc}、i_{pa} 及其比值 i_{pa}/i_{pc}。

当 CV 测试之前只有还原态 R，则从 CV 曲线上测定阴极峰值电流 i_{pc} 不如阳极峰值电流 i_{pa} 方便。因为正向扫描时是从法拉第电流为零的电位开始扫描的，故 i_{pa} 可从零电流基线得到；但在反向扫描时，E_λ 处阳极电流尚未衰减到零，故测定 i_{pc} 不能以零电流作为基准来求算，而应以 E_λ 之后正扫的阳极电流衰减曲线为基线。在电位换向时，阳极反应达到了完全浓差极化状态，阳极电流为暂态的极限扩散电流，符合 Cottrell 方程，即按 i 正比于 $t^{-1/2}$ 的规律衰减。在反向扫描的最初一段电位范围内，O 的重新还原反应尚未开始，电流仍为阳极电流的衰减曲线，故以此延长线作为计算的电流基线，如图 5-12 所示。显然，若在四个不同的换向电位 $E_{\lambda 1}$、$E_{\lambda 2}$、$E_{\lambda 3}$、$E_{\lambda 4}$ 下回扫时，所得四条回扫曲线各不相同，应以各自的回扫电流衰减曲线（图中虚线）为基线计算 i_{pc}。

当 i_{pc} 的基线难以确定时，可用下式计算：

$$|i_{pc}/i_{pa}| = |(i_{pc})_0/i_{pa}| = |0.485 i_\lambda/i_{pa}| + 0.086$$

式中，$(i_{pc})_0$ 是未经校正的相对于零电流基线的阳极峰值电流；i_λ 为电位换向处的阳极电流。在实际的 CV 曲线中，法拉第电流总是叠加在近似为常数的双电层充电电流 i_c 上，一般以 i_c 为基线对 i_{pa}、i_{pc} 进行相应的校正。

对于可逆性不同的电化学体系，CV 曲线上的两组峰值参数特征有所不同。

① 可逆体系。

a. $|i_{pa}| = |i_{pc}|$，即 $|i_{pa}/i_{pc}| = 1$，且与扫速 v、换向电位 E_λ、扩散系数 D 等参数无关。

b. $|\Delta E_p| = E_{pa} - E_{pc} \geqslant 2.3RT/nF$ 或 $|\Delta E_p| = E_{pa} - E_{pc} > 59/n$（mV）（25℃）。虽然 $|\Delta E_p|$ 与换向电位 E_λ 稍有关系，但不随扫描速度 v 有大的变化。

② 准可逆体系。

a. $|i_{pa}| \neq |i_{pc}|$

b. $|\Delta E_p| = E_{pa} - E_{pc} > 59/n$（mV），并随扫速 v 的增大而增大。

③ 完全不可逆体系。此时逆反应非常迟缓，正向扫描产物不能再发生逆

向电化学反应，因此在循环伏安图上观察不到反向扫描的电流峰。

图 5-13 比较了可逆、准可逆和完全不可逆等三种体系的 CV 曲线。

（3）CV 过程中电极/溶液界面的浓度分布演变

对电极反应 $Re \rightleftharpoons Ox + ne^-$，在 CV 扫描中，电极/溶液界面上还原态（Re）和氧化态（Ox）的浓度分布随着扩散过程的进行而不断发生变化。假设 Ox 起始浓度为零，则在正扫和回扫过程中有如图 5-14 所示的浓度分布演变。

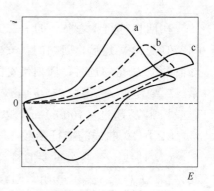

图 5-13　电极反应的 CV
曲线示意图

a—可逆；b—准可逆；c—不可逆

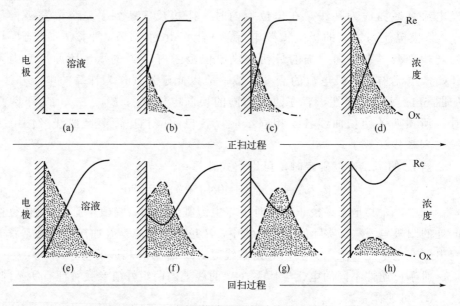

图 5-14　电极/溶液界面的浓度分布演变

5.2.3　串联反应的 CV 行为——理论模拟

简单串联反应的常见类型有 EE、EC、CE、ECE 等，具体包括 ErEr、ErEi、EqEi、EqEq、ErCr、ErCi、EqCi、CrEr、CrEi、ErC′等。其中，E 表示电化学反应；C 表示化学反应且有前置和后续之分；r 表示可逆；q 表示准可逆；i 表示不可逆；′表示催化。

实际上一些有机分子的电化学反应要复杂得多。如在质子供体存在的液氨中，硝基苯（$PhNO_2$）电化学还原为 N-羟基苯胺（苯胲，PhNHOH）的过程涉及 7 步反应 EECCEEC：

$$PhNO_2 + e^- \rightleftharpoons PhNO_2^- \cdot$$

$$PhNO_2^- \cdot + e^- \rightleftharpoons PhNO_2^{2-}$$

$$\dot{P}hNO_2^{2-} + ROH \rightleftharpoons Ph\overset{O}{N}OH^- + RO^-$$

$$Ph\overset{O}{N}OH^- \longrightarrow PhNO + OH^-$$

$$PhNO + e^- \rightleftharpoons PhNO^- \cdot$$

$$PhNO^- \cdot + e^- \rightleftharpoons PhNO^{2-}$$

$$\dot{P}hNO^{2-} + 2ROH \longrightarrow Ph\overset{H}{N}OH + 2RO^-$$

根据 CV 理论，可以从理论上对一些在溶液中进行的典型均相串联反应进行计算模拟，以观察其 CV 曲线的分布特征。其他电化学激励信号对串联反应的响应亦可进行相应的数学求解处理，具体过程可以参阅相关资料。

（1）最简单的串联反应 ErEr

此体系包括两个串联的可逆电化学反应：

$$A + e^- \rightleftharpoons B \qquad E_1^{\ominus}$$

$$B + e^- \rightleftharpoons C \qquad E_2^{\ominus}$$

因为标准电极电位的差别，常会出现图 5-15 的 CV 曲线特征。这说明解析并归属 CV 曲线的电流峰是较为复杂的。

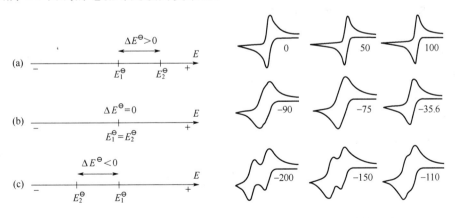

图 5-15　ErEr 串联反应的标准电极电位差及其对 CV 曲线的影响

（2）前置可逆的串联反应 CrEr

此反应为：
$$O+ne^- \rightleftharpoons R$$
$$Y \underset{k_b}{\overset{k_f}{\rightleftharpoons}} O$$

$$K=k_f/k_b=c_O(x,0)/c_Y(x,0)$$

则此体系的 LSV 曲线受平衡常数 K 或速率常数-电位扫速比（可称为速扫比）$\lambda=(RT/nF)[(k_f+k_b)/v]$ 的影响比较大，如图 5-16 所示。当 $\lambda=1$ 时为极限扩散的平台状；$\lambda<1$ 时（速慢或快扫），越小峰越尖；$\lambda>1$ 时（速快或慢扫）为正常 LSV 扩散形态。

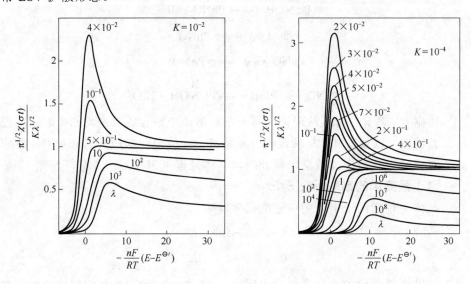

图 5-16 速扫比对前置可逆串联反应 CV 曲线的影响（引自文献[40]）

（3）后续催化的串联反应 ErCi′

此类反应最简单的例子为：$O+ne^- \rightleftharpoons R$、$R+Z \xrightarrow{k'} O+Y$，当其中的 Z 物质量较大即 $c_Z^0 \gg c_O^0$，此时具有一定的消耗缓冲能力，CV 和 LSV 曲线如图 5-17 所示。

模拟参数：$E^{\Theta'}=0$，$c_O^0=1mmol/L$，$c_R^0=0$，$c_Z^0=1mol/L$，$D_O=D_R=D_Z=10^{-5}cm^2/s$，$t=25℃$，$k'=10/s$

此时可推出相关公式：

$$\lambda = \frac{k'c_Z^0}{v}\left(\frac{RT}{nF}\right)$$

$$i = \frac{nFAc_O^0(Dk'c_Z^0)^{1/2}}{1+\exp\left[\dfrac{nF}{RT}(E-E_{1/2})\right]}$$

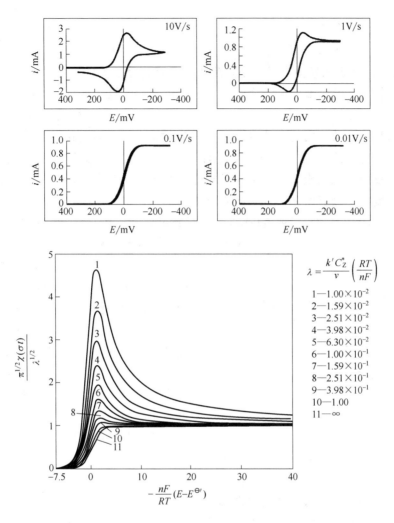

图 5-17　电位扫速对后续催化的串联反应的 CV 曲线的影响（引自文献[41]）

$$i_{\infty} = nFAc_{O}^{0}(Dk'C_{Z}^{0})^{1/2}$$

$$E = E_{1/2} + \frac{RT}{nF}\ln\left(\frac{i_{\infty} - i}{i}\right)$$

在其 CV 行为中，电位扫描速度的影响与薄层电解池效应或超微电极的结果类似；但无 CrEr 中快速或慢扫（即 $\lambda > 1$）所产生的正常扩散 LSV 行为。

5.2.4　应用示例

CV 法是在 LSV 的基础上发展起来的，LSV 能够做的测试，如检验仪器、研究电极反应、判断电极反应的可逆性、确定电极反应物的来源、利用氧化还原电流峰定量分析等内容，原则上 CV 也能做。由于 CV 曲线有正扫和逆扫之分，使用起来更有特点。

CV 法是研究未知电极体系发生电化学反应最重要的电化学方法之一。如果 CV 曲线上出现阳极电流峰通常表示电极发生了氧化反应，而阴极电流峰则表明发生了还原反应。在多次 CV 扫描过程中，如果电流峰的峰值电位或峰值电流随扫描次数而发生变化则预示电极表面状态在不断变化。

如果把电流-电位曲线转换成电流-时间曲线，则电流峰覆盖的面积代表了电化学反应消耗的电量，由此有可能得到电极活性物质的利用率、电极表面吸附覆盖度、电极真实表面积等一系列丰富的信息。

因此，CV 法是定性或定量研究电极体系可能发生的反应及其速率的首选方法。

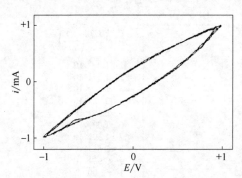

图 5-18　滤波频率较低的 CV 曲线

（1）检验仪器

同 LSV 方法一样，CV 法也是测试电化学工作站综合性能的重要方法，且 CV 曲线受电化学工作站的频响特性及滤波参数选择的影响更容易观察。原则上纯电阻的 CV 曲线应该是重合的直线，但若电化学工作站的频响特性差或滤波参数选择不当，则此时的 CV 曲线不重合而成为一个环线，如图 5-18 所示。

（2）判断电极反应的可逆性

使用 CV 法判断电极反应的可逆性比 LSV 方便，只需分析一对共轭的氧化还原反应峰值参数即可。具体方法参见 LSV 相关理论基础。

（3）电极表面吸附的 CV 曲线

电极表面的吸附现象非常普遍，由此将会带来一些特殊的 CV 曲线特征。

① 可逆过程。对可逆电极反应 $O+ne \rightleftharpoons R$，参加电化学反应的电活性物质（反应物 O 或产物 R）都在电极表面上吸附，则其 CV 曲线如图 5-19（a）所示。

吸附反应物的峰值电流 i_p 正比于电位扫速 v（注意：扩散过程正比于 $v^{1/2}$），即：

$$i_p = (n^2 F^2/4RT) v A \Gamma_O$$

式中，Γ_O 为反应物 O 在电极表面的吸附量。可逆吸脱附电极反应的阴、阳极峰电位相等即 $E_{pc} = E_{pa}$，且半峰宽 $\Delta E_{p/2} = 90.6 mV/n$（25℃）：

$$E_p = E^\ominus + (RT/nF) \ln(K_O \Gamma_O^* / K_R \Gamma_R^*)$$

式中，K_O、K_R 分别为反应物 O 与产物 R 的吸附系数；Γ_O^*、Γ_R^* 分别为反应

物 O 与产物 R 的饱和吸附量。图 5-19（b）是电极表面可逆反应的实例，峰电位几乎相等；对称的峰电流不断增大则是吸附积累的结果。

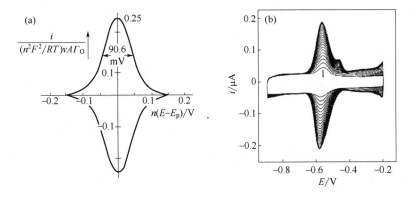

图 5-19　电极表面可逆吸脱附过程的 CV 曲线（引自文献[42]）

（a）理论模拟；（b）1μmol/L 维生素 B_2 在 HDME 上的多次扫描（1mmol/L NaOH 溶液）

② 吸附强弱的 CV 曲线特征。当反应物 O 的吸附作用强于产物 R 时，则反应物 O 的吸附电流峰出现在还原过程扩散电流峰更正的电位下；相反，当产物 R 的吸附作用强于反应物 O 时，则产物 R 的吸附电流峰出现在氧化过程扩散电流峰更负的电位下，如图 5-20 中（a）、（b）所示。

如果反应物 O 或产物 R 有弱吸附存在时，则没有独立的吸附电流峰出现，但还原或氧化过程的扩散电流峰有增大的现象，如图 5-20 中（c）、（d）所示。

③ 不可逆过程。当吸附的反应物 O 产生不可逆还原时，其 LSV 曲线表现为前慢后快（反应物耗竭）的不对称电流峰（图 5-21），其电流方程为：

$$i = k_f F A \Gamma_O^* \exp[(RT/\alpha F)(k_f/v)]$$

电流 i 对电位 E 求导，可得相应的峰参数：

$$i_p = \frac{\alpha F^2 A v \Gamma_O^*}{2.718 RT}, \quad E_p = E^{\ominus'} + \frac{RT}{\alpha F} \ln\left(\frac{RT}{\alpha F} \times \frac{k^{\ominus}}{v}\right), \quad \Delta E_{p2} = 2.44\left(\frac{RT}{\alpha F}\right) = \frac{62.5}{\alpha} \text{mV} (25℃)$$

④ 吸附过程类似体系。吸附有关的 CV 曲线，既可是对称的电流峰（可逆体系），也可是不对称的带尾陡峰（不可逆体系），这与扩散过程的 CV 曲线有很大的区别。还有许多重要的体系与此吸附过程的 CV 曲线特征相似，如薄层电解池（存在耗竭性的薄层电解，如图 5-22 所示，常见于 FT-IR 光谱电化学电解池、XRD 现场电化学测试电解池等）、金属离子的欠电位沉积（under potential deposition，UPD，见图 5-23）、化学修饰电极等表面薄膜、锂离子电

池的正负极材料涂膜等 μm 级厚度及其以下的电极体系。

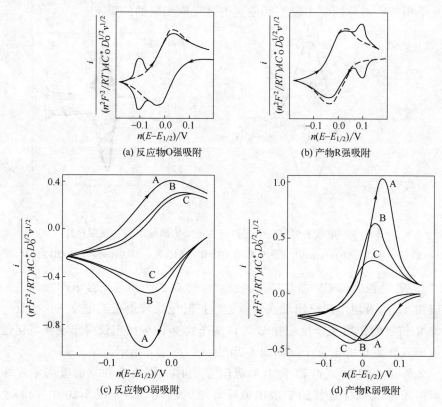

(a) 反应物O强吸附

(b) 产物R强吸附

(c) 反应物O弱吸附

(d) 产物R弱吸附

图 5-20　反应物与产物强弱吸附对 CV 曲线的影响（虚线表示无吸附）

图（c）中，$4\Gamma_{O,s}\beta_O v^{1/2}(nF/RT)^{1/2}/(\pi D_O)^{1/2}$：A—5；B—1；C—0.1（相当于电位扫速比 2500∶100∶1）

图（d）中，$4\Gamma_{R,s}\beta_R v^{1/2}(nF/RT)^{1/2}/(\pi D_R)^{1/2}$：A—20；B—5；C—0.1（相当于电位扫速比 40000∶2500∶1）

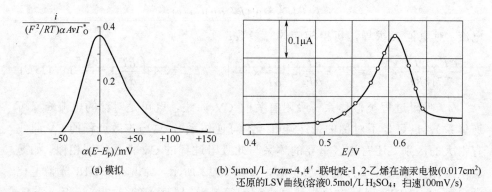

(a) 模拟

(b) 5μmol/L *trans*-4,4′-联吡啶-1,2-乙烯在滴汞电极(0.017cm²) 还原的LSV曲线(溶液0.5mol/L H₂SO₄；扫速100mV/s)

图 5-21　吸附反应物 O 的不可逆反应 LSV 曲线（引自文献[43]）

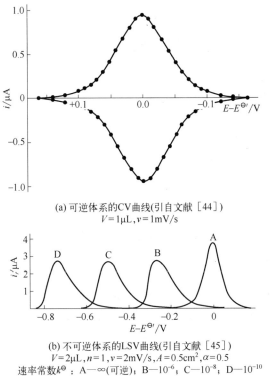

(a) 可逆体系的CV曲线(引自文献〔44〕)
$V=1\mu L, v=1mV/s$

(b) 不可逆体系的LSV曲线〔引自文献〔45〕〕
$V=2\mu L, n=1, v=2mV/s, A=0.5cm^2, \alpha=0.5$
速率常数$k^{\ominus}$：A—∞(可逆)；B—10^{-6}；C—10^{-8}；D—10^{-10}

图 5-22　薄层电解池 CV 曲线和 LSV 曲线
（298 K，$c_O^0=1mmol/L$）

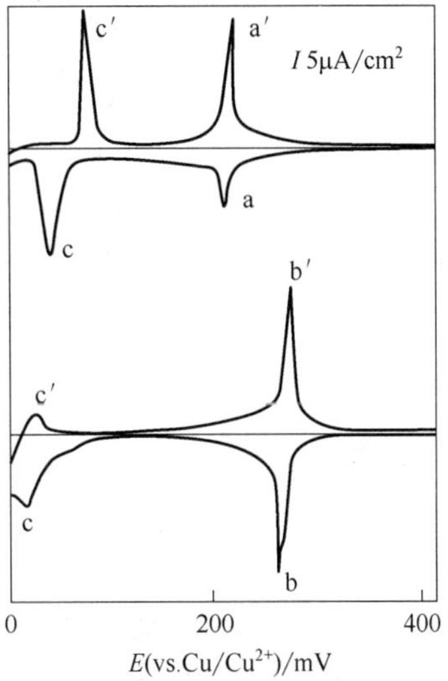

图 5-23　Au（111）电极上 Cu-UPD 的
CV 曲线（2mV/s）（引自文献[46]）
溶液：A（1mmol/L CuSO₄+100mmol/L H₂SO₄）；
B（A+1mmol/L HCl）

（4）Pt 电极的 CV 曲线

铂是电化学研究中最重要的贵金属电催化电极，CV 方法是研究其电化学行为的有力工具之一。多晶铂电极在 0.5mol/L H₂SO₄ 溶液中的 CV 曲线如图 5-24。它是判断 Pt 电极表面处理好坏的重要标志，具体包括三个区域。

① 双电层区。中间部分电流很小，是基本不变的双电层充电电流，此区无法拉第电流。

② 氢区。低电位范围发生氢原子吸脱附过程，还原峰 H_C 对应着阴极还原产生的吸附氢原子，与其相对的氧化峰 H_A 对应着吸附氢原子的氧化脱附反应。氧化还原峰间距很小说明反应的可逆性很好。多个吸脱附峰则是由于多晶铂电极表面上暴露有不同的晶面。

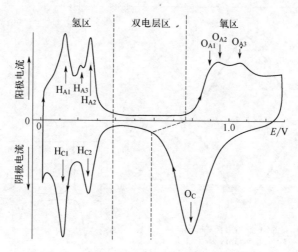

图 5-24 多晶 Pt 在 0.5mol/L H_2SO_4 溶液中的

CV 曲线（50mV/s）（引自文献[47]）

③ 氧区。在高电位范围，O_A 峰对应着吸附氧或铂氧化层的形成，O_C 则对应着氧化层的还原反应。两峰之间较大的峰间距则说明反应的可逆性差。

氢在 Pt 电极上的吸附/脱附具有显著的特征，对电极表面的结构和状态非常敏感。不同原子排列的表面结构有明显不同的吸附/脱附特征峰，如图 5-25 所示。

当电位上限小于 0.75V（vs. SCE），扫描过程中电极表面保持确定的结构（参见图中的实线）；但在电位扫描上限超过 1.2V（vs. SCE）之后，因氧的吸附使晶面发生表面重排，破坏了电极表面原有晶面的原子排列结构，导致 CV 曲线明显改变（参见图 5-25 中虚线）。

（5）$Fe(CN)_6^{3-/4-}$ 的 CV 曲线——溶液中配合离子的氧化还原与支持电解质的影响

在过渡金属离子配合物中，中心金属离子的变价表现出氧化还原特性。铁氰化钾 $K_3Fe(CN)_6$/亚铁氰化钾 $K_4Fe(CN)_6$ 是一对典型的可逆氧化还原体系：

$$Fe(CN)_6^{3-} + e^- \rightleftharpoons Fe(CN)_6^{4-}$$

作为电化学的标准体系常用于检验电化学工作站。使用方法较为简单，只需选择其中一种少量溶解于水，并加入适量 KCl 或 NaCl 等支持电解质，用 Pt 等惰性电极经过多圈 CV 测试就可以得到相似的 CV 曲线。

图 5-26 比较了 $Fe(CN)_6^{3-/4-}$ 体系在 GC、Au、Pt 等 3 种电极上有无支持电解质 KCl 时的 CV 曲线。从中可以看出，在浓差极化较大时，有无 KCl 的 CV 曲

线相差不大。即使没有 KCl，溶液的离子强度也足够大到能够形成较紧密的双电层，但此时较大的溶液电阻造成峰值电位的偏离。在 $K_4Fe(CN)_6$ 溶液中，无支持电解质时氧化电流反而更大，这是因为不含局外电解质时带负电多的 $Fe(CN)_6^{4-}$ 更易于向工作电极表面迁移。相反在 $K_3Fe(CN)_6$ 还原过程中，$Fe(CN)_6^{3-}$ 电迁移作用是远离电极表面，此时若溶液中含有大量 KCl，则迁移离开电极表面的 $Fe(CN)_6^{3-}$ 要少，故其电流要大些。

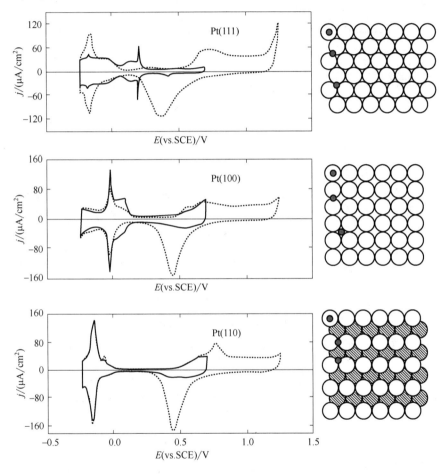

图 5-25　单晶 Pt 的三个晶面在不同电位区间的 CV 曲线

（$0.1mol/L\ H_2SO_4$，$50mV/s$）（引自文献[48]）

其中右边晶面模型上的黑点表示三种吸附模式（顶位、桥位、穴位）

（6）金属银在碱性溶液中的 CV 曲线

金属银电极在 $1mol/L\ NaOH$ 溶液中的电化学行为可以通过 CV 曲线表示，

进而了解锌-氧化银电池的充放电特性。如图 5-27 所示，当光亮银电极经历第 1 次氧化还原循环后 CV 曲线稍有变化，说明首次循环相当于对电极表面进行了活化处理。一般当电位扫速小于 10mV/s 时，从图中难以观察不稳定物质的所谓"Ag_2O_3"氧化峰。

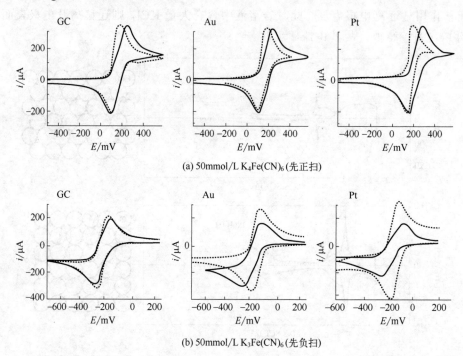

(a) 50mmol/L $K_4Fe(CN)_6$（先正扫）

(b) 50mmol/L $K_3Fe(CN)_6$（先负扫）

图 5-26 $Fe(CN)_6^{3-/4-}$ 体系在 GC、Au、Pt 电极（ϕ=3mm）上的 CV 曲线（30mV/s）

有（实线）无（虚线）支持电解质 1mol/L KCl，参比电极与对电极 Pt 相距 2mm

从-0.2V 开始正向电位扫描，此时研究电极表面是金属银。在 0.2V 以后电流逐渐上升，出现一个比较低、比较平的电流峰，这是 Ag 阳极氧化（Ag_2O）引起的：

$$2Ag+2OH^- \rightleftharpoons Ag_2O+H_2O+2e^-$$

其平衡电位 E_{eq}（vs. SCE）=0.2V，与峰电位相近，说明反应极化小，这与 Ag 的导电性很好有关；当导电性差的产物 Ag_2O 覆盖在电极表面，则使电极导电性迅速下降，从而表现为一个很低、很平缓的电流峰。

当电位扫描到 0.6V 左右，一个新的阳极电流峰开始出现，它是 Ag_2O 氧化为 AgO：

$$Ag_2O+2OH^- \rightleftharpoons 2AgO+H_2O+2e^-$$

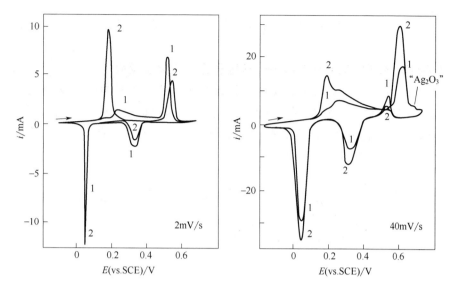

图 5-27　光亮银电极在 1mol/L NaOH 溶液中的 CV 曲线（引自文献[49]）

1、2 分别表示第一圈和第二圈

其平衡电位 $E_{eq}=0.5V$（vs. SCE）（0.47V，vs. Hg/HO$_g$）。显然，第二个氧化峰的电位远比其平衡电位更正，说明此时反应极化很大。因为高电阻率（$7×10^4\Omega\cdot cm$）的 Ag_2O 均匀地覆盖在银电极表面大大增加了极化电阻。此峰远较第一个氧化峰高，是因为 Ag_2O 逐渐转化为电阻率相对较小的 AgO（$1\sim10^4\Omega\cdot cm$），极化电阻的迅速下降导致极化电流增大。

当电位继续扫描到 0.8V 左右，电流又开始上升，并可看到在电极表面上有气体逸出，即析氧反应：

$$4OH^-=\!\!=\!\!=2H_2O+O_2+4e^-$$

此时电位换向进行逆向扫描。当电位回扫至 0.4V 时开始出现阴极电流峰，即由 AgO 还原为 Ag_2O；进一步回扫至 0.2V 时出现第二个阴极峰，即由 Ag_2O 还原为金属 Ag。此峰很陡，原因是随着反应的进行，Ag_2O 逐渐还原为 Ag，迅速改善了电极的导电性，电流迅速上升到很高的数值，成为四个电流峰中的最高者。

从银在 NaOH 溶液中的 CV 曲线可了解锌-氧化银电池充放电时正极氧化银电极的变化。当电池充电后，电极上有 AgO 存在；在电池放电时 AgO 先还原成 Ag_2O，然后再还原成金属银。这两个不同的正极还原过程使电池放电出现两个平台电压。其"高波电压"（AgO-Ag_2O）的存在使电池放电过程中电压发生比较大的波动，从而影响电池的精密应用，可在电解液中加入 Cl$^-$ 来消除。

因为从 CV 曲线可以看到当碱性溶液中含有一定量的 Cl⁻时，AgO 还原为 Ag_2O 的电流峰消失了。

（7）C_{60} 和 C_{70} 的 CV 曲线——多电子连续电化学反应

对可逆的多电子氧化还原反应，如果每步反应的电极电位依次变高或降低，则在 CV 曲线可以观察到分离的阳极氧化峰和阴极还原峰。典型的例子就是富勒烯中的 C_{60} 和 C_{70}，它们都有一个连续六步的还原反应并形成六价的阴离子 C_{60}^{6-} 和 C_{70}^{6-}，如图 5-28 所示。

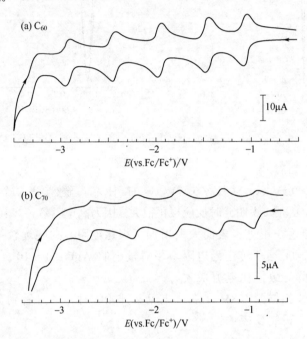

图 5-28 富勒烯 C_{60} 和 C_{70} 在乙腈/甲苯溶液中的 CV 曲线 （100mV/s）（引自文献[50]）

（8）CV 曲线上负扫过程中的氧化峰现象

甲醇、甲醛、甲酸等有机小分子的氧化还原、硼氢化钠的循环伏安行为、金属锌的溶解、铁的小孔腐蚀等特殊电极过程的 CV 曲线上都会出现负扫过程中的氧化电流峰，表现出与常规 CV 曲线不同的特征。产生这一现象的原因各不相同，有的涉及不稳定中间体及其吸附；有的是电化学反应后扩散受限改变了环境条件等；当然也与电极材料的催化特性有关，如多发生在 Pt、Au 电极，而 GC 电极则无此现象。

① 酸性溶液中甲醇在 Pt 电极上的 CV 曲线。直接甲醇燃料电池（DMFC）利用了酸性溶液中甲醇在铂电极上的氧化特性。如图 5-29 所示，甲醇的循环扫描过程有三个氧化电流峰 A1、A2、A3 和一个还原峰 C1。其中 A1、A2 为

正扫过程中（氧化）氧化电流峰，而 A3 则为负扫过程中（还原）氧化电流峰。质谱监测发现三个氧化峰处都伴随有 CO_2 气体的逸出。

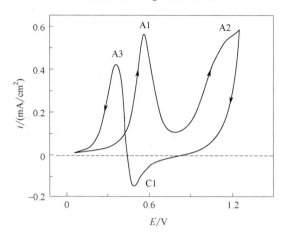

图 5-29 Pt 电极在 0.1mol/L CH_3OH +0.1mol/L H_2SO_4
溶液中的 CV 曲线（20mV/s）（引自文献[51]）

详细的研究结果表明，A1 峰为甲醇解离吸附的[Pt-HCOO]$^-$ 的氧化，A2 峰为部分氧化产物（甲酸 HCOOH）在高过电位下的直接氧化，A3 峰为甲醇在清洁 Pt 电极表面上的直接氧化。C1 峰为高过电位时在 Pt 电极表面吸附 O 的还原。其反应机理如下。

A1 峰：$CH_3OH+H_2O+Pt \longrightarrow [Pt\text{-}HCOO]^-+5H^++4e^-$

$\qquad\qquad [Pt\text{-}HCOO]^-+H^+ \longrightarrow Pt+HCOOH$

$\qquad\qquad [Pt\text{-}HCOO]^- \longrightarrow Pt+CO_2+H^++e^-$

A2 峰：$\qquad\quad H_2O+Pt \longrightarrow Pt\text{-}O+2H^++2e^-$

$\qquad\quad HCOOH+Pt\text{-}O \longrightarrow Pt\text{-}O+CO_2+2H^++2e^-$

A3 峰：$CH_3OH+H_2O+Pt \longrightarrow Pt+CO_2+6H^++6e^-$

C1 峰：$\qquad Pt\text{-}O+2H^++2e^- \longrightarrow Pt+H_2O$

乙二醇在不同晶面的单晶 Pt 电极上也表现出了类似的 CV 曲线，如图 5-30 所示。

② 甲醛在纳米 Pt 电极上的 CV 曲线。如图 5-31 所示，在酸性溶液中，甲醛与甲醇类似，也表现出 CV 上的三个氧化电流峰 A1、A2、A3。但需注意，负扫过程中的氧化电流峰 A3 与回扫电位有密切关系（见图 5-32）。回扫电位越高，电极表面吸附的 Pt-CO 被氧化越多，清洁的 Pt 表面就越多，负扫时的氧化电流峰就越大。

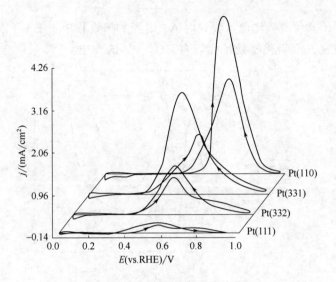

图 5-30　不同晶面单晶 Pt 电极

在 0.2mol/L 乙二醇+0.5mol/L H_2SO_4 溶液中的 CV 曲线（50mV/s）（引自文献[52]）

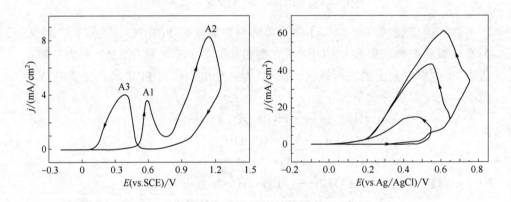

图 5-31　多晶 Pt 电极的 CV 曲线（20mV/s）

溶液 0.1mol/L HCHO +0.1 mol/L H_2SO_4

图 5-32　回扫电位对纳米 Pt

电极 CV 曲线的影响（50mV/s）

溶液 0.5mol/L HCHO+0.5mol/L H_2SO_4

③ 葡萄糖在 Au 电极上的 CV 曲线。葡萄糖很容易被氧化。从图 5-33 可以看出，当电位正扫描时，吸附葡萄糖分子的 H 被氧化脱去而形成自由基，并在 AuOH 作用下氧化脱去羟基上的 H 形成葡萄糖内酯，进而水解产生葡萄糖酸。

也可认为两个脱氢过程以相反的顺序进行，主要取决于葡萄糖与 Au 电极相互作用的强弱。当电位进一步升高，电极表面形成惰性氧化层，葡萄糖的氧化被抑制。在负扫过程中，惰性氧化层被还原形成 AuOH，催化反应得以发生，在–0.1V 处出现负扫氧化峰。值得注意的是，多孔 Au 电极上在–0.1V 附近的葡萄糖氧化峰可逆，且正扫与负扫在–0.1V 处的氧化电流几乎相等，说明在葡萄糖氧化过程中，多孔 Au 电极活性稳定，容易复原。

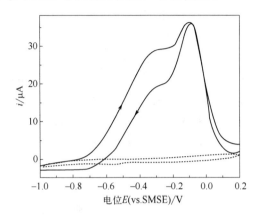

图 5-33　0.1mol/L 葡萄糖在光亮（虚线）与多孔（实线）Au 电极上的 CV 曲线

支持电解质 0.1mol/L K_2SO_4；扫速 50mV/s（磷酸缓冲溶液 pH=6.9）

④ 硼氢化钠碱性溶液的 CV 曲线。硼氢化钠在碱性溶液中能够稳定存在，加之含氢量较高，由此发展出了硼氢化钠直接燃料电池（DBFC）。在电极反应中，硼氢化钠有两种情况：

$$直接氧化\ NaBH_4+8OH^- \longrightarrow NaBO_2+6H_2O+8e^-$$

$$水解\ NaBH_4+2H_2O \longrightarrow 4H_2\uparrow+NaBO_2$$

其中的水解副反应浪费了燃料。从图 5-34 可以看出，电位正扫时硼氢化钠有两个氧化电流峰 A1、A2；但在负扫过程中也出现了两个氧化电流峰 B1、B2。

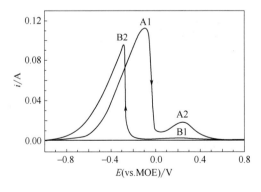

图 5-34　Pt 电极在 0.27mol/L $NaBH_4$+1.5mol/L NaOH 溶液中的 CV 曲线（5mV/s）

⑤ 存在小孔腐蚀铁电极的 CV 曲线。钢铁是最常见和使用最广泛的金属材料，其腐蚀也非常典型，尤其是在含 Cl⁻介质中腐蚀更为严重。图 5-35 是当存在小孔腐蚀时 Fe 电极在 NaCl 溶液中（pH=10）的 CV 曲线，其中 E_b 称为小孔腐蚀电位，E_c 称为小孔腐蚀保护电位。E_{c1} 和 E_{c2} 则为实验条件下的小孔腐蚀保护电位，随电极材料或回扫换向电位等变化。电位高于 E_b 时小孔腐蚀加剧，电位低于 E_c 时则处于保护状态。

在有小孔腐蚀的时候，自催化作用使正扫曲线与回扫曲线形成滞后环。从小孔腐蚀模型［图 5-35（b）］可以看出，当小孔腐蚀发生后，Fe^{2+} 的水解和小孔的扩散阻止作用导致小孔内的 pH 减小即酸度增大，且腐蚀电位从 E_b 负移到 E_c，从而加剧了 Fe 的腐蚀与溶解。所以回扫曲线和小孔腐蚀保护电位 E_c 实际上相当于酸度更大的正扫曲线和小孔腐蚀电位 E_b。

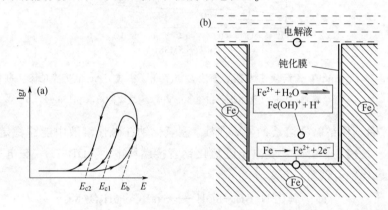

图 5-35　Fe 电极在 NaCl 溶液（pH=10）中的 CV 曲线（a）及其小孔腐蚀模型（b）

5.3
方法 18——阶梯伏安法

阶梯伏安法（staircase voltammetry，ScV）是按一定的电位增量（阶梯）从初始电位扫描到终止电位，并在每步电位阶梯中完成电流采样，如图 5-36 所示。

在阶梯伏安法中，当阶梯电位足够小时（＜10 mV），其结果与 LSV 类似。当采样（阶梯）时间足够长，则双电层电容的充放电影响基本消除，此时的伏安曲线类似于传统恒电位法测量的稳态极化曲线。若改变采样时间进行测量则可得到一系列的极化曲线，被称为采样电流伏安法（sampled-current voltammetry，

SCV）或多时域阶梯伏安法（multi-time-domain stair case voltammetry，MDSV，见图 5-37），并可用于观察双电层电容对极化曲线的影响。

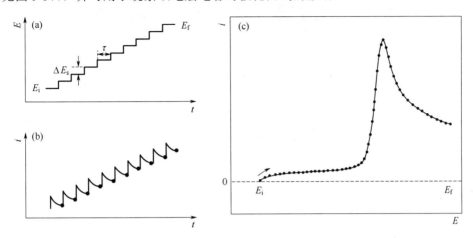

图 5-36　ScV 法的电位激励波形（a）与电流采样（b）及其伏安曲线（c）

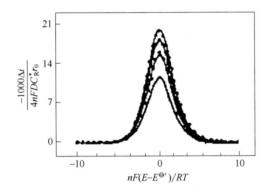

图 5-37　实测（…）与理论（—）MDSV 曲线（引自文献[53]）

$D=6.34\times10^{-6}cm^2/s$，$r_0\approx10\mu m$，$\Delta E_s=2mV$，$\tau=190ms$

采样时间（从上到下）τ_b'：180ms、140ms、100ms、60ms；采样间隔 $\tau_a'=20ms$

5.3.1　常见测试界面及参数设置

阶梯伏安法的常见测试界面如图 5-38 所示。

测试界面中的参数设置范围如下：

- 初始电位 E_i/V：$-10V\sim+10$；
- 终止电位 E_f/V：$-10V\sim+10$；

图 5-38　ScV 的常见测试界面

- 电位增量（阶梯）ΔE_s/V：0.001（1m）～0.05（50m）；
- 扫描段数 N_d：1～1000；
- 采样宽度 t_s/s ：0.0001（0.1μ）～50；
- 阶跃周期（或滴汞周期）τ/s ：0.001（1m）～50；
- 静置（等待）时间 t_0/s：0～100000（100k）；
- 电流量程-灵敏度 IV/（A/V）：10^{-12}（1p）～0.1。

有关说明：

① 电位扫描的方向：根据 E_i、E_f 的相对大小自动判断，即 $E_i < E_f$ 时正扫，$E_i > E_f$ 时负（或逆、反）扫。

② 电位扫描范围：10mV≤$|E_i-E_f|$≤6.5535V

③ t_0 是指在初始电位 E_i 下的静置（等待）时间。

④ 采样时间宽度 t_s 不能大于阶梯时间的一半，否则系统自动设置为一半。

⑤ 采样过程在每步电位结束前完成。

5.3.2　相关理论基础

一般来说，ScV 法中的阶梯电位比较小，故其结果与 LSV 法类似。但若阶梯电位比较大，则呈现出多电位阶跃法的类似结果。

（1）ScV 与 LSV 的关系

在 LSV、CV 等测试方法中，电位扫描信号是线性变化的。但在目前的电化学工作站中，除了少数厂家（如 AutoLab 等）有连续的模拟扫描信号发生器作为附件外，其他电化学工作站几乎都是采用数字/模拟转换器（D/A）送出的阶梯信号实现线性电位扫描。目前的阶梯电位可以做到小于 0.1mV 的水平。那么在实际应用中，ScV 曲线与 LSV 曲线又有何差别呢？

采用黎曼-斯提杰斯（Reimann-Stielties）级数展开法，可导出简单可逆电极体系的 LSV 法和 ScV 法的电流方程，将两种最基本的伏安法电流函数表达式有机地统一起来，通过计算分析可得如下结论：

① ScV 与 LSV 的曲线形状类似，两种方法的用途基本相同。

② 若在阶梯结束前采样（标准的阶梯伏安法），则阶梯数 N 越多，ScV 曲线越趋近 LSV 曲线，故可用 ScV 曲线模拟 LSV 曲线。

③ 若在阶梯结束前的不同时间采样（即采样电流伏安法），在阶梯数 N 不太多的情况下，且 0.303τ 时采样（τ 为阶梯电位保持时间），则 ScV 曲线与 LSV 曲线重合，短时 ScV 曲线高于 LSV 曲线，长时 ScV 曲线低于 LSV 曲线。

④ 若在不同时间 $x\tau$ 采样电流，则 ScV 曲线电流函数峰值随电位阶梯数 N 变化都趋于 0.446，这正是 LSV 曲线上峰值电流数值解的系数。

（2）关于采样电流极谱法

采样电流极谱法（sampled-current polarogarphy）又称断续极谱法（tast polarography）或选通极谱法（strobe polarography）。在常规直流极谱法中，电位信号采用线性扫描或阶梯扫描，记录的信号是连续的。但因滴汞的生长与滴落，电流在一定范围振荡变化，见图 5-39（a）、图 5-40，导致极谱法的灵敏度比较低。

对此改进的方法有很多，如后面第 6 章将要介绍的脉冲与载波等现代极谱法，灵敏度很高。早期采用的简单方法之一是采用滤波电路去掉振荡，但需增加测量时间；方法之二则是采用选通与采样保持电路，在滴汞滴落前进行电流采样，记录阶梯状的电流信号形成极谱曲线，从而有效地消除直流极谱中的电流振荡，见图 5-39（b），故称为采样电流极谱或选通极谱或断续极谱。

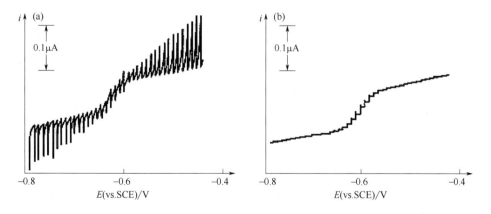

图 5-39　0.1mol/L HCl 溶液中 50μmol/L Cd^{2+} 的常规直流极谱（a）和采样电流极谱（b）

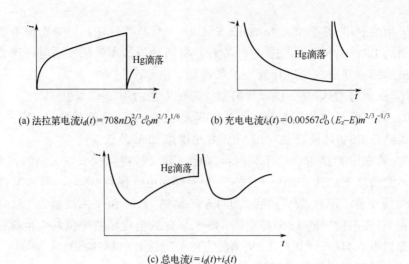

(a) 法拉第电流 $i_d(t) = 708nD_O^{2/3}c_O^0m^{2/3}t^{1/6}$ (b) 充电电流 $i_c(t) = 0.00567c_O^0(E_z-E)m^{2/3}t^{-1/3}$

(c) 总电流 $i = i_d(t) + i_c(t)$

图 5-40　滴汞生长期间及滴落时的电流分解

5.3.3　应用示例

早期的阶梯伏安法主要用于测量稳态极化曲线或直流极谱，亦可研究双电层电容对极化曲线的影响。由于阶梯电位足够小（＜10mV）的结果与 LSV 方法类似，故其应用情况与 LSV 也基本相同。

5.4
方法 19——塔菲尔曲线法

塔菲尔曲线法（Tafel curve）是测量电流的对数随过电位的变化关系，属于稳态极化测试方法。早期的 Tafel 曲线是在不同电位下测量电流并经对数运算后作图；后来发展出由慢速信号发生器、恒电位仪、对数转换仪和记录仪等装置构成的电化学测量系统自动记录；而电化学工作站则采用慢速 LSV 曲线通过对数转换得到。所以，现代的 Tafel 曲线法可以看作一种数据处理方法而非实际的测量方法。

Tafel 曲线是一种特殊的极化曲线形式，便于展示电流的对数与过电位的线性关系，也称 Tafel 行为，在腐蚀电化学测量领域应用十分广泛。

Tafel 曲线法的电位激励波形及其电流响应如图 5-41 所示。

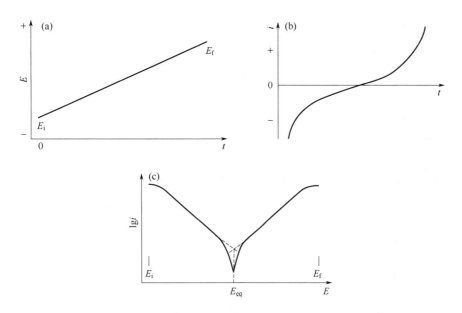

图 5-41 Tafel 电位激励波形（a）与电流响应信号（b）以及 Tafel 曲线（c）

5.4.1 常见测试界面及参数设置

Tafel 曲线法的常见测试界面如图 5-42 所示。

图 5-42 Tafel 曲线法的常见测试界面

测试界面中的参数设置范围如下：

- 初始电位 E_i/V：−10～+10；
- 终止电位 E_f/V：−10～+10；
- 扫描速度 v/（V/s）：0.000001（1μ）～0.1（100m）；

- 静置（等待）时间 t_0/s：0～100000（100k）；
- 电流量程-灵敏度 IV/（A/V）：10^{-12}（1p）～0.1。

有关说明：

① 电位扫描的方向：根据 E_i、E_f 的相对大小自动判断，即 $E_i < E_f$ 时正扫，$E_i > E_f$ 时负（或逆、反）扫。

② 电位扫描范围：$10\text{mV} \leqslant |E_i - E_f| \leqslant 6.5535\text{V}$。

③ 电位扫速对 Tafel 曲线形状影响很大，一般要求 <10mV/s。

④ 静置（等待）时间是指测试前在起扫（初始）电位停留的时间。

⑤ 有的电化学工作站具有电位回扫功能，此时需要增加测试参数：

a. 扫描段数：1（正常）或 2（回扫）；

b. 终止（停扫）电位处保持时间 t_h：0～100000s。

5.4.2 塔菲尔曲线的特点

采用极化过电位（$\eta = E - E_{eq}$）表示的典型 Tafel 曲线如图 5-43 所示，它包括阴极分支（$\eta < 0$）和阳极分支（$\eta > 0$），各自又有线性极化区（$\eta \to 0$）、Tafel 极化区（$\eta \propto \log i$）和极限扩散电流区（$\mathrm{d}i/\mathrm{d}\eta \to 0$）。

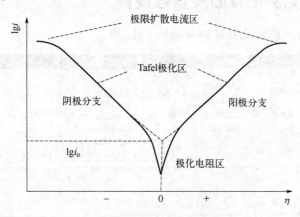

图 5-43　典型的 Tafel 曲线

如果电化学体系是具有两步反应的复杂阴极过程或阳极过程，则其 Tafel 曲线如图 5-44 所示，此时各自都有两个交换电流密度 i_1^0、i_2^0。

Tafel 曲线法的基础是 Tafel 公式 $\eta = a + b\lg i$，其中 $a = (2.303RT/\alpha nF)\lg i_0$、$b = -2.303RT/\alpha nF$。通过 Tafel 公式的直线关系可得截距 a 和斜率 b，进而求出电化学反应参数。Tafel 公式在强极化区能够成立：25℃时从 $\eta > 118\text{mV}$ 直到扩散控制的极限电流之前。

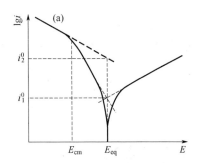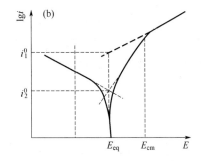

图 5-44　具有两步反应的复杂电极过程的 Tafel 曲线

5.4.3　应用示例

Tafel 曲线法主要用于测定交换电流 i_0、传递系数 α、电子转移数 n 等电化学体系的关键参数。特别是在腐蚀电化学领域应用广泛，可以根据 Tafel 曲线的形状、斜率和位置研究电极腐蚀过程的电化学行为以及阴极、阳极反应的控制特性；还可通过分析 Tafel 曲线探讨腐蚀过程随合金组成、溶液中阴离子、pH、介质浓度、添加剂、流速、温度等因素的变化；测定金属的腐蚀速率、判断添加剂的作用机理、评价缓蚀剂等。

钢铁的腐蚀备受关注。从图 5-45 可以看出，Fe 电极在 1mol/L NaCl 溶液中的阳极极化过程（a）和阴极极化过程（b）均呈现出 Tafel 行为，说明铁的极化过程为电化学控制过程。当加入有机缓蚀剂 50μmol/L $C_{14}H_{29}Br$（a′、b′）后，Tafel 曲线的形状虽然相似，但腐蚀电位 $E_{corr}=E_{eq}$ 则从-0.26V 正移到-0.22V，说明此缓蚀剂确实具有抑制腐蚀作用。

合金的腐蚀防护性能与合金组成、结晶状态密切相关。如图 5-46 所示，

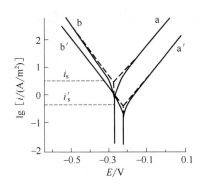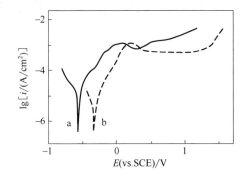

图 5-45　Fe 电极在 1mol/L NaCl 溶液中的 Tafel　　图 5-46　晶态（a）和非晶态（b）Ni-W 合金在
曲线及添加 50μmol/L $C_{14}H_{29}Br$（i'_s）的影响　　　0.5mol/L NaCl 溶液中的 Tafel 曲线

非晶态 Ni-W 合金（w=44.8%）的腐蚀电位与晶态 Ni-W 合金（w=17.5%）相比发生了正移，钝化区间更为明显。所以非晶态 Ni-W 合金在 0.5mol/L NaCl 溶液中的耐蚀性能有明显的改善。

5.5
方法 20*——扫描-阶跃函数法

扫描-阶跃函数法（sweep-step functions，SSF）包括 6 步电位扫描和 6 步电位阶跃共 12 步交替变化的电位信号（图 5-47），有点像任意波形发生器。若要去掉其中的某步测试，则将其参数设置足够小即可。SSF 记录的是电流-时间曲线（i-t），对扫描步骤可以显示为伏安曲线（i-E）。

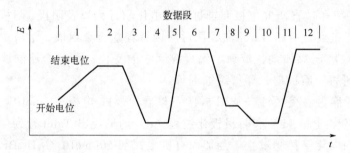

图 5-47　SSF 的电位激励波形

扫描-阶跃函数法的常见测试界面如图 5-48 所示。

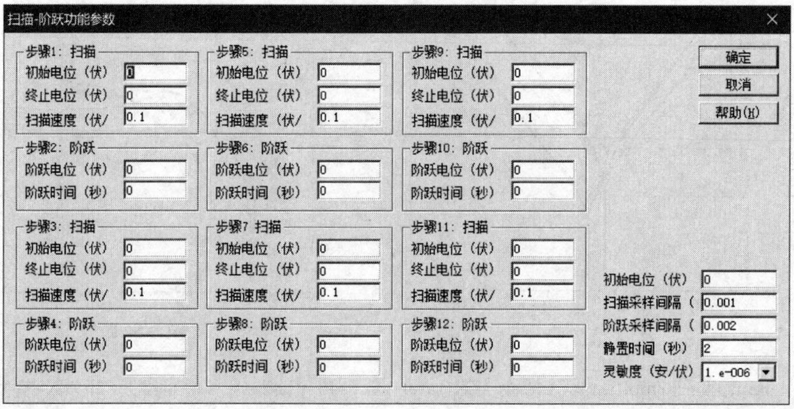

图 5-48　SSF 的常见测试界面

测试界面中的参数设置范围如下。

① 电位扫描：奇数步=1，3，5，7，9，11。

- 初始电位 E_i /V：-10～+10；
- 终止电位 E_f /V：-10～+10；
- 扫描速度 v/（V/s）：0.0001（100μ）～50。

② 电位阶跃：偶数步=2，4，6，8，10，12。

- 阶跃电位 E_s /V：-10～+10；
- 阶跃时间 t_s/s：0～10000（10k）。

③ 其他设置。

- 初始电位 E_0/V：-10～+10；
- 阶跃采样间隔 Δt_s/s：0.0001（100μ）～1；
- 静置（等待）时间 t_0/s：0～100000（100k）；
- 电流量程-灵敏度 IV/（A/V）：10^{-12}（1p）～0.1。

有关说明：

① 电位扫描范围：10mV≤$|E_i-E_f|$≤13V。

② 如果 10mV≤$|E_i-E_f|$，则扫描步骤将被忽略。

③ 如果阶跃时间 t_s<1ms 或其点数<3，则阶跃步骤将被忽略。

④ 如果阶跃采样间隔 Δt_s>2ms 或扫描速度 v<0.5V/s，则将实时显示结果。

5.6
方法 21——流体力学调制伏安法

流体力学调制伏安法（hydrodynamic modulation voltammetry，HMV）是在阶梯电位扫描时（图 5-49），小幅正弦调制 RDE 转速而得到的伏安曲线（i-E）。其中检测的交流电流经软件锁相放大器处理，可得任意相角下的选相电流。

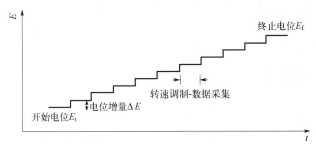

图 5-49　HMV 的电位激励波形

5.6.1 常见测试界面及参数设置

流体力学调制伏安法的常见测试界面如图 5-50 所示。

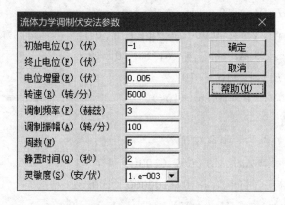

图 5-50　HMV 的常见测试界面

测试界面中的参数设置范围如下：

- 初始电位 E_i/V：-10～+10；
- 终止电位 E_f/V：-10～+10；
- 电位增量 ΔE/V：0.001（1m）～0.02（20m）；
- 转速 ω_0/（r/min）：0～10000（10k）；
- 调制频率 σ/Hz：1～5；
- 调制转速的幅值 $\Delta\omega$/（r/min）：0～3600；
- 调制周数 N_{cyc}：1～10；
- 静置（等待）时间 t_0/s：0～100000（100k）；
- 电流量程-灵敏度 IV/（A/V）：10^{-12}（1p）～0.1。

有关说明：

① 初始电位和终止电位也就是起扫电位和停扫电位，取值大小与待测体系或研究目的有关；电位扫描范围：$10mV \leqslant |E_i - E_f| \leqslant 13V$。

② 实际转速：$\omega^{1/2} = \omega_0^{1/2} + \Delta\omega^{1/2} \sin(\sigma t)$

③ 实际的转速调制幅值是 $\Delta\omega^{1/2}$，而非 $\Delta\omega$。

5.6.2 应用示例

（1）溶解氧的 CV 与 HMV 对比分析

溶液中的溶解氧具有电化学活性，对电化学测试有明显的影响，在 CV 曲线上常常增加氢区和双电层区的背景电流，如图 5-51 所示。从 HMV 曲线的实部和虚部可以看出，析氢和溶解氧的电化学反应涉及扩散过程，HMV 信号有显著变化，但在氢区和氧区的 HMV 信号则几乎没有变化，说明电流峰可能只涉及电极的表面反应。由于 HMV 曲线失去了 CV 曲线上的许多细节，故以配合 CV 使用为宜。

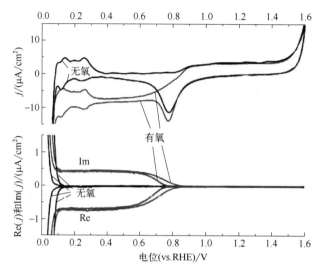

图 5-51 Pt 电极 CV 曲线（上）和 HMV 曲线（下）的比较（引自文献[55]）

0.5mol/L H_2SO_4 溶液中有氧（2Hz）和无氧（5Hz）；电位扫速 2mV/s

（2）有机小分子的 CV 曲线与 HMV 曲线比较分析

甲醇、甲醛、甲酸等有机小分子的电化学过程十分复杂，前面已对其"反常"CV 曲线有过介绍。若用 HMV 方法进行测试则可获得进一步的信息。当 RDE 的转速改变时，CV 曲线上的电流峰有的略有增大或减小，如图 5-52 所示。但 HMV 曲线上在 0.6V 左右的变化却十分明显（详见图 5-53、图 5-54），这说明它们对应的反应可能与溶液中的扩散有很大的关系。

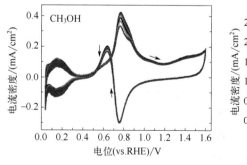
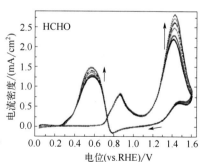

图 5-52

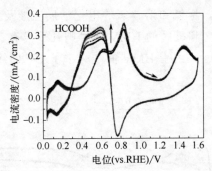

图 5-52　0.1mol/L 甲醇、甲醛、甲酸在 Pt 盘电极的 CV 曲线及其随转速的变化（引自文献[55]）

电解液 0.5mol/L H₂SO₄；电位扫速 100mV/s；转速（r/min）：100、200、500、1000、2000、5000

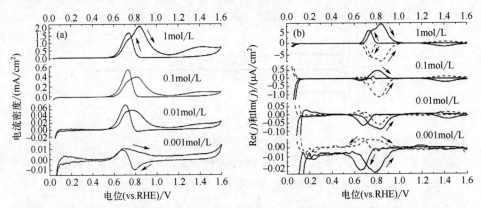

图 5-53　不同浓度甲醇在光亮 Pt 盘电极的 CV 曲线（a）与 HMV 曲线（b）（引自文献[55]）

电解液 0.5mol/L H₂SO₄；电位扫速 2mV/s；调制转速 1Hz［图（b）中实线为 Re，虚线为 Im］

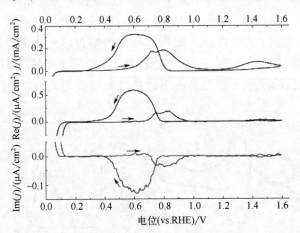

图 5-54　0.01mol/L HCOOH 在光亮 Pt 盘电极的 CV 曲线（上）与 HMV 曲线

（中、下）（引自文献[55]）

电解液 0.5mol/L H₂SO₄；电位扫描速度 2mV/s；转速调制 1Hz

5.7

方法 22——半微积分方法

从前面 LSV、CV、ScV 等曲线上看，它们所表现出来的电流峰并非钟形对称峰，这与电位扫描中的传质过程有关。通过一定的数据转换，可以得到较为规范的谱峰或平台状的极限扩散电流，这就是半微积分技术。结合常规微积分还可产生 1.5、2.5、3.5……等多阶半次微分。许多电化学工作站都配有半微分/半积分数据处理方法。

半微积分技术的应用与电位扫描伏安法直接有关。在 LSV 方法的相关基础上，得到了两个浓度 $c_O(0,t)$ 和 $c_R(0,t)$ 的积分表达式。此时若定义：

$$I(t) = \frac{1}{\pi^{1/2}} \int_0^t \frac{i(u)}{(t-u)^{1/2}} \mathrm{d}u$$

且 $I_1 = nFAD_O^{1/2}c_O^0$，则有较为简单的表达式：

$$c_O(0,t) = [I_1 - I(t)]/nFAD_O^{1/2}$$

$$c_R(0,t) = I(t)/nFAD_R^{1/2}$$

上述积分实际上是 $i(t)$ 的卷积变换。

对可逆反应，直接使用 Nernst 方程可得：

$$E = E_{1/2} + \frac{RT}{nF} \ln \frac{I_1 - I(t)}{I(t)}$$

$$E_{1/2} = E^{\ominus'} + \frac{RT}{nF} \ln \left(\frac{D_R}{D_O} \right)^{1/2}$$

5.7.1 半微积分的定义

根据黎曼-刘维尔通用定义：

半微分算符：$\mathrm{d}^{1/2}/\mathrm{d}t^{1/2}$　　　　（连续 2 次半微分=1 次微分）

半积分算符：$\mathrm{d}^{-1/2}/\mathrm{d}t^{-1/2} = \int \mathrm{d}t^{1/2}$　　（连续 2 次半积分=1 次积分）

在电流 $i(t)$、半积分电流=$I(t)$=半微分电量、电量 $Q(t)$ 等三者之间存在如下关系：

$$Q(t) = \int i(t)\mathrm{d}t = \int I(t)\mathrm{d}t^{1/2}$$

$$i(t) = \mathrm{d}Q(t)/\mathrm{d}t = \mathrm{d}^{1/2}I(t)/\mathrm{d}t^{1/2}$$

$$I(t) = \mathrm{d}^{1/2}Q(t)/\mathrm{d}t^{1/2} = \int i(t)\mathrm{d}t^{1/2}$$

5.7.2　半积分电流的数值计算方法

半微积分的数据处理中，半积分的计算是关键，其过程也比较简单。如图 5-55 所示，将 LSV 曲线的数据按照时间 t 或电位 E 等间隔离散化，通过下式的数值积分进行求和：

$$I(t) = I(k\Delta t) = \frac{1}{\pi^{1/2}} \sum_{j=1}^{j=k} \frac{i\left(j\Delta t - \frac{1}{2}\Delta t\right)\Delta t}{\sqrt{k\Delta t - j\Delta t + \frac{1}{2}\Delta t}}$$

$$I(k\Delta t) = \frac{1}{\pi^{1/2}} \sum_{j=1}^{j=k} \frac{i\left(j\Delta t - \frac{1}{2}\Delta t\right)\Delta t^{1/2}}{\sqrt{k - j + \frac{1}{2}}}$$

即可得到半积分电流 $I(t)$。这在电化学工作站中是很容易完成的。计算结果如图 5-56 所示。

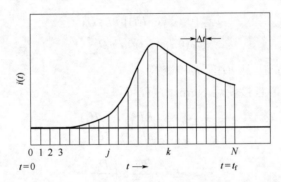

图 5-55　CV 曲线的离散化

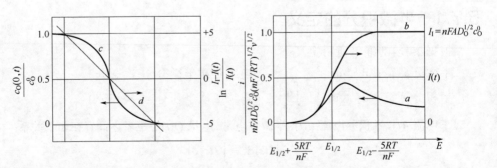

图 5-56　半积分电流及其相关分布曲线

图 5-57 是实测 CV 曲线及其转换得到的半积分电流 $I(t)$ 曲线，显然 $I(t)$ 曲线已经变成平台状。若再对 $I(t)$ 曲线进行求导处理，即可得到峰形的分布曲线，见图 5-58。

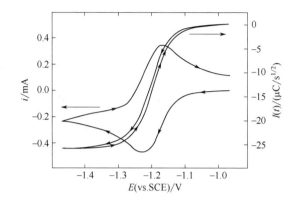

图 5-57 1.84mmol/L 邻硝基甲苯在 HMDE 上的 CV 曲线（50mV/s）

及其半积分电流曲线

电解液 0.2mol/L TEAP+乙腈

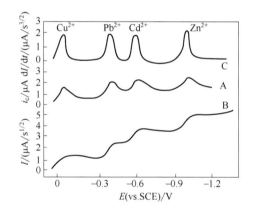

图 5-58 50μmol/L 金属离子的 LSV 曲线（A）与半积分电流曲线（B）及其导数曲线（C）

电解液 0.1mol/L KNO$_3$

5.7.3 半积分电流的转换电路

半积分可以通过相应的转换电路来实现，这在以前的极谱仪上较为常见。

由电路原理可知，由阻容元件组成的 RC 电路，既可构成微分电路，也可构成积分电路。含有分布电阻电容的同轴电缆则具有半积分特性，但要达到秒级的时间常数，则需要百公里（10^5m）的长度。此时可采用由 n 个电阻 R 和 n

个电容 C 组成的 T 型电路来模拟同轴电缆的传输特性［见图 5-59（a）］。在极谱仪或电化学工作站中，一般采用 $n=4$ 就可以了［见图 5-59（b）］。

在此基础上，再结合运算放大器构成的微分电路和积分电路，便可用硬件方法实现 n 次半微积分的计算。

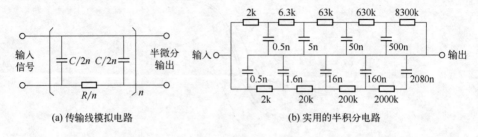

(a) 传输线模拟电路　　　　　　　(b) 实用的半积分电路

图 5-59　半积分电路

第 6 章
电位调制伏安法

电位调制伏安法是在线性扫描电位之上叠加一定幅值的脉冲、方波、交流等信号进行电位调制，同时检测响应电流的变化，并以伏安曲线的形式记录。主要方法有常规脉冲伏安法、差分脉冲伏安法、方波伏安法、交流伏安法（包括选相交流伏安法和二次谐波交流伏安法）等。

电位调制伏安法是现代电化学分析的主要方法，大多数的灵敏度高于 LSV 或 CV。

6.1
方法 23——常规脉冲伏安法

常规脉冲伏安法（normal pulse voltammetry，NPV）是在工作电极上施加一个没有电化学反应发生的基础电位 E_i，然后加上幅度逐渐增大的短脉冲（增幅相同），脉冲的持续时间通常 5～100ms，两脉冲的间隔 2～4s，如图 6-1 所示。电流测量则是在每个脉冲的末端进行采样取值，产生的伏安曲线为 S 形。NPV 与采用滴汞电极的极谱法有关，可控制电位脉冲的结束与汞滴的滴落刚好同步。电位脉冲幅度随每个汞滴线性增加，并在脉冲结束前进行电流采样，此时充电电流的贡献几乎为零。因脉冲持续时间短，产生的扩散层比直流极谱法薄，法拉第电流显著增加，提高了检测信号的信噪比。

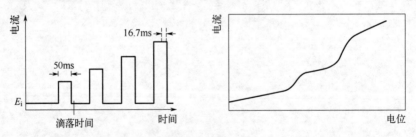

图 6-1　NPV 的电位激励波形（a）及其伏安曲线（b）

6.1.1　常见测试界面及参数设置

常规脉冲伏安法的常见测试界面如图 6-2 所示。

测试界面中的参数设置范围如下：

• 初始电位 E_i/V：−10～+10；

• 终止电位 E_f/V：−10～+10；

- 电位增量 ΔE /V：0.001～0.05（50m）；
- 脉冲宽度 t_p /s：0.001（1m）～10；
- 采样宽度 Δt_s /s：0.0001（1000μ）～10；
- 脉冲周期 t_T /s：0.01（10m）～10；
- 静置（等待）时间 t_0 /s：0～100000（100k）；
- 电流量程-灵敏度 IV/（A/V）：10^{-12}（1p）～0.1。

图 6-2　NPV 的常见测试界面

有关说明：

① 初始电位和终止电位也就是起扫电位和停扫电位，取值大小与待测体系或研究目的有关；电位差 $|E_f-E_i|>0.01$V（10mV）；电位 E_i 处应无反应发生。

② 脉冲宽度 $t_p<t_T/2$，否则自动设置。

③ 采样宽度（=脉冲结束前倒计时）$\Delta t_s<t_p/2$，否则自动设置。

6.1.2　相关理论基础

（1）NPV 曲线的波高

NPV 电流呈"S"波形，定量分析的主要参数是其"波高"，并可采用三切线法进行测量：即分别通过残余电流、极限电流和完全扩散电流作三直线，然后测量所形成的两个交点间的垂直距离，如图 6-3 所示。具体方法又可分为平行线法、切线法和矩形法等三种。

（2）NPV 电流公式

0～2V 的脉冲幅度足可使工作电极电位 $E=E_i+\Delta E$ 达到极限扩散电流的电位范围。在施加脉冲期间，电位维持恒定 E，此时可直接采用电位阶跃法的结果。

平面电极的极限扩散电流 i_d 为 Cottrell 公式：

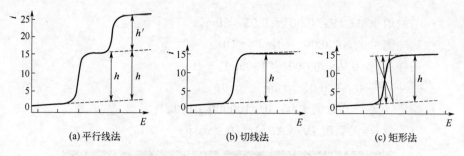

(a) 平行线法　　　　　(b) 切线法　　　　　(c) 矩形法

图 6-3　NPV 波高的 3 种测量方法

$$i_d(t)=nFAc_O^0(D_O/\pi t)^{1/2}$$

即法拉第电流按 $t^{-1/2}$ 衰减，慢于充电电流的指数变小。在脉冲末期某一时刻 τ 采样电流，法拉第电流仍有相当值，但充电电流则趋于零，故有：

$$i_d=nFAc_O^0 D_O^{1/2}/\pi^{1/2}(\tau-\tau')^{1/2}$$

式中，$(\tau-\tau')$ 为阶跃脉冲宽度。显然，i_d 与 c_O^0 成正比，此即 NPV 法的定量分析基础。

（3）NPV 极化方程

设可逆电极反应 $O+ne^- \rightleftharpoons R$，O 与 R 均可溶解，起始浓度分别为 $c_R^0=0$ 和 c_O^0。

对平面电极，结合 Nernst 方程可推出 NPV 的电流公式 $i(t)$：

$$i(t)=nFAc_O^0(D_O/\pi t)^{1/2}/(1+\xi\beta)$$

式中，$\xi=(D_O/D_R)^{1/2}$；$\beta=\exp[nF(E-E^{\ominus'})/RT]$。设 $P=\xi\beta=\exp[nF(E-E_{1/2})/RT]$，则有：

$$i(t)=nFAc_O^0(D_O/\pi t)^{1/2}/(1+P)$$

代入 i_d 即得 $i(t)=i_d/(1+P)$，此式描述了电流和电极电位的关系。于是 NPV 的极化方程为：

$$E = E_{1/2} + \frac{RT}{nF}\ln\frac{i_d-i}{i}$$

或

$$E = E_{1/2} + 2.303\frac{RT}{nF}\lg\frac{i_d-i}{i}$$

需注意的是：NPV 测试中的电位扫速比直流极谱快，某一体系在直流极谱中表现为可逆行为，可能在 NPV 中却表现为准可逆或不可逆行为。

（4）关于常规脉冲极谱

采用 DME 的 NPV 即常规脉冲极谱（NPP），曾经是传统极谱的重要方法之一。与采样直流极谱法类似，两者都能消除直流极谱上的锯齿状振荡（图 5-39），检测灵敏度更高。

6.1.3　应用示例

（1）定量分析

采用 NPV 进行定量分析，其检出限可低达 $10^{-7}\sim10^{-6}$mol/L。DME 上的 NPP 如图 6-4 所示。

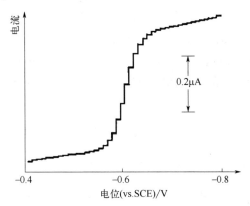

图 6-4　DME 在 0.1μmol/L Cd^{2+}+0.01mol/L HCl 溶液中的 NPP

对常规固体电极而言，由于 NPV 方法的电位在多数时间几乎都维持在较低状态，故能有效缓解电极表面吸附反应产物引起的污染问题，为 NPV 法在定量分析中的应用提供了支持。

（2）电极过程可逆性判断

采用 NPV 判断电极反应过程的可逆性，主要有三种方式：

① 采用波形的峰高对数分析判断电极过程的可逆性。将 $\log(i_d/i-1)$ 对 E 作图，若为线性，且斜率为 $2.303RT/nF$，则可判断此电极过程是可逆的，否则为不可逆。特别指出的是：在可逆过程中，半波电位 $E_{1/2}$ 为定值，不随去极化剂浓度等因素而改变。

② 利用正逆扫波形的峰高之比判断电极过程的可逆性。可逆过程：$i_d^c / i_d^a = 1$；准可逆过程：$i_d^c / i_d^a \approx 1$。

③ 利用正逆扫波形的半波电位之差判断电极过程的可逆性。对可逆过程，正逆扫的半波电位是相同的；对准可逆过程，反扫的 $E_{1/2}$ 比正扫的要负数毫伏。

（3）动力学参数的测定

若电极表面扩散层能有效更新，对不可逆体系，氧化过程的电流-电位关系为：

$$E=E_{1/2}-(0.0542/\alpha n')\lg(i_d/i-1)$$
$$E_{1/2}=E^0-(2.303RT/\alpha n'F)\lg(1.349k_0\tau^{1/2}/D^{1/2})$$

式中，E 为电极电位；$E_{1/2}$ 为半波电位；E^0 为式量电位；D 为表观扩散系数；k_0 为标准速率常数；α 为阳极过程的电子转移系数；n' 为速率决定步骤中的电子转移数；τ 为采样时间；i 为 NPV 电流；i_d 为极限电流（可用 Cottrell 方程描述）。

NPV 法测试中存在短脉冲和充分长的等待时间（2s），电极表面的扩散层是不断更新的，故可用于电极反应动力学参数的测定。

甲酸在 Pd/C 电极上发生的氧化反应,不同采样时间 τ 的 NPV 曲线如图 6-5（a）所示。随着 τ 的增加，阳极极限电流 i_d 反而降低，且与 $\tau^{-1/2}$ 呈线性关系［见图 6-5（b）］；由上述关系式可求出 $D=1.47\times10^{-7}\mathrm{cm}^2/\mathrm{s}$。图 6-3（c）给出了 E-$\lg(i_d/i-1)$ 关系，其斜率 $0.0542/\alpha n'=-0.203$，取 $n'=1$ 得 $\alpha=0.26$；由截距 $E_{1/2}$ 可计算出 $k_0=4.5\times10^{-5}\mathrm{cm}/\mathrm{s}$。

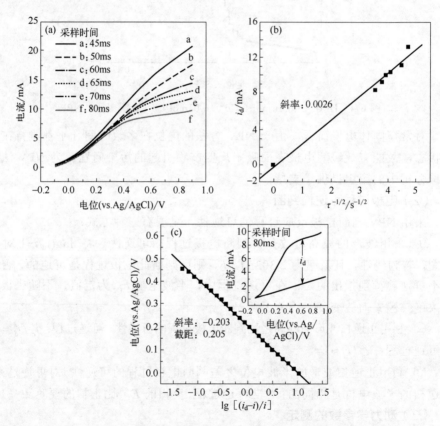

图 6-5　甲酸在 Pd/C 电极上的 NPV 曲线及其随采样时间的变化（a）
以及 i_d-$\tau^{-1/2}$ 关系曲线（b）和 E-$\lg(i_d/i-1)$关系曲线（c）

6.2

方法 24*——差分常规脉冲伏安法

差分常规脉冲伏安法（differential normal pulse voltammetry，DNPV）可把平台波形转变为峰形，能提高检测的灵敏度。具体办法是将 NPV 的单脉冲变成相差脉冲幅值的台阶状双脉冲，其差减的电流仅是前一个低台阶的，而不是 NPV 中没有发生反应的背景电流。这种情况实际上与后述的差分脉冲伏安法有一定的相似之处。差分常规脉冲伏安法的电位激励波形如图 6-6 所示。

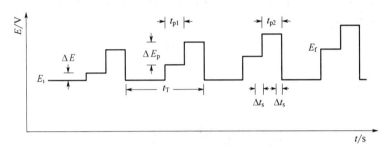

图 6-6　DNPV 的电位激励波形

差分常规脉冲伏安法的常见测试界面如图 6-7 所示。

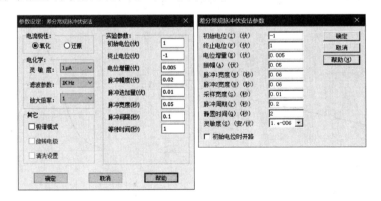

图 6-7　DNPV 的常见测试界面

测试界面中的参数设置范围如下：
- 初始电位 E_i /V：-10～+10；
- 终止电位 E_f /V：-10～+10；
- 电位增量 ΔE /V：0.001（1m）～0.05（50m）；

- 脉冲幅度 ΔE_p /V：0.001（1m）～0.5（500m）；
- 脉冲 1 宽度 t_{p1}/s：0.01（10m）～10；
- 脉冲 2 宽度 t_{p2}/s：0.01（10m）～10；
- 采样宽度 Δt_s /s：0.0001（100μ）～5；
- 脉冲周期 t_T/s：0.05（50m）～50；
- 静置（等待）时间 t_0/s：0～100000（100k）；
- 电流量程-灵敏度 IV/（A/V）：10^{-12}（1p）～0.1。

有关说明：

① 初始电位和终止电位也就是起扫电位和停扫电位，取值大小与待测体系或研究目的有关；电位差$|E_f-E_i|>10mV$；电位 E_i 处应无反应发生。

② 脉冲宽度 $t_{pi}<t_T/2$，否则自动设置。

③ 采样宽度（=脉冲结束前倒计时）$\Delta t_s<t_{pi}/2$，否则自动设置。

6.3
方法 25——差分脉冲伏安法

差分脉冲伏安法（differential pulse voltammetry，DPV）是在线性扫描电位基础上叠加了较小幅度（25～50mV）的脉冲信号，然后检测脉冲前后的电流差，并对电位作图，结果与 DNPV 类似，灵敏度更高，如图 6-8 和图 6-9 所示。

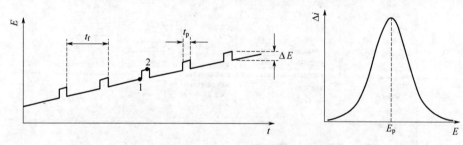

图 6-8　DPV 的电位激励波形　　　　图 6-9　DPV 的伏安曲线

实际上可以把 DPV 看作 NPV 的微分处理，将 NPV 的"S"形曲线转变为 DPV 的峰形曲线。

6.3.1　常见测试界面及参数设置

差分脉冲伏安法的常见测试界面如图 6-10 所示。

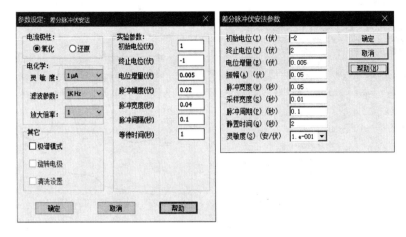

图 6-10　DPV 法的常见测试界面

测试界面中的参数设置范围如下：

- 初始电位 E_i /V：-10～+10；
- 终止电位 E_f /V：-10～+10；
- 电位增量 ΔE/V：0.001（1m）～0.05（50m）；
- 脉冲幅度 E_p /V：0.001（1m）～0.5（500m）；
- 脉冲宽度 t_p /s：0.001（1m）～10；
- 采样宽度 Δt_s /s：0.0001（100μ）～10；
- 脉冲周期 t_T /s：0.01（10m）～50；
- 静置（等待）时间 t_0 /s：0～100000（100k）；
- 电流量程-灵敏度 IV/（A/V）：10^{-12}（1p）～0.1。

有关说明：

① 初始电位和终止电位即起扫电位和停扫电位，取值大小与待测体系或研究目的有关；电位差$|E_f-E_i|>10\mathrm{mV}$；电位 E_i 处应无反应发生。

② 脉冲宽度 $t_p<t_T/2$，否则自动设置。

③ 采样宽度（=脉冲结束前倒计时）$\Delta t_s<t_p/2$，否则自动设置。

④ 脉冲幅度和电位扫速的选择通常需要在灵敏度、分辨率和分析速度之间进行平衡，大幅度的脉冲产生较大、较宽的峰形。一般选择脉冲幅度 25～50mV、扫速 5mV/s 较为相配。

⑤ 与可逆氧化还原反应体系相比，不可逆体系的峰电流较矮且峰形较宽，这说明 DPV 测量不可逆体系的灵敏度和分辨率稍微差一些。

⑥ 多数电化学工作站可进行 DPV 溶出分析法，界面如图 6-11 所示。

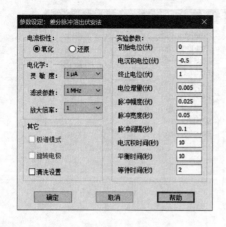

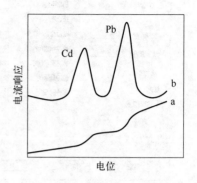

图 6-11　DPV 溶出法的常见测试界面　　图 6-12　0.1mol/L HNO_3 中 1mg/L Cd^{2+} 和 Pb^{2+} 的 NPV（a）和 DPV（b）曲线

6.3.2　相关理论基础

（1）DPV 与 NPV 的比较

DPV 与 NPV 的原理基本类似，两脉冲间的基础电位都递增且增幅相同，并在脉冲开始前和末端测量电流，记录两电流的差值随电位的变化。DPV 的激励信号和电流响应有以下特点：

① 直流电位不恒定，随时间线性增加，电位扫速类似 NPV。

② 脉冲幅度恒定，并叠加在线性扫描电位上。

③ DPV 曲线类似 NPV 曲线的导数谱，呈峰形，如图 6-12 所示。

（2）DPV 的特点

① DPV 曲线有效地校正了充电的背景电流。充电电流对微分电流的贡献可以忽略，所以 DPV 的背景电流贡献比 NPV 小一个数量级以上。加之脉冲持续时间较长，测量的又是加入脉冲前后电解电流之差，因而可使干扰的电容电流和毛细管噪声电流得以充分衰减，有效提高了信噪比，灵敏度很高。可逆体系的 DPV 灵敏度可达 nmol/L，不可逆体系灵敏度则稍低 10nmol/L（约 1μg/L）。

② DPV 的峰形响应也可改进两个氧化还原电位相似组分的测定分辨率，一般峰分离 50mV 就可以测定。此值不仅与相应的峰电位有关，而且也与峰的宽度有关。当脉冲幅度 ΔE 很小时，峰的宽度 $W_{1/2}$ 与电子转移系数有如下关系：$W_{1/2}=3.52RT/nF$。在 25℃，$n=1$、2、3 时，$W_{1/2}$ 分别为 90.4mV、45.2mV、30.1mV。峰形响应和较为平直的背景电流使得 DPV 特别有利于混合组分的分离检测。

③ DPV 与阳极溶出技术联用的差分脉冲阳极溶出伏安分析法（DPASV），

峰形好，峰高明显，峰值电位差远大于 50mV，检测限可达 10^{-12} 级（pmol/L），能实现多种重金属离子（如 Pb、Cd、Cu、Zn 等）的同时检测。这也是现代电化学微量元素分析检测的基础（图 6-13）。

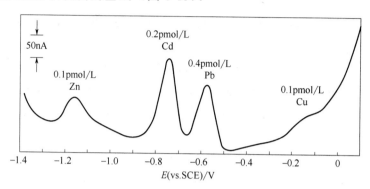

图 6-13　痕量金属离子在石墨镀汞膜电极上的溶出 DPV 曲线

（3）DPV 的电流公式

设可逆电极反应 $O+ne \rightleftharpoons R$，O 与 R 均可溶解，起始浓度分别为 $c_R^0=0$ 和 c_O^0。

对平面电极，可直接借用 NPV 中脉冲的极化关系公式：

$$i(t)=i_d/(1+P)$$

式中，$P=\exp[nF(E-E_{1/2})/RT]$；$i_d=nFAc_O^0(D_O/\pi t)^{1/2}$。电流 i 对电位 E 差分可得：

$$\Delta i(t)=(nF)^2Ac_O^0(D_O/\pi t)^{1/2}\Delta EP/(1+P)RT$$

上式的适用条件为 $\Delta E < RT/nF$。

① 当 $E=E_{1/2}$ 时，$P \to 1$，Δi 达到峰值 i_p。

② 当 ΔE 比较大时，则有：

$$\Delta i(t)=i_d(P_A-P_A\sigma^2)/(\sigma+P_A\sigma^2+P_A+P_A^2\sigma)$$

$$P_A=\exp[nF(E_1+E_2-2E_{1/2})/2RT]$$

$$\sigma=\exp[nF(E_2-E_1)/2RT]$$

$$E_2-E_1=\Delta E（为脉冲幅度）$$

将 i_d 代入 Δi 得：

$$\Delta i(t)=nFAc_O^0(D_O/\pi t)^{1/2}(P_A-P_A\sigma^2)/(\sigma+P_A\sigma^2+P_A+P_A^2\sigma)$$

若 $P_A=1$，则 Δi 可达最大 i_p：

$$i_p=nFAc_O^0(D_O/\pi t)^{1/2}(1-\sigma)/(1+\sigma)$$

对大脉冲幅度 $\sigma=0$，即上式中 $(1-\sigma)/(1+\sigma)$ 的最大值为 1，故此适用于脉冲幅度 ΔE 较大的情况。同时可以看出峰值电流 i_p 与反应物浓度 c_O^0 成正比，这是 DPV 定量分析的基础。

③ 当 ΔE 比较小时，即 $\Delta E/2 \ll RT/nF$，则有：

$$\sigma = \exp(nF\Delta E/2RT) \approx 1 + nF\Delta E/2RT$$

于是：

$$(1-\sigma)/(1+\sigma) = [1-(1+nF\Delta E/2RT)]/[1+(1+nF\Delta E/2RT)] \approx nF\Delta E/4RT$$

将上式代入 i_p 可得：

$$i_p = \Delta E \, Ac_O^0 (D_O/\pi t)^{1/2} n^2 F^2/4RT$$

显然 i_p 与 ΔE 成正比，说明适当增加脉冲幅度可以提高定量分析的灵敏度。

④ 峰电位（E_p）是电化学活性物质的特征参数，且出现在极谱的半波电位附近：

$$E_p = E_{1/2} - \Delta E/2$$

对还原过程 ΔE 是负值，所以 E_p 随脉冲幅度 ΔE 值的增加而正移。ΔE 的大小不仅影响 DPV 的灵敏度，也影响其分辨能力。若 ΔE 偏大，则 DPV 的分辨能力降低；ΔE 越大，半峰宽 $W_{1/2}$ 也越宽。

（4）关于差分交替脉冲伏安法

差分交替脉冲伏安法（differential alternative pulse voltammetry，DAPV）是在 DPV 电位波形的基础上增加了一个反向的延时脉冲，得到的 DAPV 曲线类似于 DPV 的导数谱，如图 6-14 所示。DAPV 的检测限约为 50nmol/L，与 DPV 类似，但分辨率提高了。实际上，将 DPV 曲线直接进行数值微分也可得到类似的结果，但微分运算常常会增大噪声。

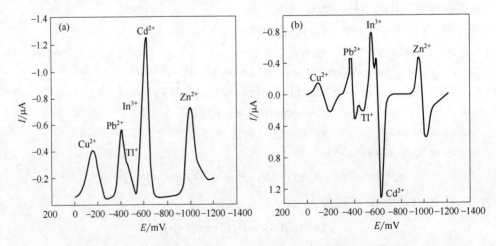

图 6-14　μmol/L 级 Cu^{2+}、Pb^{2+}、Tl^+、In^{3+}、Cd^{2+}、Zn^{2+} 在 HDME 上的
DPV（a）和 DAPV（b）曲线（引自文献[56]）

0.5mol/L HAc-NaAc 缓冲溶液，脉冲幅度 25mV，脉冲宽度 60ms，参比电极 Ag/AgCl（3mol/L KCl）

6.3.3 应用示例

（1）电极过程可逆性判断

利用 DPV 曲线的峰宽可以判断电极过程的可逆性。由 $W_{1/2}=3.52RT/nF$ 可知，若 DPV 峰形曲线的半波电位满足该式，则可判断该电极过程是可逆的；反之，该电极过程是不可逆的。

（2）定量分析检测

DPV 作为高灵敏的方法之一，尤其是能够克服溶解氧产生的背景电流，被广泛应用于痕量物质的分析检测，常比分子或原子吸收光谱以及部分色谱方法更灵敏。DPV 也可提供有关分析物质化学形态的信息，如确定氧化态、检测配合作用等。

在生物电化学分析中，根据分子结构中电化学活性基团的氧化或还原，DPV 可同时测定多种生物小分子。维生素 A 在 Pt 电极上的阳极氧化峰可用于定量分析，但其 CV 曲线在 0.81V 峰电位附近背景很高，见图 6-15（a），检测灵敏度较低。此时若采用 DPV 方法，则可获得背景简单的独立峰形，见图 6-15（b），且峰电流在 2.8～60μmol/L 浓度范围内呈良好的线性关系，能显著提高分析灵敏度。

维生素 C 即抗坏血酸（AA）与尿酸（UA）也是常检项目。但在 GC 电极上的 CV 曲线表现为一复合单峰，若结合修饰电极技术，则可将其成功分离并进行同时测定。图 6-16 是聚对氨基苯磺酸/碳纳米管复合膜修饰电极（PABSA/CNT/GCE）上不同浓度 AA 与 UA 组合下的 DPV 曲线。

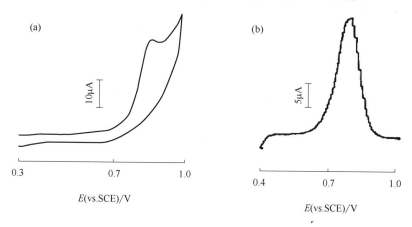

图 6-15　0.1mol/L HClO$_4$-DMF 溶液中维生素 A

在 Pt 电极上的 CV（a）和 DPV（b）曲线（引自文献[57]）

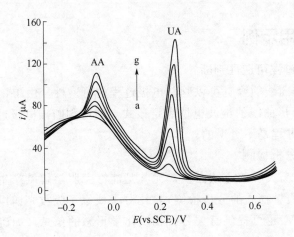

图 6-16　不同浓度 AA 和 UA 在 PABSA/CNT/GCE 上的 DPV 曲线（引自文献[58]）

浓度（μmol/L）（a→g）：AA=0，20，40，60，100，180，300；UA=0，15，25，45，75，110，130

6.4
方法 26——方波伏安法

　　方波伏安法（square wave voltammetry，SWV）是在特定的中低频率（10～1000Hz）下，将小幅度（10～50mV）的对称方波电位叠加在线性斜坡扫描电位上，在方波电位改变方向前的瞬间（即方波电位后期）检测其电流差值随直流极化电位的变化，如图 6-17 所示。SWV 是在 1952 年 Barker 提出的方波极谱理论基础之上迅速发展起来的一种快速、高灵敏、多功能的电化学分析方法。

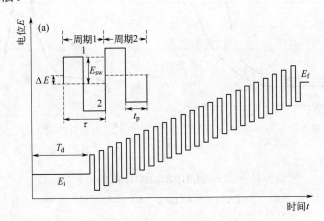

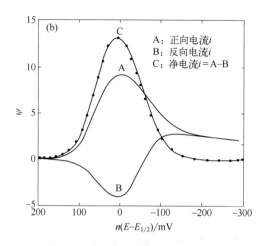

图 6-17　SWV 的电位激励波形（a）及其电流响应信号（b）

方波伏安法既可看作特殊形式的差分脉冲伏安法，也是一种类似于交流伏安法的载波电位扫描技术。

6.4.1　常见测试界面及参数设置

方波伏安法的常见测试界面如图 6-18 所示。

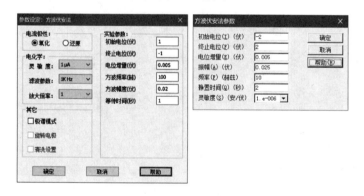

图 6-18　SWV 的常见测试界面

测试界面中的参数设置范围如下：
- 初始电位 E_i /V：$-10\sim+10$；
- 终止电位 E_f /V：$-10\sim+10$；
- 电位增量 ΔE /V：0.001（1m）$\sim$0.05（50m）；
- 方波幅度 E_{sw} /V：0.001（1m）$\sim$0.5（500m）；
- 方波频率 f_{sw} /Hz：$1\sim100000$（100k）；

- 静置（等待）时间 t_0/s：0～100000（100k）；
- 电流量程-灵敏度 IV/（A/V）：10^{-12}（1p）～0.1。

有关说明：

① 初始电位和终止电位也就是起扫电位和停扫电位，取值大小与待测体系或研究目的有关；电位差$|E_f-E_i|>0.01V$（10mV）。

② 方波伏安以脉冲高度 $\Delta E_p=E_{sw}-\Delta E$ 和脉冲宽度 $t_p=1/2f$ 为电位波形特征。

③ 实际电位扫速 $v=\Delta E/2t_p=\Delta Ef$；当 $\Delta E=10mV$，$t_p=1～500ms$ 时，扫速为 20mV/s～10V/s。

④ 方波伏安曲线可以通过菜单-图形选择显示差值电流或正向电流、逆向电流。

⑤ 有的电化学工作站可进行 SWV 溶出分析法，如图 6-19 所示。

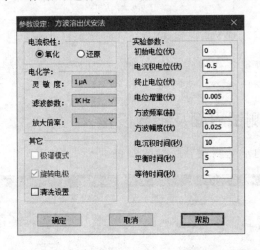

图 6-19　SWV 溶出分析法的测试界面

6.4.2　相关理论基础

（1）SWV 的特点

① SWV 的电流采样选择在电容充电电流 i_c 经充分衰减之后，此时的电流主要为法拉第电流，i_c 极小，故可有效减小/消除双电层充电电流的影响。如图 6-20 所示，曲线 a 为方波电位 E_{sw}，频率较低，周期较长；曲线 b 为充电电流 i_c 随时间指数衰减，电流采样时 i_c 已近乎下降到零，为此常需高浓度的支持电解质来降低电解池的时间常数 RC；曲线 c 是电解电流 i_f 随时间的变化，其衰减要比 i_c 慢得多，在方波电位改变方向前某一时刻采样几乎只有 i_f。

② 对快速可逆的 O/R 体系，SWV 中的净峰电流值 i_p 为正、逆向电位阶跃的（无量纲）电流之差，如图 6-21 所示。

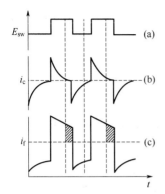

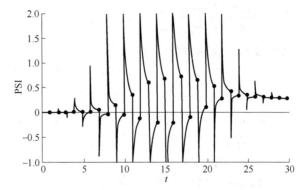

图 6-20 方波电位 E_{sw}（a）以及
充电电流 i_c（b）和电解电流 i_f（c）
随时间的变化

图 6-21 SWV 中无量纲还原电流响应
信号 PSI 及采样（引自文献[59,60]）
O 开始，无 R，$n\Delta E_p$=50mV，$n\Delta E_{sw}$=30mV
半循环指数 $m \approx 15$ 达到 $E^{\ominus}$

③ SWV 曲线的峰形是以半波电位为对称的，i_p 正比于溶液中反应前电活性反应物的起始浓度 c_O^0，据此可进行定量分析测定。

④ 在 SWV 方法中，电流在正、负两个脉冲方向采样，电活性物质在电极表面反应的氧化峰和还原峰可在测试中同时得到并通过减差扣除。"减差"也意味着在传质极限电流的电位区间，某一组分的电流差为零，这对去除溶解氧的还原电流很有帮助。同时，正、反电流之差的净电流 i_p 比正、逆向电流都大，灵敏度很高，检测限可达 10^{-8}mol/L（即 10nmol/L），高于其他脉冲伏安（极谱）法。对可逆/不可逆体系的测试表明，SWV 峰电流是 DPV 的 4/3.3 倍。

⑤ NPV 法和 DPV 法有效的电位扫速一般为 1～10mV/s，而 SWV 法可达 1V/s 以上，电化学反应持续时间短，电极表面电活性物质的消耗量相对降低。

⑥ SWV 可快速连续地记录响应电流，故也被称为计时伏安法，可应用于高压液相色谱（HP-LC）的电化学检测器。

（2）SWV 方法的电流理论

针对不同的电极反应体系与电极形状，人们提出了许多 SWV 电流方程式，其中 Barker 的可逆波峰电流公式影响广泛。

① 可逆过程电流公式。对可逆电极反应 $O + ne^- \underset{k_b}{\overset{k_f}{\rightleftharpoons}} R$，设 $f = 1/2\tau = \omega/2\pi$，则 SWV 的峰电流 i_p 为：

$$i_p = \pm \frac{n^2 F^2}{4RT} Ac_O^0 \Delta E \sqrt{D_O \omega} \left[\frac{1}{\pi} \sum_{m=0}^{\infty} \frac{(-1)^m}{\sqrt{m+\beta}} \right]$$

令 $k = \dfrac{A\sqrt{\omega}}{4}\left[\dfrac{1}{\pi}\displaystyle\sum_{m=0}^{\infty}\dfrac{(-1)^m}{\sqrt{m+\beta}}\right]$，即 k 为与方波电位频率 $\omega^{1/2}$ 和方波半周期内采样电流的时间有关的常数，则：

$$i_p = \pm k(nF)^2 A D_O^{1/2} c_O^0 \Delta E / 4RT$$

此即 Barker 方程。从中可以看出：

a. i_p 与电解前的初始浓度 c_O^0 成正比，这是 SWV 定量分析的基础。

b. i_p 与电极面积 A、方波振幅 ΔE 及频率 $\omega^{1/2}$ 成正比。

c. 极谱法中，因 $A \propto m^{2/3} t^{2/3}$，故 i_p 与极谱仪的 Hg 柱高度无关。

Barker 方程与交流伏安曲线（极谱）的峰电流公式很相似：

$$i_p = (n^2 F^2 / 4RT) A c_O^0 (\omega D_O / \pi t)^{1/2} \Delta E \sin(\omega t + \pi/4)$$

因为 SWV 本身也归属于交流类。

② 准可逆过程电流公式。若电极反应 $O + ne^- \underset{k_b}{\overset{k_f}{\rightleftharpoons}} R$ 为准可逆，即电极反应速率常数不大，则电流受扩散和速率联合控制，此时的 SWV 电流方程为：

$$i = \pm \dfrac{n^2 F^2}{RT} c_O^0 \Delta E \dfrac{k_s}{P^{-\alpha} + P^{\beta}} \sum_{m=0}^{\infty} (-1)^m M^2 (m + t/\tau) \mathrm{erfc}\sqrt{m + t/\tau}$$

式中，$M = (P^{-\alpha} + P^{\beta}) k_s (\tau/D_O)^{1/2}$；$k_s$ 为 $E = E_{1/2}$ 时的正向电极反应速率常数；α、β 为正向和逆向电荷转移系数；erfc 为互补误差函数。

对电极反应速率很慢的完全不可逆波的电流公式亦有介绍，可参阅文献[54]。

6.4.3 应用示例

SWV 法是现代电化学工作站的一种主要分析技术，也是基于 LSV 法发展起来的，但灵敏度显著优于 LSV 或 NPV 等，加之分辨率高，广泛地应用于环境、矿石、冶金、食品和药物等分析检测。SWV 与溶出法相结合形成的 SWSV 法，对重金属离子（如 Pb、Cd、Cu、Zn 等）和小分子有机物质等的检测具有更高的灵敏度、更低的检测限；且在同时测定多组分体系方面也具有明显的优势。

6.5
方法 27——交流伏安法

电化学体系的交流阻抗既是频率的函数，也是直流极化电位的函数。交流伏安法（alternating current voltammetry, ACV）是在特定的中低频率（10~

1000Hz），将小幅度（10～20mV）的交流电位叠加在线性斜坡电位上，检测交流电流响应的振幅和相位及其随直流极化电位的变化关系，如图 6-22 所示。

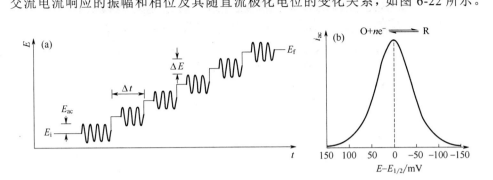

图 6-22　ACV 的电位激励波形（a）及其伏安曲线（b）

从激励信号的电位大小与时间长短以及伏安曲线结果上看，交流伏安法与方波伏安法很类似，仅是载波信号波形——交流波与方波之别，故其应用情况也大致相似；从测量过程与结果处理上看，交流伏安法又与交流阻抗-电位扫描法类似，因为在交流电位幅值固定时，阻抗大小与交流电流响应幅值又是等价的，只是阻抗-电位法中的频率范围常常要宽得多。所以有时也把交流伏安法和交流阻抗法分类在交流法中。

根据电位扫描模式，交流伏安法又可分为线性电位扫描交流伏安法（linear-potential sweep alternating current voltammetry，LSACV）和循环交流伏安法（cyclic alternating current voltammetry，CACV）。ACV 也常指 LSACV。

在 ACV 方法的实际应用中，还发展出了选相交流伏安法、二次谐波交流伏安法以及傅里叶变换交流伏安法等多种交流方法。

6.5.1　常见测试界面及参数设置

交流伏安法的常见测试界面如图 6-23 所示。

测试界面中的参数设置范围如下：

- 初始电位 E_i/V：-10～+10；
- 终止电位 E_f/V：-10～+10；
- 电位增量 ΔE/V：0.001（1m）～0.05（50m）；
- 交流振幅 V_{sin}/V：0.001（1m）～0.4（400m）；
- 交流频率 f_{ac}/Hz：0.1（100m）～65；
- 静置（等待）时间 t_0/s：0～100000（100k）；
- 偏置直流电流 i_B：常关 Off/<100Hz 开/<1Hz 开/常开 On；

• 电流量程-灵敏度 IV/（A/V）：10^{-12}（1p）～0.1。

图 6-23 ACV 的常见测试界面

有关说明：

① 初始电位和终止电位也就是起扫电位和停扫电位，取值大小与待测体系或研究目的有关。

② 采样周期越大，信噪比可能越好，但测量时间也越长。

③ 偏置直流电流与灵敏度范围的选择可参见第 7 章阻抗-频率法，作用相同。

④ 有的电化学工作站可进行 ACV 溶出分析法，如图 6-24 所示。

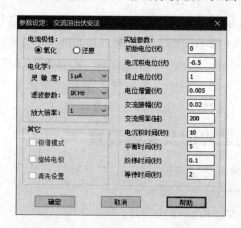

图 6-24 ACV 溶出分析法的测试界面

6.5.2 相关理论基础

（1）LSACV 的峰电流与极化方程

对完全可逆体系，若在仅含 O 的溶液中进行电极反应 O$+ne^-$⇌R，线性扫描的起始电位远较 $E^{\ominus'}$ 为正，向负方向扫描。当传质过程为半无限线性扩散时，平均表面浓度 $c_O(0,t)_m$ 和 $c_R(0,t)_m$ 由不叠加交流信号的线性扫描电位所建立，且遵从 Nernst 方程：

$$c_O(0,t)_m/c_R(0,t)_m=\theta_m=\exp[nF(E_{dc}-E^{\ominus'})/RT]$$

对平面电极，可以导出：

$$c_O(0,t)_m=c_O^0\xi\theta_m/(1+\xi\theta_m);\quad c_R(0,t)_m=c_R^0\xi\theta_m/(1+\xi\theta_m)$$

式中，$\xi=(D_O/D_R)^{1/2}$。通过阻抗变换可得交流电流的幅值曲线的峰电流 i_p：

$$i_p=(n^2F^2/4RT)A(\omega D_O)^{1/2}c_O^0\Delta E$$

结合 Nernst 公式可得极化方程：

$$E_{dc}=E_{p1/2}+(2RT/nF)\ln[(i_p/i)^{1/2}-(i_p/i-1)^{1/2}]$$

对准可逆体系，当直流过程为可逆且交流过程为准可逆时，上述结果成立；当直流过程的可逆性不成立时，数学处理过程相同。

ACV 的电流响应可以看作直流伏安曲线即稳态极化曲线的微分，其峰宽与频率无关，满足关系式 $W=90.4\text{mV}/n$（25℃）。

（2）CACV 曲线与 CV 曲线的比较

对完全可逆体系，无论正向扫描还是逆向扫描，平均表面浓度都只与电位有关。即在直流电位 E_{dc} 恒定时，$c_O(0,t)_m$ 和 $c_R(0,t)_m$ 与电位和扫描方向无关。正因为如此，正扫或逆扫获得的两条 i-E_{dc} 曲线完全重叠，形成了只由一个峰组成的 CACV 曲线。从图 6-25 可以看到，CACV 曲线的基线平稳，容易测量峰高；但在 CV 曲线中，逆向扫描电流的基线较难确定。两种方法的主要异同包括：

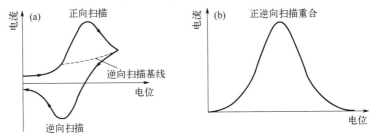

图 6-25　完全可逆体系的 CV 曲线（a）与 CACV 曲线（b）

① 可逆性判定方法不同。在直流循环伏安法中，电极反应的可逆性由阳极氧化峰和阴极还原峰的峰电位差 $\Delta E_p=E_{pa}-E_{pc}=59\text{mV}/n$（25℃）与扫速大小无关来判定；对 CACV 曲线，若阴、阳二峰的电位完全重合，且半峰宽 $90\text{mV}/n$（25℃）同样与扫描速度大小无关，则电极反应为可逆过程。

② 反应产物稳定性判断方法不同。在常规 CV 法中可以直接通过峰值电流之比 $|i_{pa}/i_{pc}|=1$ 是否成立来判断；在 CACV 法中，则可根据正逆扫描的曲线是否重合来判断。

对于准可逆体系，可依据直流过程是否可逆分为以下两种情况：

① 若直流过程是可逆过程，其平均表面浓度与扫描方向无关，故此交流伏安曲线中依然是正向、逆向扫描的电流峰重叠，但峰的性质与可逆过程存在差别。

② 若直流过程是不可逆过程，则情况较为复杂。在指定的直流电位下，正扫和逆扫到该电位时的平均表面浓度是不同的，因为平均表面浓度不仅与指定电位有关，也与电位达到的方式有关。因此，CACV 曲线上的两个峰并不重合。在 CV 中，电极过程不可逆性增加，逆向和正向峰电位差值增大，此时需较大的活化超电位来驱动电子交换过程。同样，CACV 曲线中的正向、逆向峰将发生分离，$E^{\ominus}$ 介于两峰电位之间。

电极反应速率常数 $k^{\ominus}$ 不同时的 CACV 曲线如图 6-26 所示。正逆向扫描曲线的交点对应的电位称为交叉（crossover）电位 E_{Co}：

$$E_{\mathrm{Co}}=E_{1/2}+(RT/nF)\ln[\alpha/(1-\alpha)]$$

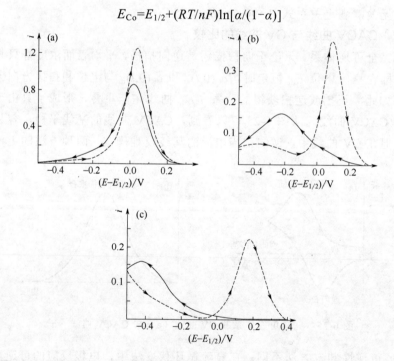

图 6-26　准可逆（a）和不可逆体系（b）、（c）的 CACV 曲线（$\omega/2\pi=400\mathrm{Hz}$）
25℃，$c_{\mathrm{O}}^{0}=1.0\mathrm{mmol/L}$，$A=0.30\mathrm{cm}^2$，$n=1$，$\alpha=0.5$，$D_{\mathrm{O}}=D_{\mathrm{R}}=1\times10^{-5}\mathrm{cm}^2/\mathrm{s}$，$v=50\mathrm{mV/s}$，$\Delta E=5\mathrm{mV}$；
$k^{\ominus}(\mathrm{cm/s})$：（a）$4.4\times10^{-3}$；（b）$4.4\times10^{-4}$；（c）$4.4\times10^{-5}$

由 E_{C_0} 容易求得电极反应电子转移系数 α 值。在 E_{C_0} 处，交流电流的振幅和相位完全与直流过程无关，故 E_{C_0} 称为特征电极电位。在此电位可从相位与频率的关系或从两峰电位之差求得 $k^{\ominus}$ 值。对非均相化学反应，常规 CV 曲线可由 $|i_{pa}/i_{pc}|$ 判断电极过程是否耦合化学反应。因 CACV 的峰电流容易准确测量，故由 $|i_{pa}/i_{pc}|$ 来判断化学反应复杂性和估算均相速率常数优于 CV。

（3）关于差分三角波交流伏安法

三角波的波形介于方波与正弦波之间。方波通过深度滤波可近似为三角波，三角波去尖整形又可得到正弦波。三角波叠加在线性电位基线上进行扫描，即为三角波交流伏安法（triangle wave voltammetry，TWV），且更灵敏的是差分三角波交流伏安法（differential triangle wave voltammetry，DTWV）。DTWV法通过在三角波的最高电位、最低电位以及两个中值电位处分别采集四个电流进行差值处理，能够有效消除双电层充电电流的影响。如图 6-27 所示，ACV 曲线的基线倾斜弯曲，电流峰几乎被背景电流淹没；但 DTWV 曲线的背景电流却可以降低近两个数量级，由电解电流产生的波峰十分明显，灵敏度可达 100nmol/L。

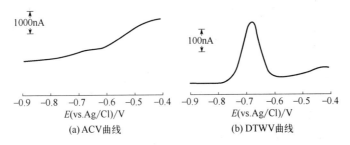

图 6-27　10μmol/L Cd^{2+} 在 HDME 的伏安曲线比较（引自文献[61]）

0.1mol/L KCl；$f=100Hz$；$V_{sin}=25mV$

6.5.3　应用示例

（1）定量分析检测

ACV 与 SWV 曲线的峰形类似，用于定量检测的灵敏度基本相近，亦可与溶出技术相近。图 6-28 给出了尿液中金属离子 Pb(Ⅱ)和 Tl(Ⅰ)在 HDME 上的溶出 ACV 曲线，能够观察到 Pb(Ⅱ)对 Tl(Ⅰ)的测定没有干扰，故可进行尿液中 Tl(Ⅰ)的选择性测定。

（2）配合物转变的 CACV 与 CV 曲线

图 6-29 给出了在最初只含 *cis*-Mo(CO)₂(DPE)₂ 的溶液中得到的两个相关的偶联情况的伏安曲线。

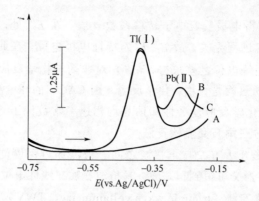

图 6-28　HDME 上的 ACV 曲线

A—尿液+0.2mol/L HClO₄；B—A+1.0μmol/L Tl(Ⅰ)；C—B+5.0μmol/L Pb(Ⅱ)

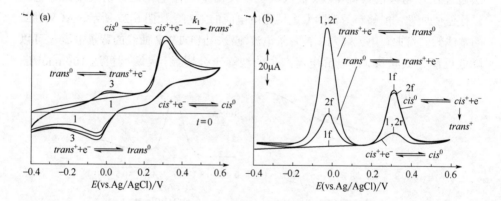

图 6-29　*cis*-Mo(Co)₂(DPE)₂ 在含丙酮的 0.1mol/L 高氯酸盐溶液中的
伏安曲线（引自文献[62]）

（a）CV 曲线（v=100mV/s）；（b）CACV 曲线（v=100mV/s，ΔE=5mV，f=1000Hz）

nf、nr 分别表示正向、逆向第 n 次扫描

　　顺式（*cis*-）和反式（*trans*-）配合物 Mo(Co)₂(DPE)₂（其中 DPE 表示二苯
膦基乙烷）在不同电位下发生氧化。此时，顺式氧化态（*cis*⁺）可直接转化为
反式氧化态（*trans*⁺），即有如下转换：

$$trans^0 - e^- \rightleftharpoons trans^+$$

$$cis^0 - e^- \rightleftharpoons cis^+ \xrightarrow{k_1} trans^+$$

　　从图中可以看到，CACV 不仅保留了 CV 的特点，而且峰形更加明显，便
于更好地进行定量分析；顺式氧化态（*cis*⁺）在进行氧化反应过程中并没有完
全转化为反式（*trans*⁺）配合物。

6.6

方法 28*——选相交流伏安法

ACV 方法检测的是响应信号交流电流的幅值，特别是早期采用的选频放大微弱信号检测技术更是如此。实际上，电化学体系对交流信号的响应除与信号幅值密切有关外，还与激励信号存在相位上的差别，主要原因是双电层电容的影响。在 ACV 法中，交流电位与法拉第电流相位差 45°，但与充电电流相位差 90°。因此，通过设置相位差，可以采用锁相放大器或数字技术检测响应的信号，这就是选相交流伏安法（select phase ACV，SPACV）或相敏交流伏安法（phase sensitive ACV，PSACV）。

从图 6-30 可以看出，选择不同相位检测时，SPACV 响应信号的差别很大。

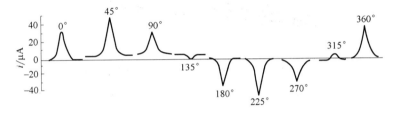

图 6-30　180μmol/L Cd^{2+}在不同相位下的 ACV 响应曲线

在 SPACV 方法中正弦激励电位与 ACV 相同，主要是增加了一项"锁定相角"，所以有的电化学工作站将其合并入 ACV 方法之中了。图 6-31 是 SPACV 的测量输入界面。

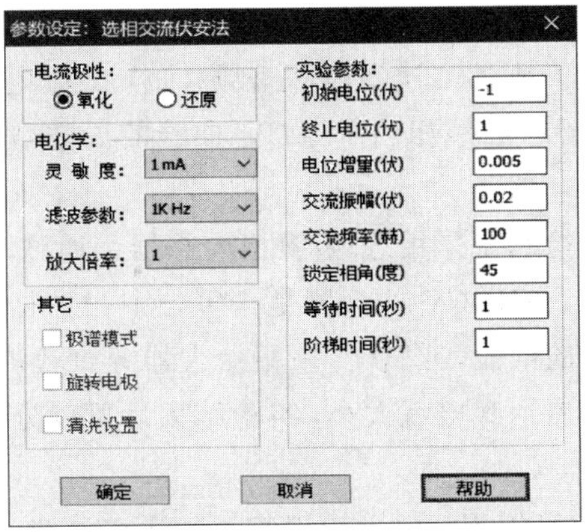

图 6-31　SPACV 法的测试界面

肾上腺素（EP）是一种儿茶酚胺类神经信息传递物质，存在于神经组织和体液中。肾上腺素有明显的电化学响应特征。图 6-32 是在底液 0.1mol/L PBS（pH 6.0）中，不同浓度（μmol/L）[0.0，1.05，5.25，10.5，15.8，22.1，29.4，34.7，39.8]肾上腺素在聚色氨酸膜电极上的 SPACV 曲线，其峰电流 i_p 与肾上腺素浓度 c(EP) 存在很好的线性关系，检出限可达 0.84 μmol/L，且有：

$$i_p=1.13+0.318c(EP)（R^2=0.998）$$

式中，i_p 单位为μA，c(EP)单位为μmol/L。

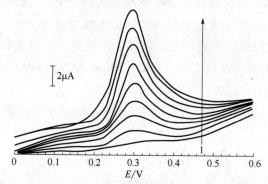

图 6-32　不同浓度肾上腺素（引自文献[63]）

在聚色氨酸膜电极上 SPACV 曲线 v=100mV/s，ΔE=50mV，f=40Hz，P=145°

6.7

方法 29——二次谐波交流伏安法

二次谐波交流伏安法（second harmonic AC voltammetry，SHACV）是检测交流激励电位（f）产生的二次谐波即倍频（$2f$）交流电流幅值，并以伏安曲线显示的方法。SHACV 曲线相当于 ACV 曲线的导数谱，可以提高重叠峰的分辨率。

早期的 SHACV 检测是采用选频/锁相放大器，通过选频/锁相检测获得信号。电化学工作站中，SHACV 的检测是在每一个扫描直流电位叠加正弦激励信号，然后采样响应的电流，经软件锁相放大器分析获得二次谐波电流分量。一般在测试过程中只显示其电流大小，实验结束后可以分别显示不同相角下的选相电流。

图 6-33 是在半波电位 $E_{1/2}$ 附近模拟的二、三次谐波 ACV 曲线，并采用谐波峰值电流进行了归一化处理。显然，SHACV 的峰形类似于 ACV 曲线的导

数谱，而 3 次谐波则是 ACV 的二次导数，以此类推。但高阶谐波信号的检测一般采用傅里叶变换方法。

SHACV 方法中正弦激励信号与 ACV 相同，参数设置基本类似。

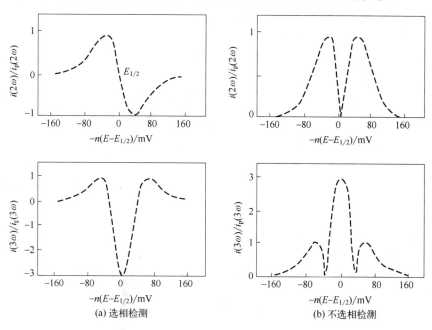

(a) 选相检测　　　　　　　　　　(b) 不选相检测

图 6-33　ACV 二次（上）与三次（下）谐波及其选相的影响

6.7.1　常见测试界面及参数设置

二次谐波交流伏安法的常见测试界面如图 6-34 所示。

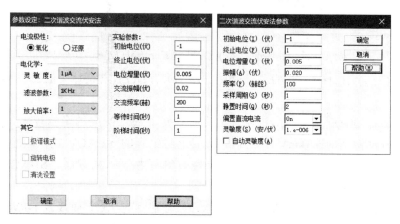

图 6-34　SHACV 的常见测试界面

测试界面中的参数设置范围如下：

- 初始电位 E_i /V：–10～+10；
- 终止电位 E_f /V：–10～+10；
- 电位增量 ΔE /V：0.001（1m）～0.05（50m）；
- 交流振幅 V_{sin} /V：0.001（1m）～0.4（400m）；
- 交流频率 f_{ac} /Hz：0.1（100m）～500；
- 电流采样周期 t_d /s：1～65；
- 静置（等待）时间 t_0 /s：0～100000（100k）；
- 偏置直流电流 i_B：常关 Off/＜100Hz 开/＜1Hz 开/常开 On；
- 电流量程-灵敏度 IV/（A/V）：10^{-12}（1p）～0.1。

有关说明：

① 初始电位和终止电位也就是起扫电位和停扫电位，取值大小与待测体系或研究目的有关；电位差 $|E_f-E_i|>10\text{mV}$。

② 当 $f_{ac}\leqslant 2\text{Hz}$ 时，$t_d\geqslant 2\text{s}$，否则将自动调整。

③ 偏置直流电流与灵敏度范围的选择可参见阻抗频率法，作用相同。

④ 电流（绝对值或选相值）显示的改变可在菜单-图像中切换。

6.7.2 相关理论基础与应用

对可逆过程的 SHACV，其倍频和基频交流电流信号为：

$$i_{ac}(2\omega t) = \frac{n^3 F^3 (2\omega D_O)^{1/2} A c_O^0 \Delta E^2 \sinh[(E-E_{1/2})nF/2RT]}{16R^2T^2 \cosh^3[(E-E_{1/2})nF/2RT]} \sin(2\omega t - \pi/4)$$

$$i_{ac}(\omega t) = \frac{n^2 F^2 (\omega D_O)^{1/2} A c_O^0 \Delta E}{4RT \cosh^2[(E-E_{1/2})nF/2RT]} \sin(\omega t + \pi/4)$$

两者幅值比为：

$$|i_{ac}(2\omega t)|/|i_{ac}(\omega t)|=(nF/2RT)(1/2)^{1/2}\Delta E\,|\tanh[(E-E_{1/2})nF/2RT]|$$

显然 $|i_{ac}(2\omega t)|/|i_{ac}(\omega t)|$ 与 ΔE、$\tanh[(E-E_{1/2})nF/(2RT)]$ 成正比，且在 $E=E_{1/2}$ 时为 0。

$i_{ac}(2\omega t)$ 与 ΔE^2 成正比，说明大幅度扰动对非线性响应的影响较大。两个电流峰的电位为 $E_{1/2}\pm 34\text{mV}/n$（25℃）。双电层电容的 SHACV 电流较小，近似于非线性元件，分辨率更好。在分析测试和动力学研究方面，SHACV 优于ACV，如图 6-35 所示。

SHACV 与 DAPV 的曲线形状相似，都分别具有 ACV 曲线或 DPV 曲线的导数形状，但分辨率略低于 DAPV，如图 6-36 所示。

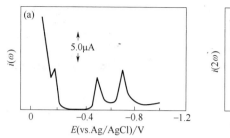 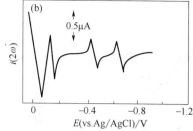

图 6-35 Bi(Ⅱ)、Pb(Ⅱ)、Cd(Ⅱ)的 ACV（a）曲线和 SHACV（b）曲线

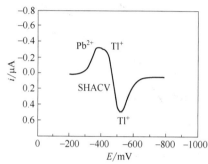 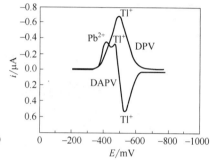

图 6-36 HDME 上 SHACV、DPV 和 DAPV 曲线的比较（引自文献[56]）

$c(Pb^{2+})/c(Tl^+)=12：1$，0.1mol/L HCl 溶液，电位变化幅度 30mV，

参比电极 Ag/AgCl（3mol/L KCl）

6.8
方法 30——傅里叶变换交流伏安法

在 ACV 方法中，对采集的电流响应信号进行傅里叶变换（FT）处理，这就是傅里叶变换交流伏安法（FT-ACV）。若对变换得到的频谱再分别选频进行傅里叶逆变换（IFT）处理，则可以得到直流电流和交流电流幅值，1、2、3 次等谐波分量以及全谱。FT-ACV 方法的输入参数较 ACV 略有变化，其交流幅值一般大于 50mV，所以也称为大幅度（large-amplitude，LA）FT-ACV。FT-ACV 方法的数据处理过程如图 6-37 所示。

6.8.1 常见测试界面及参数设置

傅里叶变换交流伏安法的常见测试界面如图 6-38 所示。

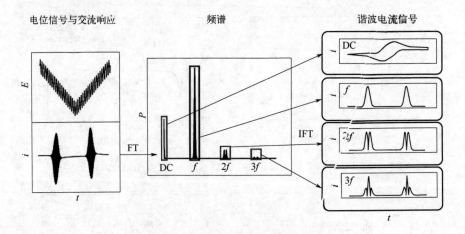

电位信号与交流响应 　　　　　　　　频谱　　　　　　　　　　谐波电流信号

图 6-37　FT-ACV 方法的数据处理过程（引自文献[64]）

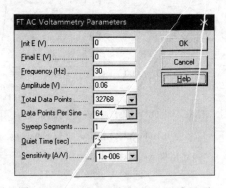

图 6-38　FT-ACV 法的常见测试界面

测试界面中的参数设置范围如下：

- 初始电位（Init E）E_i/V：-10～+10；
- 终止电位（Final E）E_f/V：-10～+10；
- 交流频率（Frenquency）f_{ac}/Hz：0.1（100m）～50；
- 交流振幅（Amplitude）V_{sin}/V：0.001（1m）～0.5（500m）；
- 采集数据总点数（Total Data Points）N_t：8192/16384/32768/65536；
- 正弦波每周数据点（Data Points Per Sine）N_{sin}：4/8/16/32/64/128/256；
- 电位扫描段数（Sweep Segments）N_{cyc}：1（单扫）/2（回扫）；
- 静置（等待）时间（Quiet Time）t_0/s：0～100000（100k）；
- 电流量程-灵敏度（Sensitivity）IV/（A/V）：10^{-12}（1p）～0.1。

有关说明：

① 初始电位和终止电位也就是起扫电位和停扫电位，取值大小与待测体系或研究目的有关；扫描电位范围$|E_f-E_i|>0.01$V（10mV）。

② 若电流采样速率大于 3kHz 则不实时显示，需在实验结束后才显示测试结果。

③ 测量时间 $t_{total}/s=N_t/N_{sin}/f_{ac}$，最小 8192/256/50=0.64（s）；最大 65536/4/0.1= 163840（s）。

④ 电位扫速为系统自动计算：$v=|E_f-E_i|/t_{total}$。

6.8.2 应用示例

$Ru(NH_3)_6^{3+/2+}$ 是一个常用的电化学反应体系。图 6-39 详细地比较了 $Ru(NH_3)_6^{3+/2+}$ 在 GC 电极上的 FT-ACV 高阶谐波谱的实测结果与理论模拟，从中可以看到 1～12 阶谐波谱的变化规律。低阶（1～6）时两者几乎一致，但高阶（7～12）时的边缘效应明显变大。

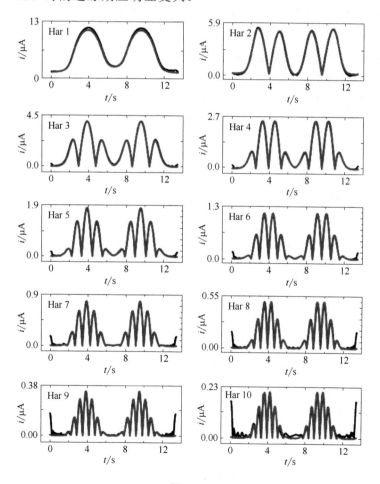

图 6-39

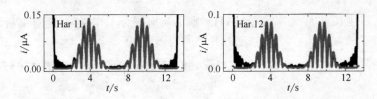

图 6-39　$Ru(NH_3)_6^{3+/2+}$ 在 GC 电极上的 FT-ACV 高阶（1～12）谐波谱（引自文献[64]）

实测（黑）；拟合（灰）；溶液 1mol/L KCl；v=90mV/s；ΔE=160mV；f=9.98Hz；

A=0.785mm^2；R_Ω=30Ω；α=0.5；D=6.8×10^{-6}cm^2/s

6.9
方法 31*——积分脉冲安培法

积分脉冲安培法（integrated pulse amperometry，IPA）是一种组合测试方法，包括了：1 恒电位（开始）→2 正向扫描→3 返向扫描→4 恒电位（保持）→5 电位阶跃（氧化）→6 电位阶跃（还原）等 6 个测试步骤及其循环，如图 6-40 所示。结果显示电位扫描及其前后 10ms 期间的积分电流。采用 IPA 检测器的离子色谱具有灵敏度高和操作简单的特点，适用于氨基酸的分析检测。

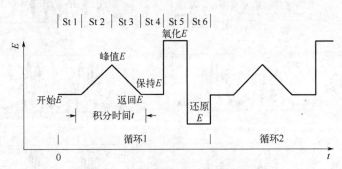

图 6-40　IPA 的电位激励波形

积分脉冲安培法的常见测试界面如图 6-41 所示。

测试界面中的参数设置范围如下：

- 开始电位 E_1/V：−3.276～+3.276；
- 保持时间 t_1/s：0.05（50m）～1（最后 10ms 积分电流）；
- 正扫电位 E_2/V：−3.276～+3.276；
- 正扫时间 t_2/s：0.15（150m）～1（继续积分电流）；

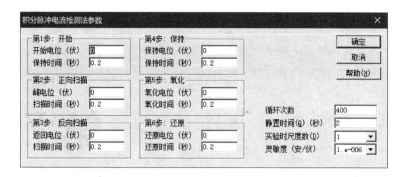

图 6-41　IPA 的常见测试界面

- 反扫电位 E_3/V：$-3.276 \sim +3.276$；
- 反扫时间 t_3/s：0.15（150m）$\sim$ 1（继续积分电流）；
- 保持电位 E_4/V：$-3.276 \sim +3.276$；
- 保持时间 t_4/s：0.05（50m）$\sim$ 1（开始 10ms 积分电流）；
- 氧化电位 E_5/V：$-3.276 \sim +3.276$；
- 氧化时间 t_5/s：0.05（50m）$\sim$ 1（处理电极）；
- 还原电位 E_6/V：$-3.276 \sim +3.276$；
- 还原时间 t_6/s：0.05（50m）$\sim$ 1（处理电极）；
- 循环次数 N_{cyc}：$5 \sim 65535$（分 6 步）；
- 测试中 Y 轴（电流）显示方式：1、2、3；
- 静置（等待）时间 t_0/s：$0 \sim 100000$（100k）；
- 电流量程-灵敏度 IV/（A/V）：10^{-12}（1p）~ 0.1。

有关说明：

① 运行中每步结束前 10ms 进行电流采样。

② 测试中 Y 轴（电流）显示方式：1=自动满量程 FS；2=FS/100、FS/10；3=FS/100、FS/10、FS/1。

第 7 章
交流阻抗法

在电化学工作站中，交流阻抗法一般包含三种具体方法：①阻抗-频率扫描法，简称阻抗-频率法；②阻抗-电位扫描法，简称阻抗-电位法；③阻抗-时间扫描法，简称阻抗-时间法。

7.1
方法 32——阻抗-频率法

阻抗-频率法（impedance frequency，IMPF）即常规的交流阻抗法，是在给定频率和电位（恒电位模式）或电流（恒电流模式）下，采集响应信号并通过数据处理得到阻抗和相位或阻抗的实部和虚部，然后扫描频率 f 重复测试可以得到 Nyquist 复数平面图或 Bode 图等多种图形表示。

恒电位模式下的电位波形与电流响应如图 7-1 所示。

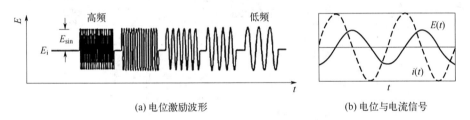

(a) 电位激励波形　　　　　　　　(b) 电位与电流信号

图 7-1　IMPF 的电位与电流波形

7.1.1　常见测试界面及参数设置

阻抗-频率法的常见测试界面如图 7-2 所示。

测试界面中的参数设置范围如下：

（1）主参数

- 初始极化电位 E_0/V：$-10 \sim +10$；
- 最大频率 f_{max}/Hz：0.001（1m）$\sim$ 1000000（1M）；
- 最小频率 f_{min}/Hz：：0.00001（10μ）$\sim$ 10000（10k）；
- 交流幅值 V_{sin}/V：0.001（1m）$\sim$ 0.4（400m）；
- 静置时间 t_0/s：0 $\sim$ 100000（100k）。

（2）测量时间/周数和点数

- 0.1 $\sim$ 1Hz：时间/周数=1 $\sim$ 4096；点数=12，6，4，3，2，1；
- 0.01 $\sim$ 0.1Hz：时间/周数=1 $\sim$ 4096；点数=12，6，4，3，2，1；

- 0.001～0.01Hz：时间/周数=1～256；点数=12，6，4，3，2，1；
- 0.0001～0.001Hz：时间/周数=1～16；点数=12，6，4，3，2，1。

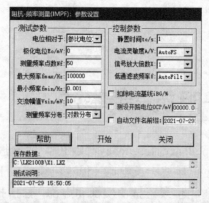

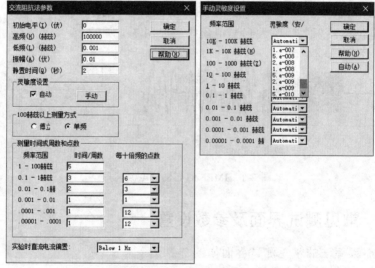

图 7-2　IMPF 的常见测试界面

（3）选项

- 灵敏度设置：自动/手动；
- ＞100Hz 测量方式：傅里叶变换（FT）法/单频法；
- 直流电流偏置：常关 Off；＜100Hz 开；＜1Hz 开；＜0.01Hz 开；常开 On；
- 电流量程-灵敏度 IV/（A/V）：自动 Auto；手动 5×10^{-10}（50p）～0.1（各十倍频选择相同，但独立设置）。

有关说明：

① 初始电位 E_0 是恒定的直流电位，可设置为开路电位、阴极极化电位、

阳极极化电位。在腐蚀中，初始电位常常设置为电化学体系的开路电位（待测体系的开路电位稳定后）。

② 频率上下限的设置范围应根据电化学仪器的性能和测试体系的情况而定。一般设置范围为 $10^{-2} \sim 10^5$ Hz，并从高到低进行扫描。

③ 交流信号幅值范围一般为 $5 \sim 20$ mV。为保证电化学待测体系的线性响应，交流信号振幅应足够小，如 5mV 或 10mV 左右。若待测体系电阻大（如有机涂层），则需增大交流信号幅值，如 20mV。

④ 静置时间是指频率扫描之前的时间。

⑤ 在 100Hz 以上，同时检测电流和电位信号，每数量级频率有 12 个频率点分别测量；傅里叶变换（FT）法每次测量一个数量级 10 个频率范围；在 100Hz 以下，仅检测电流信号，此时假定施加的电位信号没有相位偏移。

⑥ 灵敏度范围设置默认是自动的。一般采用自动设置，在测试过程中，工作站通过预测电流大小判断正确的灵敏度范围。在有些情况下，手动设置可得到更好的测量结果，此时需在每个频率数量级范围内设置。

⑦ 累加周数越多，信噪比越好，测量时间也越长。在 1Hz 以下周数一般不超过 2。

⑧ 当直流电流较大且交流电流太小时，电流灵敏度不能设置太高，否则（直流）电流会溢出。此时设置直流电流偏置，通过加法器抵消掉大部分直流信号，可以提高电流测量灵敏度。

⑨ 阻抗的具体显示形式可在菜单-图像-数据或菜单-查看中选择（见图 7-3）。

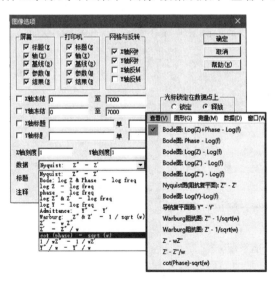

图 7-3 阻抗的显示方式

7.1.2　交流阻抗测量中的注意事项

（1）屏蔽问题

以前采用电桥法测量交流阻抗时，需要把整套装置，甚至操作者都放在一个金属网屏蔽的空间中。尽管现在采用电化学工作站测量阻抗很容易，但要得到正确的实验结果，仍需采取屏蔽措施，特别是在测量大电阻（即小电流）时更应减小干扰。

主要屏蔽方法：①电化学工作站主机接地；②利用配套的法拉第屏蔽箱；③简易办法是把装配好的电解池整体放入金属盒或金属网中。

（2）电极接线的影响

采用电化学工作站测量阻抗时，除了正确安放电解池及其电极外，电极接线的影响也需关注。如图 7-4、图 7-5 所示，电极线的长度与绞连方式都有比较大的影响，常用的 CE-RE & WE-SE 绞连组合并不是最好的。有的厂家甚至有专用的电极线 LowZ。

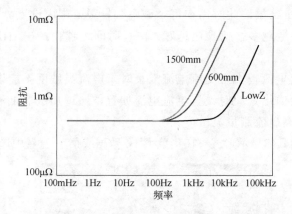

图 7-4　电极线长度对电化学工作站频响的影响（100mA）

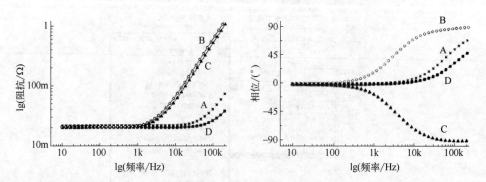

图 7-5　电极线的不同绞连方式对 20mΩ电阻的阻抗 Bode 图的影响（引自文献[67]）

A—任意摆放；B—CE-RE & WE-SE；C—CE-SE & WE-RE；D—CE-WE & RE-SE

（3）阻抗测试中的交流波形

在阻抗测试过程中，若能实时观察电位/电流的交流波形，则有助于我们预判测试结果的好坏。部分电化学工作站提供了相应的"软件示波器"功能，如图7-6～图7-8所示。其中后两个图还同时显示了相应交流波形经FFT变换得到的频谱。图7-7中交流信号波形比较干净，但图7-8中交流信号波形不好，虽经多次数据累加，但仍包含了多个频率的交流信号。

图 7-6　LK 系列电化学工作站阻抗测试中的电流/电位交流信号波形

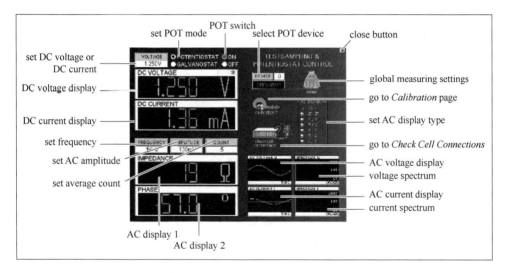

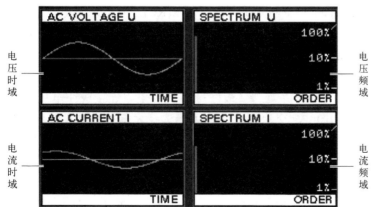

图 7-7　Zahner IM6ex 系列电化学工作站阻抗测试中的
电流/电位交流信号波形（引自文献[68]）

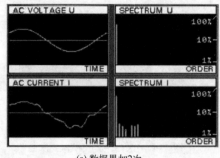
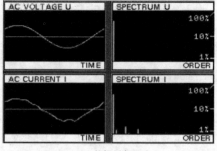

(a) 数据累加2次　　　　　　　　　　　　(b) 数据累加10次

图 7-8　数据累加对交流信号波形的改善

7.1.3　应用示例

（1）检验仪器和测试电化学工作站的频响特性

IMPF 法不仅可以检验仪器是否能够正常工作，更是检测电化学工作站频率响应特性的好方法。具体操作方法有多种：

① 利用纯电阻的阻抗特性。最简单的方法是用 1kΩ 电阻接成 2 电极体系（最好用两个 1kΩ 的电阻串联接成 3 电极体系），设置初始极化电位 0V 和交流幅值 10mV，尽可能选择大范围频率进行阻抗测定（若 $10^{-2} \sim 10^6$Hz 则可在数分钟内完成）。正常的测试结果应该是阻抗 Nyquist 图中只在实轴 Z'=1kΩ 附近分布有测量点；或 Bode 图中可见阻抗 $Z \approx$1kΩ 和相位 $\phi \approx 0°$的两条平行于频率轴 f 的直线，参见图 7-9、图 7-10。否则就是仪器有问题或频响特性差。

② 利用复合元件 R(RC)的阻抗特性。R(RC)等效电路是电化学三电极体系的最常用模型（也称为 Randles 模型），其阻抗 Nyquist 图如图 7-11 所示。其中，R_r 是电化学反应电阻即电荷转移电阻 R_{ct}；C_d 代表双电层电容；R_s 为溶液电阻。此法的最简单的操作是用两个 1kΩ 电阻和 1 个 2μF 电容组成串-并联电路 R_s(RC)，按 2 电极体系连接（最好另加 1kΩ 电阻连接成 3 电极体系），设置 0V 极化电位和 10mV 交流幅值，尽可能选择大范围频率进行阻抗测定（若 $10^{-2} \sim 10^6$Hz 则可在数分钟内完成）。正常的测试结果应该是阻抗 Nyquist 图为半圆，且与实轴 Z' 相交处有：高频端 $Z' \approx R_s$=1kΩ、低频端 $Z' \approx R_s+R$=2kΩ；或 Bode 图中可见阻抗 Z=1、2kΩ 两个平台以及相位极值在 f=100～1000Hz 范围，因为时间常数 τ_{RC}=RC=1kΩ×2μF=2ms，对应频率 500Hz，详见表 1-5。否则就是仪器有问题或频响特性差。

交流阻抗测定受到许多因素的影响，以上方法采用已知体系检测电化学工作站，能够从整体上反映出仪器的综合性能。所以，此法也可以用来观察阻抗测量参数或条件对测量结果的影响，特别是初始电位 E_0、交流幅值 E_{sin}、灵敏度选择、直流电流偏置设置、低通滤波选择等参数的影响很大，具体可逐一修改参数并仔细对比前后测量结果的异同。

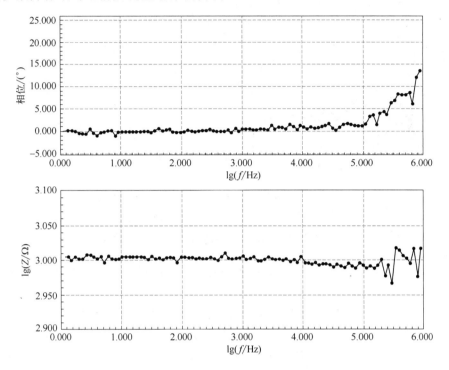

图 7-9　电化学工作站的频响特性

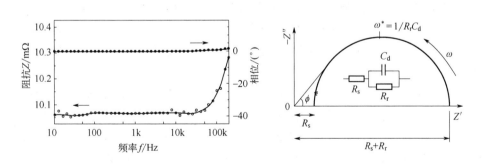

图 7-10　同轴电缆 10mΩ 电阻的 Bode 图　图 7-11　R(RC)等效电路及其阻抗 Nyquist 图

　　总之，要获得高质量的阻抗测量结果，测试前用标准体系检测电化学工作站是一个很关键的操作步骤。

（2）铝合金涂层的阻抗特性

覆盖有环氧聚酯粉末涂层的铝合金在 3% NaCl 溶液中浸泡不同时间的腐蚀行为及等效电路如图 7-12 所示，显然涂层具有很高的欧姆阻抗。

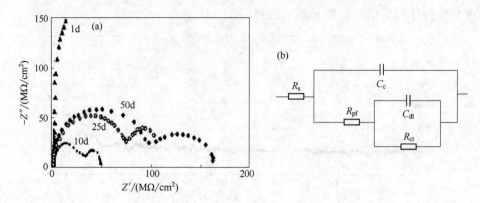

图 7-12　铝合金涂层在 3% NaCl 溶液中腐蚀过程的阻抗 Nyquist 图（a）

及其等效电路（b）（引自文献[69]）

R_s—溶液电阻；R_{ct}—电荷转移电阻；C_{dl}—双电层电容；C_c—涂层电容；R_{pf}—涂层电阻

① 浸泡 1d。阻抗具有明显的容抗特征，高阻抗 $10^9 \Omega/cm^2$ 应来自聚合物薄膜。

② 浸泡 10d。Nyquist 图表现有两个半圆，即两个时间常数。在高频区半圆直径变小，说明涂层阻抗降低。这可能是水的渗透和离子化合物的穿透，在不同深度的涂层中建立了导电通道，提高了涂层的电导率。第二个半圆出现在低频区，说明在涂层和金属表面之间的界面上发生了电化学反应。在此阶段表现为完全渗透，且电解质相已达金属/氧化物界面，腐蚀电池被激活。

③ 浸泡 25d。涂层中阻挡层进一步变小，但第二个半圆直径也降低，说明腐蚀速率提高，可能与涂层中孔洞的扩展或基体金属与孔洞/缺陷接触面积的增加有关。

④ 浸泡 50d。随着浸泡时间继续，涂层阻抗继续降低，即腐蚀速率加快。

等效电路拟合结果表明，涂层电容 C_c 在浸泡过程中的变化是：先升高→恒定→再升高，说明浸泡初期有水的渗透，然后水的渗透达到饱和状态，最后可能是水在涂层与基体之间开始聚集；双电层电容 C_{dl} 与基体/电解质接触的面积有关，在浸泡过程中不断增大，这是由涂层附着力下降造成的；反应电阻 R_{ct} 与腐蚀速率成反比，变化是：缓慢下降→急剧下降→升高→降低，呈下降与升高的波动性变化。R_{ct} 的下降可能与涂层中新孔洞的形成或原孔/缺陷面积的增加有关；但 R_{ct} 的升高则可能是孔洞被腐蚀产物所堵塞；后期 R_{ct} 降低和双电层电容增大说明腐蚀加剧导致涂层下腐蚀面积增大。

（3）镁合金阳极氧化膜的阻抗特性

镁合金 AZ91D 阳极氧化膜在 3.5%NaCl 溶液中腐蚀过程的阻抗 Nyquist 图如图 7-13 所示。可以看出：在浸泡初期（0～10h），EIS 有 2 个容抗弧分布在高频和低频区；在浸泡中期（10～21h），除原有的容抗弧外，在高频部分又显示出另一小容抗弧，说明氧化膜的腐蚀进入诱导期；在浸泡后期（＞29h），与电极表面有多个孔蚀的 EIS 相似，说明氧化膜已经穿孔，诱导期结束，进入孔蚀发展期。高频区显示氧化膜多孔层的特性，低频区则为阻挡层的特征。因此，两个容抗弧对应于氧化膜中多孔层和阻挡层的阻抗行为。

用图 7-13 中的等效电路［（e）、（f）］分别对阳极氧化膜层在孔蚀诱导期

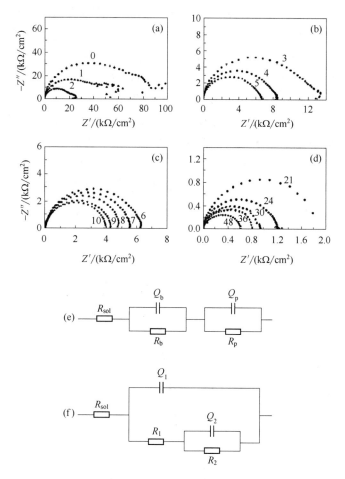

图 7-13　AZ91D 阳极氧化膜在不同浸泡时间（图中数字表示天数）下的阻抗 Nyquist 图
（a）～（d）及其等效电路（e）、（f）（引自文献[70]）

和发展期的 EIS 进行拟合，结果发现：在孔蚀诱导期，随浸泡时间的延长，溶液电阻 R_{sol} 和多孔层的参数 Y_p 有所增大，多孔层电阻 R_p 和阻挡层电阻 R_b 逐渐减小；在孔蚀发展期，随浸泡时间的延长，R_{sol}、弥散效应指数 n_1 和蚀孔内的反应电阻 R_2 逐渐减小，参数 Y_1 逐渐增大。

（4）金属铁阳极溶解过程的交流阻抗特性

金属铁的阳极钝化及其腐蚀溶解的过程较为复杂，其中涉及自催化过程与中间物种（FeOH）的吸附与转化。图 7-14 是 Fe 在 Na_2SO_4 近中性溶液中的稳态极化曲线及其不同电位下的阻抗 Nyquist 图。

在 Ni、Zn 等非惰性金属中，Fe 电极的交流阻抗具有较好的代表性，从中可以看到一象限感抗弧（见图 7-14 中 A、C、D，参见表 1-5），以及三象限负电阻容抗弧的反向半圆（见图 7-14 中 B、F）。感抗弧常与金属氧化/溶解过程中的中间产物有关；负电阻主要表现在金属钝化曲线中电流的下降阶段，即 $R=\mathrm{d}i/\mathrm{d}E<0$，图 5-8 中 Ni 电极的钝化曲线也有此现象。

从稳态极化曲线可以看到，在电位 -0.75V 以上 Fe 电极将进入钝化过程，-1.05V 左右的肩峰可理解为 Fe 的预钝化。当 pH≤4，则观察不到上述现象。负电阻的反向半圆能够采用包含吸附参数的 CAPI 模型描述，如图 7-15 所示。

（5）锂离子电池正极材料的阻抗特性

锂离子电池在充放电时涉及锂离子在碳负极和过渡金属氧化物正极中的嵌入与脱出。图 7-16 表明尖晶石 $LiMn_2O_4$ 电极首次充放电过程中的 EIS 在 3.75～4.3V 之间随电极极化电位的变化较大。

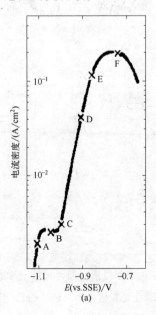

(a)

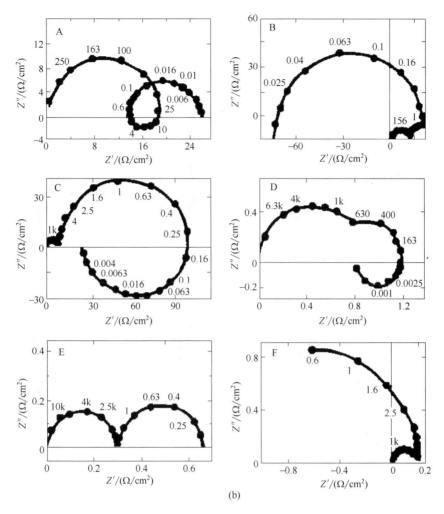

图 7-14 Fe 电极的稳态极化曲线（a）及其不同极化电位下的

阻抗 Nyquist 图（b）（引自文献[71]）

电极 RDE-Fe（ϕ=3mm，1600r/min）；溶液 1 mol/L Na$_2$SO$_4$（pH=5，H$_2$SO$_4$ 调节）；温度 25℃

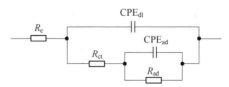

图 7-15 包含吸附过程的 CAPI 模型等效电路

R_e—溶液电阻；R_{ct}—电荷转移电阻；CPE$_{dl}$—双电层电容；

CPE$_{ad}$—吸附层电容；R_{ad}—吸附层电阻

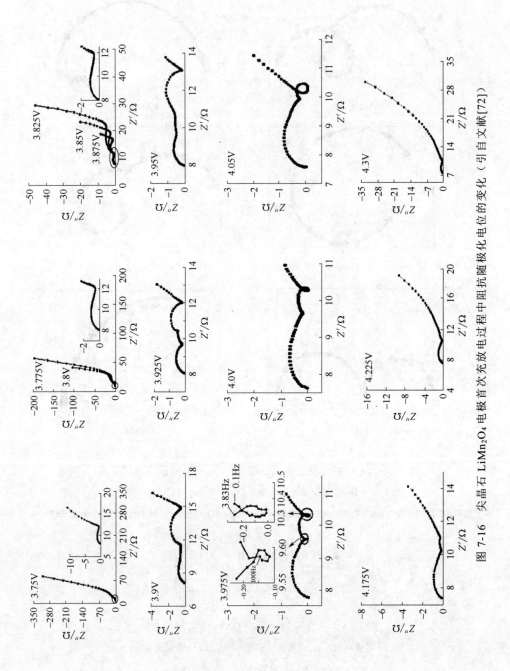

图 7-16 尖晶石 LiMn₂O₄ 电极首次充放电过程中阻抗随极化电位的变化（引自文献[72]）

EIS 高频区的拉长压扁的半圆是由两个半圆相互重叠形成的，可分别归属于锂离子通过 SEI 膜迁移和尖晶石 $LiMn_2O_4$ 电子电导率相关的半圆，其 EIS 等效电路 [图 7-17（a）] 拟合表明，3.75～3.95V 之间的 SEI 膜阻抗 R_{SEI} 迅速增大，可能是锂离子嵌入过程中，尖晶石材料颗粒体积膨胀，致其破碎造成的；电子传输电阻 R_e 在充电过程中随着电极极化电位的升高而减小，则显示载流子跃迁距离的减小是导致锂离子脱出过程中电子电导率变化的主要原因，但电子电导率的影响要比载流子量的减小对电子电导率的影响更小。据此可以了解 $LiMn_2O_4/Li_{1-x}Mn_2O_4$ 和 $Li_{0.5}Mn_2O_4/Li_{0.5-x}Mn_2O_4$ 的嵌锂机制，详见图 7-17（b）。

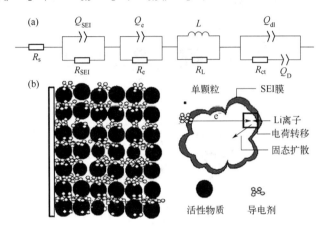

图 7-17　尖晶石 $LiMn_2O_4$ 电极首次充放电过程中的阻抗等效电路（a）与嵌锂模型示意图（b）

R_s—欧姆电阻；R_{SEI}—SEI 膜电阻；R_e—电子传输电阻；R_{ct}—电荷转移电阻；L、R_L—电感及其电阻；Q_{SEI}、Q_e、Q_{dl}、Q_D—SEI 膜电容 C_{SEI}、电子电阻相关电容 C_e、双电层电容 C_{dl} 等对应的恒相元 CPE

（6）毛细管的交流阻抗特性

毛细管电泳色谱中电容耦合非接触电导检测器 C^4D 的检测原理主要是根据毛细管的交流阻抗特性。C^4D 检测池的电极 [图 7-18（a）插图] 是两个相距 d 的细管轴向套在毛细管上，多由不锈钢注射器针头制成，特点是加工容易、适应性广。图 7-18 说明 d 对 C^4D 检测头 EIS 有明显的影响。在 Nyquist 复平面图中，高频区 $10^3 \sim 10^6$Hz 有一个容抗弧，低频区有一条倾斜的直线，这是 Warburg 阻抗特征，来自石英玻璃毛细管壁的容抗；在 Bode 图中，中频区 $1 \sim 10^3$ Hz 有一个平台，这是石英玻璃毛细管壁及其中溶液的阻抗特征，且随 d 增大而变大。其结果对于改进和提高 C^4D 检测性能具有较好的参考价值。

（7）阻抗法测定固相中离子扩散系数及其比较

1）Warburg 阻抗法测定扩散系数

在电极过程中，由扩散引起的浓差极化将产生 Warburg 阻抗 Z_W。对平面电极的半无限扩散阻抗模型，可以推导出：

$$Z_W=(1-j)\sigma/\omega^{1/2} \qquad \sigma=V_m(dE/dx)nFA(2D)^{1/2} \qquad Z_W=\sigma/\omega^{1/2}$$

式中，V_m 为活性物质的摩尔体积；dE/dx 是开路电位对电极中 Li^+ 浓度曲线上某浓度处的斜率；n 是电子转移数；F 是法拉第常数；A 是电极面积；D 是表观扩散系数。显然通过直线关系（Z_W-$1/\omega^{1/2}$）的斜率可以得到 Warburg 阻抗系数 σ，进而计算出 D。测定过程的相关图形如图 7-19 所示，其中电极活性物质涂层较薄（30μm），采用了电极几何表面进行计算。显然锂离子在电化学活性正极材料 $LiFePO_4$ 中的化学扩散系数的变化范围介于 $10^{-16}\sim10^{-13}$cm^2/s 之间。

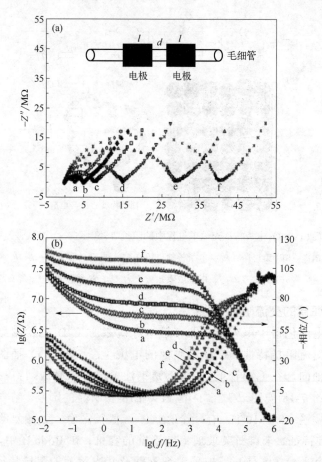

图 7-18　毛细管（ϕ=50μm）交流阻抗 Nyquist 图（a）和 Bode 图
及其随电极间距离 d 的变化（b）（引自文献[73]）

交流幅值 350mV。电极长度 l=4mm。

电极间距离 d：a—1mm；b—1.5mm；c—2mm；d—3mm；e—4mm；f—5mm

在阻抗法测定扩散系数的过程中，首先要求测试频率足够低，即在阻抗 Nyquist 图上能见不同电位（电压）下扩散特征的 Warburg 阻抗 [图 7-19（a）]；其次通过 Z'-$1/\omega^{1/2}$ 的直线关系得到一定嵌锂量时（即一定电压或电位）的 Warburg 系数 σ [图 7-19（b）]；由库仑滴定曲线 [图 7-19（c）] 确定 dE/dx，最后才能根据上述 σ 公式计算出活性材料的扩散系数 [图 7-19（d）]。

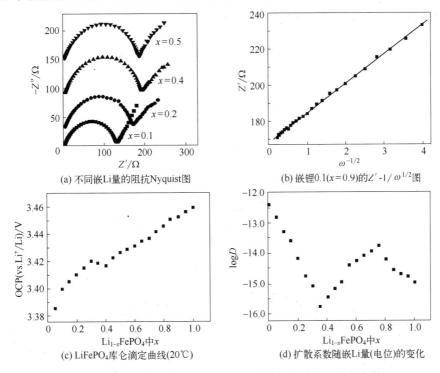

(a) 不同嵌Li量的阻抗Nyquist图

(b) 嵌锂0.1($x=0.9$)的Z'-1/$\omega^{1/2}$图

(c) LiFePO$_4$库仑滴定曲线(20℃)

(d) 扩散系数随嵌Li量(电位)的变化

图 7-19　阻抗法测定正极材料 Li$_{1-x}$FePO$_4$ 的 Li$^+$扩散系数（引自文献[74]）

2）固相中离子扩散系数三种测定法的比较

至此，已经分别介绍了测定电化学体系固相中离子扩散系数的三种常见方法 PITT、GITT、EIS。对锂离子电池正极材料 NCM65（Li$_{1-x}$Ni$_{0.65}$Co$_{0.15}$Mn$_{0.2}$O$_4$）、正极材料 Li$_{1-x}$Mn$_2$O$_4$、负极材料石墨，不同的测定方法因为原理不同而结果有异，如图 7-20 所示。从图中可以看出：

① GITT 和 PITT 是通过电化学过程动力学关系来测定离子的扩散系数 D；PITT 由系列"脉冲+恒电位"组成，通过电流对数 ln$i$ 与时间 t 作图的线性关系得到 D；GITT 由系列"脉冲+恒电流"组成，经过 ΔE_s 和 ΔE_t 的数据处理计算 D 。

② 锂离子在正负极中的扩散系数 D 要比在溶液中小得多，不同方法的变化趋势大致类似，大小顺序一般为 PITT＞GITT＞EIS。

③ 总体上看，正极材料 Li$_{1-x}$Ni$_{0.65}$Co$_{0.15}$Mn$_{0.2}$O$_2$ 锂离子扩散系数大于负极材

料石墨；正极材料的D随着充电脱锂增加而逐渐变小，充电后期骤降；负极材料随着充电嵌锂增加，D呈现"减小→增大→再减小→再增大"的"W"形。

④ 不同正极材料的扩散系数（cm²/s）差别较大，一般变化是：

$$LiCoO_2\,(10^{-9}\sim10^{-10})>LiMn_2O_4\,(10^{-11}\sim10^{-13})>LiFePO_4\,(10^{-13}\sim10^{-16})$$

⑤ 电极活性材料在充放电"活化过程"中，活性材料逐渐由单相转变为两相共存，从而产生了不同的扩散系数。

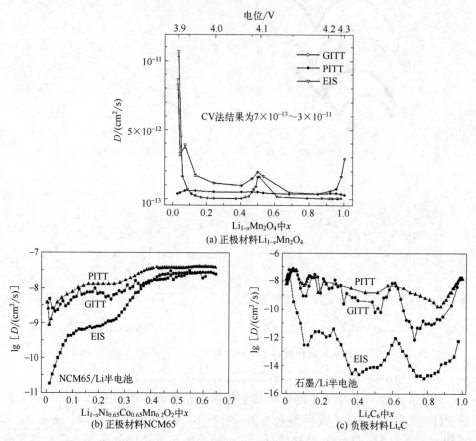

(a) 正极材料$Li_{1-x}Mn_2O_4$

(b) 正极材料NCM65

(c) 负极材料Li_xC

图 7-20　锂离子电池中正负极材料的锂离子扩散系数测定方法的比较（引自文献[75,76]）

　　除上述三种常见方法外，尚有 CV 法、容量间歇滴定法（capacity intermittent titration technique，CITT）、电位阶跃-计时安培法（potential step chrono-amperometry，PSCA）、电流脉冲弛豫法（current pulse relaxation，CPR）和电位弛豫法（potential relaxation technique，PRT）等也能够测定电极薄膜中的离子扩散系数，但因它们的方法原理有别，结果也差异较大。这些方法测定的扩散系数一般称为化学扩散系数（chemical diffusion coefficient），仅为表观扩散系数。

7.2

方法 33——阻抗-电位法

阻抗-电位法（impedance-potenial，IMPE）是测量阻抗随电位变化的方法。阻抗测量过程与 IMPF 单频法类似，直流电位从初始电位按电位增量逐步扫描至终止电位。IMPE 的测量结果有多种显示方式，Mott-Schottky 曲线是主要形式之一，应用广泛。

阻抗-电位法的电位激励波形及其结果显示如图 7-21 所示。

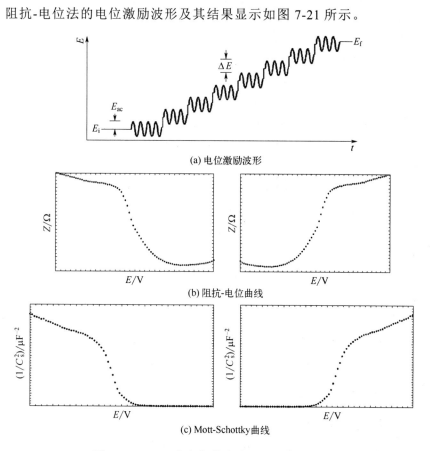

(a) 电位激励波形

(b) 阻抗-电位曲线

(c) Mott-Schottky曲线

图 7-21　IMPE 的电位激励波形及其结果显示

7.2.1　常见测试界面及参数设置

阻抗-电位法的常见测试界面如图 7-22 所示。

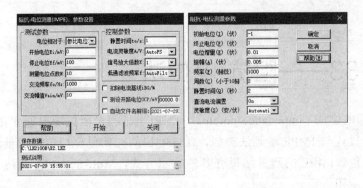

图 7-22　IMPE 的常见测试界面

测试界面中的参数设置范围如下：
- 初始电位 E_i/V：-10～+10；
- 终止电位 E_f/V：-10～+10；
- 电位增量 ΔE/V：0.001（1m）～0.25（250）；
- 交流幅值 V_{sin}/V：0.001（1m）～0.25（250）；
- 交流频率 f_{ac}/Hz：0.0001（100μ）～100000（100k）；
- 累加周数 N_{cyc}（<10Hz）：1～100；
- 静置时间 t_0/s：0～100000（100k）；
- 直流电流偏置：常关 Off；<100Hz 开；<1Hz 开；<0.01Hz 开；常开 On；
- 电流量程-灵敏度 IV/（A/V）：自动 Auto，10^{-9}（1n）～0.1。

有关说明：

① 初始电位和终止电位也就是起扫电位和停扫电位，选择的范围取决于待测体系和研究目的。

② 采样周数越多，信噪比越好，但测量时间也越长。

③ 直流电流偏置与灵敏度范围的选择可参见阻抗-频率法，作用相同。

④ 注意：IMPE 的电位波形与 ACV 很相似，其时间间隔 $\Delta t = N_{cyc}/f_{ac}$。

7.2.2　相关理论基础

（1）半导体/溶液界面模型

一般来说，多数固体化合物电极因具有电子和离子导电性而表现出半导体特征，故其电极/溶液界面可理解为"半导体/溶液"界面。

"半导体/溶液"界面包括三种不同的电荷分布：半导体侧的空间电荷层、界面的紧密双电层（亦称 Helmholtz 层）和液相中的分散层，如图 7-23 所示。当在固/液界面施加电压时，半导体空间电荷层电容 C_{SC}、Helmholtz 层电容 C_H

和分散层电容 C_G 都相应有一定压降，表现出微分电容效应。

根据材料导电性，常把电子电导率在金属电导率（约 $10^2 \sim 10^6$S/cm）和绝缘体电导率（$\leqslant 10^{-10}$S/cm）之间的物质称为半导体。但电子电导率不能作为判断半导体材料的充分依据。半导体中空间电荷层（space charge）是区别电极半导体特性与金属特性的主要标志。空间电荷层是电子从半导体表面迁进/移出而产生的。

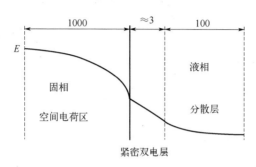

图 7-23　半导体/溶液界面结构示意图

在半导体中存在 4 种电荷：导带中自由电子 n_o、价带中空穴 p_o、带正电荷的施主原子 N_D 和带负电荷的受主原子 N_A。前两种是可移动电荷，后两种则是固定电荷。半导体表面附近存在密度均一的不可动载流子，导带与价带中存在可动载流子的空间电荷层厚度与电压有密切关系。半导体电化学的主要特征是通过外加电压可任意改变半导体空间电荷区的电压，让空间电荷区的电压变化等于外加电压的变化。空间电荷区两侧的电压变化并非永远等于外加电压的变化，因为其他双电层的电压也会变化。电极电位改变引起的变化主要在半导体的空间电荷层。据此，在不同电位范围，可出现三种不同的半导体空间电荷层：耗尽层、富集层、反型层。

耗尽层：适量移出多数载流子形成。表面区缺乏多数载流子，少数载流子不存在，两种可动载流子都是耗尽的。在 N 型半导体与溶液接触时，若固体表层中电子转移到表面附近液相的能级上，则表面形成缺电子区域，空间电荷层主要由固定的施主正电荷构成。空间电荷层电位由体相到表面层逐渐下降，造成表层电子能带向上弯曲，见图 7-24（a）。

富集层：当多数载流子从表面注入半导体，额外的多数载流子充当空间电荷时形成。在 N 型半导体与溶液接触时，若固体表面附近液相中还原剂把电子注入 N 型半导体，则半导体表面出现电子富集层，此时空间电荷区电位在表面向上弯曲，电子能带则向下弯曲，见图 7-24（b）。

反型层：当大量移出多数载流子，多数载流子能带（表面附近的杂质）须尽可能弯曲才能供给全部所需载流子时形成。此时，载流子不得不来自少数载流子能带。在 N 型半导体与溶液接触时，多数载流子（电子）不仅从导带取得，尚有部分从价带取得（即空穴注入）。反型的意思是 N 型半导体表面实际上已转变为 P 型，见图 7-24（c）。

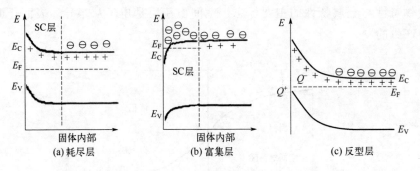

图 7-24　N 型半导体表面空间电荷层类型

当半导体电极的表面层中不带有剩余电荷，则其中电子能带不随空间位置变化而表现为平带，此时电极电位称为平带电位 E_{FB}。

（2）Mott-Schottky 公式

半导体/溶液界面的电位差：

$$\Delta E = \Delta E_H + \Delta E_{sc}$$

式中，ΔE_H 为 Helmholtz 层电位差；ΔE_{sc} 为空间电荷层电位差。半导体电极的净电荷分布在空间电荷层，当界面没有表面态，也无电解质组分的特性吸附，则半导体/溶液界面电容 C 由空间电荷层电容 C_{sc} 和 Helmholtz 双电层电容 C_H 串联而成，而 C_H 则由紧密层（Helmholtz 内层）电容 C_{IH} 和分散层（Helmholtz 外层）电容 C_{OH} 串联而成。

测量微分电容是反映界面电荷随电位变化的灵敏方法。界面微分电容可近似等效于固体表面空间电荷层的电容：

$$1/C = 1/C_{sc} + 1/C_{IP} + 1/C_{OP} \approx 1/C_{sc}$$

当 $C_{sc} \ll C_{IP}$，则半导体/溶液界面上电荷分布可通过电容测试得到。当半导体表面层出现耗尽层时，界面电容随电极电位的变化关系称为 Mott-Schottky 公式。

N 型半导体：

$$\frac{1}{C^2} \approx \frac{1}{C_{sc}^2} = \frac{2}{\varepsilon_{sc}\varepsilon_0 e N_D A^2}\left(\Delta E_{sc} - \frac{kT}{e}\right) = \frac{2}{\varepsilon_{sc}\varepsilon_0 e N_D A^2}\left(E - E_{FB} - \frac{kT}{e}\right)$$

P 型半导体：

$$\frac{1}{C^2} \approx \frac{1}{C_{sc}^2} = \frac{-2}{\varepsilon_{sc}\varepsilon_0 e N_A A^2}\left(E - E_{FB} + \frac{kT}{e}\right)$$

式中，A 为电极面积；ε_0 为真空介电常数；ε_{sc} 为氧化膜的相对介电常数；N_D 和 N_A 分别为施主浓度和受主浓度；E 为施加电压；E_{FB} 为平带电位；k 为玻尔兹曼常数；T 为热力学温度；e 为电子电荷。常温下 kT/e 约 25mV，可略去。

显然 $1/C^2$ 与电极电位 E 之间有简单的线性关系。因此，根据实验测得的 $1/C^2$-E 曲线（常称为 M-S 曲线），可从其斜率及截距求出半导体的掺杂浓度 N_D 和平带电位 E_{FB}。

对 N 型半导体，$\Delta E_{sc} < 0$ 时处于富集层，电容与电位有如下关系：

$$C_{sc}^2 = \frac{\varepsilon\varepsilon_0 e^2 N_D A^2}{2kT}\exp\left(-\frac{e\Delta E_{sc}}{kT}\right)$$

在反型层，$\Delta E_{sc} \gg 0$，则有：

$$C_{sc}^2 = \frac{\varepsilon\varepsilon_0 e^2 N_A A^2}{2kT}\exp\left(-\frac{e\Delta E_{sc}}{kT}\right)$$

P 型半导体空间电荷电容与电极电位的关系与 N 型相反。

（3）双极性电极的 Mott-Schottky 分析方法

对双极性结构的电极，钝化膜有两个空间电荷层：一个在钝化膜/溶液界面；一个在内层/外层膜界面。当内层表现为 N 型半导体、外层表现为 P 型半导体时，钝化膜的能带结构如图 7-25（a）所示，C_{sc}-E 曲线如图 7-25（c）所示。总的空间电荷层电容 C_{sc} 满足 $1/C_{sc} = 1/C_p + 1/C_{np}$，其中 C_p 和 C_{np} 分别是外层 P 型半导体和 NP 结电容。

从图 7-25（c）可见，在 Mott-Schottky 图中有两段直的线性区，主要由 C_p 和 C_{np} 的相互叠加形成。负斜率直线区是 C_p、正斜率直线区是 C_n。当钝化膜内层表现为 P 型半导体和外层表现为 N 型半导体时，能带结构和 C_{sc}-E 曲线则如图 7-25（b）、（d）所示。

（4）关于动电位阻抗谱

动电位阻抗谱（potentiodynamic electrochemical impedance spectroscopy，PDEIS）是在电位扫描状态下测得的电化学阻抗谱，并以三维图形显示出来，如图 7-26、图 7-27 所示。

其中理论模拟的 Warburg 常数为：

$$A(E) = \frac{4RT}{n^2 F^2 A c_{Ox}\sqrt{2D_{Ox}}}\cosh^2\left[\frac{nF}{2RT}(E - E_{1/2})\right]$$

显然 PDEIS 比 IMPE 测试结果更能够反映并表现出电化学体系的阻抗变

换规律，但 PDEIS 的频率范围有限（5Hz～3kHz），原则上只能采用较慢的电位扫速（1～5mV/s），以便扫描过程中能够完全处理 20～30 个频率点。

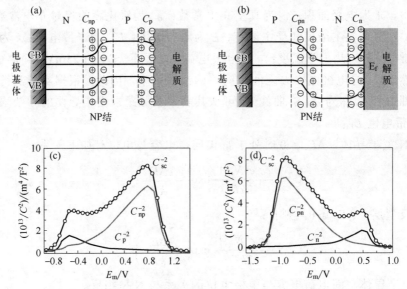

图 7-25　双极性电极钝化膜的能带结构与电容分布（引自文献[77]）

（a）、（c）内层 N 型和外层 P 型半导体；（b）、（d）内层 P 型和外层 N 型半导体

7.2.3　应用示例

（1）检验仪器

最简单的方法是用 1kΩ 电阻接成 2 电极体系（最好用两个 1kΩ 的电阻串联接成 3 电极体系），设置交流幅值 10mV，频率为 1～1000Hz 中任意数值（其他值也可以，但此范围内一般电化学工作站的频响特性都较好，且测量时间也快），从初始电位-1V 扫描到+1V，电位增量可 10mV 左右，这样可在几分钟内完成测量。此时观察到的阻抗 Bode 图中，阻抗及其实部 $Z(Z')\approx1k\Omega$ 和相位 $\varphi\approx0°$ 且不随电位变化。否则，可能就是仪器不正常或有问题。

采用 RC 串联电路则稍微复杂，具体涉及频率的选择或阻抗、相位的计算。

（2）铝阳极氧化膜的半导体特性

图 7-28 是不同方法封闭后的工业纯铝 L2 阳极氧化膜 Mott-Schottky（简称 M-S）曲线（频率 f=1kHz）。从中可以看出，不同方法封闭前后的曲线形状基本一致，并表现出 N 型半导体特征。

但铝阳极氧化膜封闭前后电容有很大变化。未封闭的电容为 1μF，沸水封闭后电容降为 1nF，重铬酸钾封闭后电容则为 10nF。若把阳极氧化膜看作平

板电容即 $C=\varepsilon_0\varepsilon A/d$，因未封闭多孔层有大量孔洞，表观厚度不能代表多孔层有效厚度，但封闭的多孔层则有效厚度增大，电容降低多。

（3）不锈钢钝化膜的半导体特性

图 7-29 是不锈钢 SS304 在 0.5mol/L Na$_2$SO$_4$ 溶液中钝化电极的电容随电极电位变化及其转换后的 M-S 曲线（频率 f=1kHz）。从曲线形状看，膜层表面空间电荷电容在设定的电极电位范围内变化很大。向阳极方向扫描时，电极表面从富集层经过耗尽层发展到反型层，最后进入深度耗尽层。据此可分四个区：在 Ⅰ 区（-0.5～-0.1V），膜层表现为富集层，膜层表面的可动载流子与溶液中离子之间的距离很小，富集层电容很大。

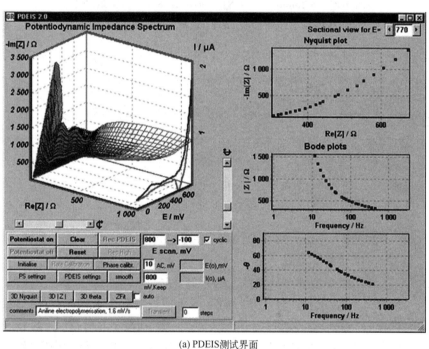

(a) PDEIS测试界面

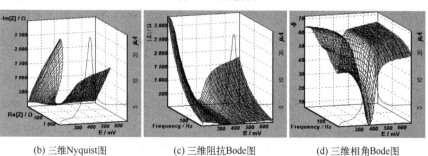

(b) 三维Nyquist图　　(c) 三维阻抗Bode图　　(d) 三维相角Bode图

图 7-26　PDEIS 测试界面及其 Au 电极上纳米 Ag 的不同三维显示（引自文献[78]）

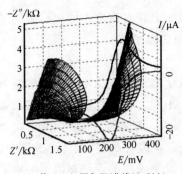
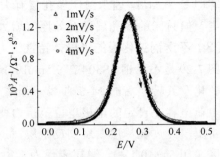

(a) 三维Nyquist图和CV曲线(4mV/s)　　　(b) Warburg常数曲线的实测(空心)与模拟(实线)

图 7-27　5.2mmol/L $Fe(CN)_6^{3-/4-}$ 的 PDEIS（引自文献[79]）

电极 GC；电解液 1mol/L KCl；频率范围 20～351Hz

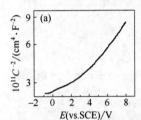
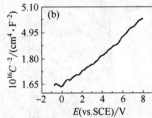
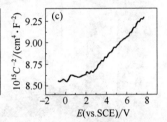

图 7-28　不同方法封闭后的铝阳极氧化膜的 M-S 曲线（引自文献[80]）

（a）未封闭；（b）沸水封闭；（c）重铬酸盐封闭

从图 7-29（b）看出，M-S 曲线表现为小段负斜率直线，呈 P 型半导体特征。当电极电位正移到 Ⅱ 区（-0.1～0.4V），膜层表现为耗尽层。这是由于膜层中多数载流子能带中的可动载流子与溶液中离子之间的距离增大，使得电容减小，在 M-S 曲线中呈线性关系，斜率为正，说明膜层表面在此电位范围呈现出 N 型半导体特征。在Ⅲ区（0.4～0.9V），膜层表现为反型层，即由 N 型转变为 P 型，在 M-S 曲线中直线斜率为负。随着电极电位继续向阳极方向移动，膜层进入过钝化区的深度耗尽层Ⅳ区（0.9～1.1V），电容急剧减小，斜率表现出 N 型半导体特征；但膜层会发生氧化性溶解，所谓的少数载流子会消耗在表面反应中而不会积聚在表面，表面的平衡状态遭到破坏。

当电极电位回扫时，膜层表面遭到破坏，表面处于恢复状态，电容较小，直到耗尽层电位区间才表现出与原来接近的性质；但回扫时平带电位发生正移，且 M-S 直线斜率增加，表明杂质施主密度减小。这可归结为高电位下的氧化，即膜层表面较低价金属氧化物或氢氧化物被氧化为高价产物所致。

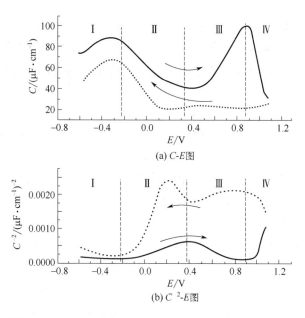

(a) C-E图

(b) C⁻²-E图

图 7-29   不锈钢钝化膜的电容曲线（引自文献[81]）

（4）铜钝化膜的半导体特性

铜表面钝化膜也常表现出半导体特性。30℃时，1mmol/L K₂CrO₄ 溶液中在-0.5V、-0.2V、0.2V 等不同电位下分别极化 2h，则可在铜基体上形成不同的钝化膜，其 M-S 曲线（频率 f=1kHz）如图 7-30 所示。随着扫描电位的变化，空间电荷电容 C 变化很大，M-S 曲线的斜率也随着极化电位而发生改变，因为铜氧化物的状态会随着扫描电位范围而改变。

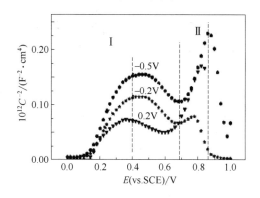

图 7-30   铜表面钝化膜的 M-S 曲线（引自文献[82]）

根据曲线斜率，钝化膜的 M-S 曲线可分为 I 区和 II 区，斜率都是正，说明钝化膜为 N 型半导体。在 I 区中，电容响应受 Cu(I)氧化物的结构控制，

Cu(Ⅱ)氧化物空间电荷区处于耗尽状态，Cu(Ⅰ)氧化物的空间电荷区作为导体处于富集状态；在Ⅱ区中则相反。同时还可看到，沉积电位对钝化膜电容响应影响较大。沉积电位提高，载流子密度和平带电位均降低，因为耗尽层厚度和膜厚都减小了。

（5）镍钝化过程中的阻抗参数变化

采用 IMPE 方法可以从阻抗参数的变化关系了解镍电极的钝化过程，如图 7-31 所示。由于电位扫速很慢（0.28mV/s～1V/h），故其测量过程完全可以看作稳态方法。在阻抗测量中采用了增加锁相放大器的交流（2.5mV）电桥法，可调阻抗为并联电路(R_pC_p)，所得参数 G_p 实际上是导纳 Y_p。参数 R_p 和 C_p 与三电极典型等效电路 $R_s(R_rC_d)$ 的关系为：

$$R_p=[(R_s+R_r)^2+R_s^2(\omega R_r C_d)^2]/[R_s+R_r+R_s(\omega R_r C_d)^2]=1/G_p$$

$$\omega C_p=\omega R_r^2 C_d/[(R_s+R_r)^2+R_s^2(\omega R_r C_d)^2]$$

显然极化过程中的 Tafel 曲线（$\lg i$-E）与图 5-8 中 LSV 曲线大致相似；电容曲线（C_p-E）和导纳曲线（G_p-E）也呈现出 Tafel 曲线相似的分布趋势，但部分细节更清晰。在钝化位区间，极化电流 i、与双电层电容 C_d 相关的并联电容 C_p、反应阻抗的导纳 G_p 都很小。

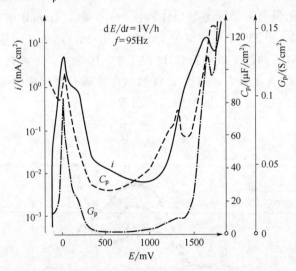

图 7-31　Ni 电极在 0.5mol/L H_2SO_4 中的极化曲线

及其阻抗参数曲线（引自文献[83]）

（6）金电极吸脱附阴离子 Cl^- 的阻抗分析

溶液中的氯离子 Cl^- 容易在金属表面产生特性吸附/脱附，并且可采用探针离子（如 $Fe(CN)_6^{3-/4-}$ 等）进行检测。图 7-32 是 Au 电极吸脱附 Cl^- 的极化曲线及其同时测定的阻抗参数曲线。阻抗测定采用 FT-EIS 方法，交流信号有效幅值 2.5mV，在频率范围（0.1～40kHz）由 190 个正弦波组成。等效电路是根据实测阻抗 Nyquist 图拟合后得到的，具体包括双电层电容 C_d、反应电阻 R_r 和电容 C_r，吸附电阻 R_a、电容 C_a、扩散阻抗 $W_a =(1-j)\sigma_a/\omega^{1/2}$，其中带下角"a"标记的参数都与吸脱附过程有关。

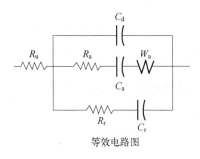

等效电路图

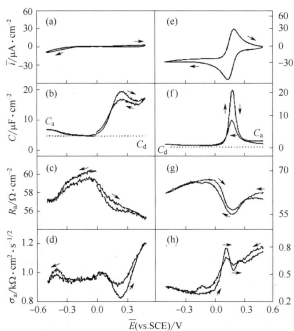

图 7-32　Au 膜吸脱附 Cl^- 的极化曲线 [（a）和（e）为 5mV/s] 及其同时测定的阻抗参数曲线（引自文献[84]）

（a～d）溶液 50mmol/L NaCl；（e～h）50mol/L NaCl+0.5mmol/L $Fe(CN)_6^{3-/4-}$

频率 100Hz

从极化曲线（a）和（e）看，在扫描电位（-0.6~0.6V）范围中，含 Cl^- 溶液几乎表现出理想极化电极的特征，电流非常小；加入 $Fe(CN)_6^{3-/4-}$ 后的 CV 曲线似乎也正常。

从阻抗参数电位分布曲线（b）~（d）和（f）~（h）看，在电位范围-0.6~0.6 V 中有较大的变化，但大多数在正扫与逆扫过程中的趋势基本相同。在 0V 以上，C_a 和 W_a 明显增大，R_a 则减小。

在加入 $Fe(CN)_6^{3-/4-}$ 后，吸附过程的电阻 R_a 和电容 C_a 也表现出电极反应 $Fe(CN)_6^{3-}+e^- \rightleftharpoons Fe(CN)_6^{4-}$ 的分布特征，且 R_a 总体增大，W_a 绝对值变小；逆扫过程中 C_a 的最大值仅为正扫的一半，同时整体压低了扫描电位范围中的电层电容 C_d 和 Cl^- 的吸附电容 C_a。

（7）普鲁士蓝修饰电极薄膜的三维 EIS

普鲁士蓝（Prussian blue，PB）修饰电极薄膜具有明显的电致变色现象，能够在普鲁士白（Prussian white，PW）、柏林绿（Berlin green，BG）等三种颜色之间可逆转变：

$$K_2Fe^{II}Fe^{II}(CN)_6 \rightleftharpoons KFe^{II}Fe^{III}(CN)_6 \rightleftharpoons Fe^{III}Fe^{III}(CN)_6$$

      PW（白色）   PB（蓝色）   BG（绿色）

图 7-33 是在导电玻璃（ITO）上沉积 150s 得到的 PB 修饰电极薄膜（约 11μm）在电化学变色过程中的 EIS 三维分布情况，从中可以看到 PB 的阻抗 $\lg Z$ 和相位 P 随角频率 $\lg \omega$ 和电位 E 的变化关系。其中低频区的 Z-E 变化呈现倒峰状，正好与电流峰的分布相对应，高频区则无此现象。这说明 PB 膜在变色过程中，K^+ 的迁移只能在低频区才能观察到。与 PDEIS 相比，图 7-33 所示的 EIS 三维分布应属准稳态测量，因为在某一电位扫描频率范围的测量时间是比较长的。

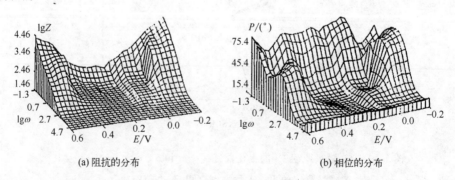

(a) 阻抗的分布   (b) 相位的分布

图 7-33　PB 修饰电极薄膜的阻抗三维 Bode 图（引自文献[85]）

溶液 1mol/L KCl；频率范围 5mHz~100kHz；交流幅值 5mV；参比电极 Ag/AgCl（1mol/L KCl）

7.3
方法 34——阻抗-时间法

阻抗-时间法（impedance-time，IMPT）是测量阻抗随时间变化关系的方法。阻抗测量过程与 IMPF 中单频法类似，只是需要按照时间间隔依次测量，直到时间结束，测量结果有多种显示形式。IMPT 是在固定极化电位和交流频率的不同时间测量阻抗，所以能够从阻抗上反映待测体系（包括仪器）的稳定性。

IMPT 的电位激励波形如图 7-34 所示。

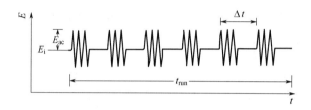

图 7-34　IMPT 的电位激励波形

7.3.1　常见测试界面及参数设置

阻抗-时间法的常见测试界面如图 7-35 所示。

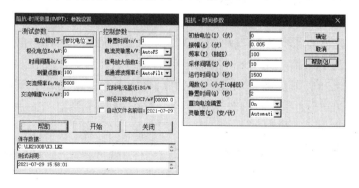

图 7-35　IMPT 的常见测试界面

测试界面中的参数设置范围如下：
- 初始电位 E_i /V：$-10 \sim +10$；
- 交流幅值 V_{sin} /V：0.001（1m）$\sim$ 0.25（250m）；

- 交流频率 f_{ac} /Hz：0.0001（100μ）～100000（100k）；
- 采样间隔 Δt_s /s：5～20000；
- 运行时间 t_{run} /s：100～500000（500k）；
- 累加周数 N_{cyc}（<10Hz）：1～100；
- 静置时间 t_0 /s：0～100000（100k）；
- 直流电流偏置：常关 Off；<100Hz 开；<1Hz 开；<0.01Hz 开；常开 On；
- 电流量程-灵敏度 IV/（A/V）：自动 Auto，10^{-9}（1n）～0.1。

有关说明：

① 测量点数=$t_{run}/\Delta t_s$。

② 每个频率的阻抗测量需要一定时间，如果采样间隔比实际需要采样时间小，那么采样间隔会自动调整。

③ 直流电流偏置与灵敏度范围的选择可参见阻抗-频率法，作用相同。

7.3.2 应用示例

（1）检验仪器

IMPT 法检验仪器是否正常工作与 IMPE 类似，即在固定频率下，一般设置电位为 0V 进行时间扫描。当采用纯电阻测量时，其阻抗（等于阻值）和相位（理论上 $\phi \approx 0°$）均不随时间变化，在 Bode 图上表现出平行于时间轴的直线。

IMPT 是测试电化学工作站稳定性和时间漂移的最好方法之一。

（2）铅合金极化过程中的阻抗变化

铅合金是铅酸蓄电池的关键电极材料，加入合金元素（如 Sn、Ca、Sm 等）对其电化学性能有很大影响。在图 7-36 中，LSV 曲线上 1.07V 电流峰对应于 β-PbO$_2$ 还原为 PbSO$_4$，元素 Sm 的加入显然可以阻止合金表面阳极膜的形成。当铅合金在 1.28V 阳极极化 1h 的过程中，电极表面逐渐生成了氧化膜。阻抗测试结果表明，lgZ' 在开始阶段迅速变小，500s 后趋于稳定；而加入 Sm 后则在极化初期有一个小幅度的上升。

（3）时间分辨动态电化学阻抗谱——不锈钢点蚀过程的阻抗变化

动态电化学阻抗谱（DEIS）与 PDEIS 类似，能够实现时间 ms 分辨的动态电化学阻抗谱测试。图 7-37 是 304 不锈钢在发生点蚀过程中的阻抗及其随时间的变化。从中可以看出，在 50s 内，极化电流和电容总体从小到大，但内部活性点蚀的电荷转移电阻则反之。但在初期 2s 内表现出了不锈钢点蚀过程的随机性与波动情况。

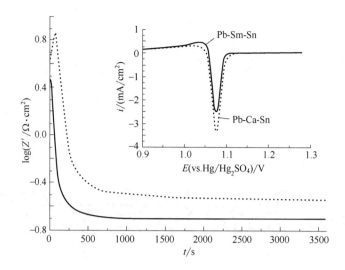

图 7-36　铅合金 1.28V 极化时的阻抗随时间的变化（引自文献[86]）

溶液 4.5mol/L H_2SO_4；f=1kHz；插图是极化后还原的 LSV 曲线，v=1mV/s

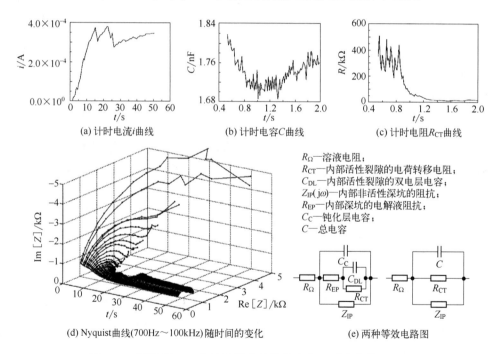

(a) 计时电流 i 曲线　　　(b) 计时电容 C 曲线　　　(c) 计时电阻 R_{CT} 曲线

R_Ω—溶液电阻；
R_{CT}—内部活性裂隙的电荷转移电阻；
C_{DL}—内部活性裂隙的双电层电容；
$Z_{IP}(j\omega)$—内部非活性深坑的阻抗；
R_{EP}—内部深坑的电解液阻抗；
C_C—钝化层电容；
C—总电容

(d) Nyquist 曲线(700Hz～100kHz)随时间的变化　　　(e) 两种等效电路图

图 7-37　不锈钢 304 点蚀过程中的阻抗变化（引自文献[87]）

溶液 0.5mol/L NaCl；控制电位 560mV（vs. Ag/AgCl）；交流幅值 6mV；电极面积 $3.14×10^{-2}mm^2$

附录
EIS 阻抗拟合软件简介

一、概述

EIS 的测试离不开等效电路分析软件。大多数电化学工作站都带有自己的阻抗拟合功能，如：美国 PAR 电化学工作站配套有 ZsimpWin；德国 Zahner 电化学工作站配套有 Thales；瑞士 Autolab 电化学工作站配套有 NOVA；美国 Gamry 电化学工作站软件 DigiElch 等。通用的阻抗拟合分析软件主要 ZView、EIS Spectrum Analyser 等，前者较为普及，后者简单实用。

美国 Gamry 电化学工作站的阻抗拟合界面如下：

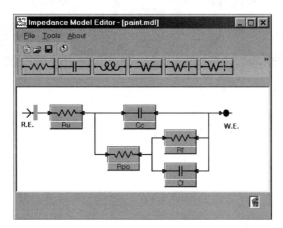

等效电路模型的输入

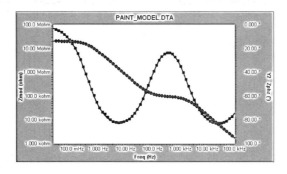

阻抗 Bode 图的拟合情况

二、ZView 软件简介

ZView 是由美国 Scribner Associates Inc.公司于 1988 年开发的一款小巧且功能强大的 EIS 拟合软件，历经三十多年的不断改进，其网站上曾经号称最普及或最强大：

这可能与 ZView（V3）以前曾经免费普及有关。目前已发展到 ZView4，但需购买 USB 授权加密狗。

网络上可以见到很多有关 ZView 的具体操作方法，故在此仅就 ZView 的特点进行介绍。

1. 启动界面

ZView2 是绿色软件，将其复制到 PC 计算机上，找到目录中的"ZView2.exe"即可使用。软件启动后的界面如下图所示：

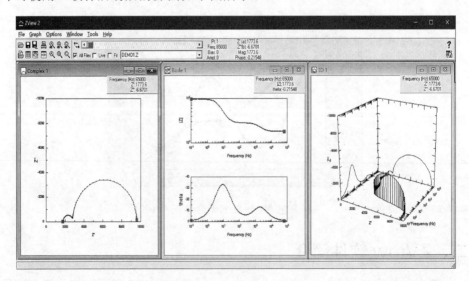

界面主要包括四个部分，分别是菜单栏、工具栏、阻抗 Nyquist 图形区、阻抗 Bode 图形区、3D 图形图区（f - Z' - Z''）。

工具栏的主要功能按钮如下所示：

打开   查看   编辑   进行   自动
数据文件   阻抗数据   等效电路   即时拟合   调整坐标

2. 导入阻抗数据

阻抗数据需按照"频率""实部""虚部"共三列保存为文本文件（*.txt）。ZView4 则可兼容多种电化学工作站厂家的阻抗数据文件格式，详见下图。

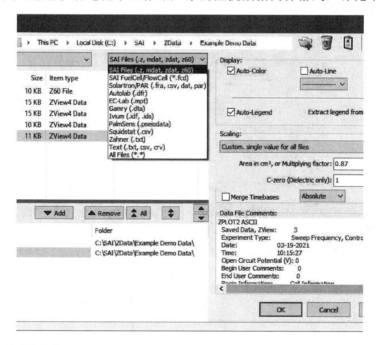

3. 作图功能

ZView 具备基本的作图功能，画图颜色、数据点标记、连线等需要在打开数据文件时设置（自动/手动），其大小调整则在文件"File"—页面设置"Page Setup"中进行。

若导出数据，则可利用 Origin、Excel 等专业作图软件进一步加工。

4. 即时拟合

即时拟合"Instant Fit"：ZView2 列出了 6 个最常见的等效电路可供选择

（ZView4 增加了 2 个含电感的），对应界面如下所示：

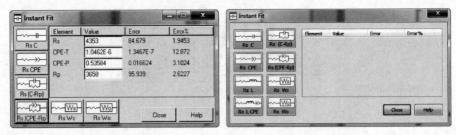

ZView2 即时拟合界面　　　　　　　　　ZView4 即时拟合界面

5. 扩展测量

ZView 配套的 Zplot 软件可以连接多种电化学工作站或恒电位仪进行电化学阻抗测试，如下所示：

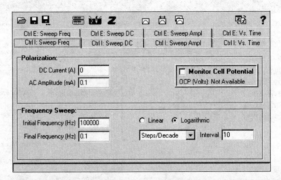

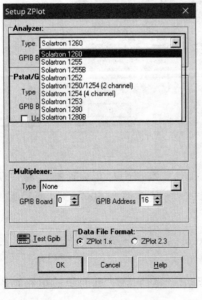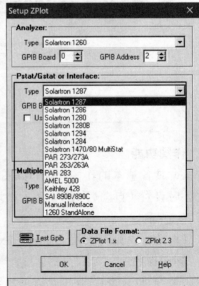

三、EIS Spectrum Analyser 软件简介

EIS Spectrum Analyser 1.0（2001～2013）是免费绿色软件，由白俄罗斯国立大学（Belarusian State University）物理化学专题研究所 Ragoisha 教授主持开发。程序操作简单，自带 110 多个常见的等效电路（按照 2～11 个组成元件分类，对初学者十分方便）；有四种迭代算法可供选择，附带的几个典型示例对练习程序很有帮助；但图形功能较弱，如 Bode 图只能阻抗/相位单图显示。

本节主要介绍 EIS Spectrum Analyser 软件的使用要点，详细内容可以参见在线帮助。

1. 阻抗数据文件准备

EIS Spectrum Analyser 的阻抗数据文件是文本文件(*.txt)，格式较为特殊。准备数据文件时，最好使用 Excel 配合完成。具体格式为（阻抗单位 Ohm，频率单位 Hz）：

N（阻抗数据点数）

$$
\begin{array}{ccc}
Z_1' & -Z_1'' & f_1 \\
\vdots & \vdots & \vdots \\
Z_N' & -Z_N'' & f_N
\end{array}
$$

2. 软件的启动

EIS Spectrum Analyser 是绿色软件，无需安装，在文件夹中直接双击"eissa1.exe"即可启动。主界面及其相关信息如下：

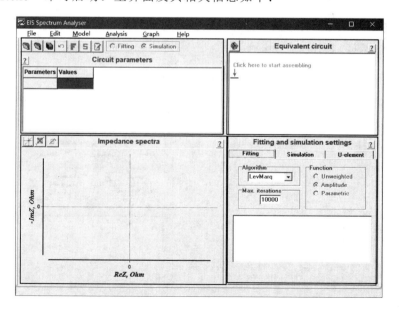

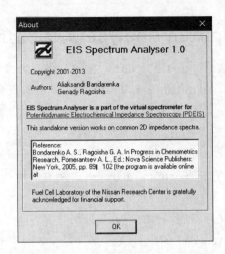

主界面上除了菜单和工具栏以外，具体包括四个区域：

左上：电路元件及其参数（勾选"Fix"可固定此参数不参加迭代循环）。

左下：阻抗谱（只显示：Nyquist 复数平面图、阻抗 Bode 图或相位 Bode 图）。

右上：等效电路图形（可编辑或选择电路）。

右下：拟合与模拟设置/结果显示。

3. 打开数据或项目

"File"菜单下"Open Data File"可以打开阻抗数据文件（*.txt），自动化坐标显示阻抗图形。从"Open Project"可以打开阻抗拟合的项目文件（*.eis），自动化界面全部内容。如分别打开"R-RC-RC-RC.txt"和"R-RC-RC-RC.eis"，显示结果如下：

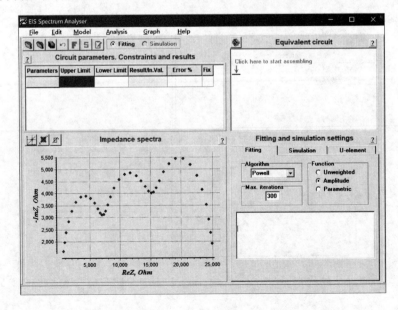

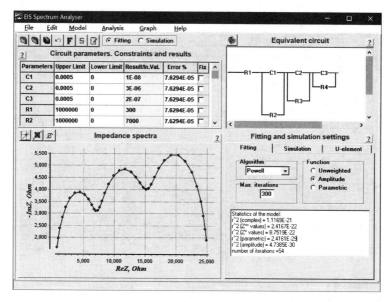

提示：打开项目文件显示后，如再打开数据文件，则只更新图形显示，其余保持不变！

4．构建等效电路模型文件

（1）选择库中等效电路

点击等效电路图形编辑区域上方的图标 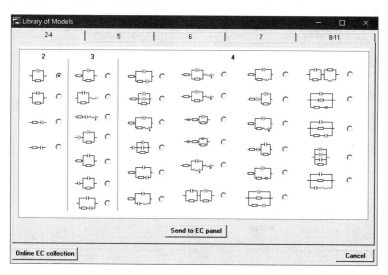 或从菜单选择"Model"→ "Libaray of Model"，出现如下电路库。从中选择所需要电路，并按"Send to EC panel"即可把此电路发送到电路显示区。这种方法一般可以满足大多数常见阻抗的电路要求，操作十分方便。

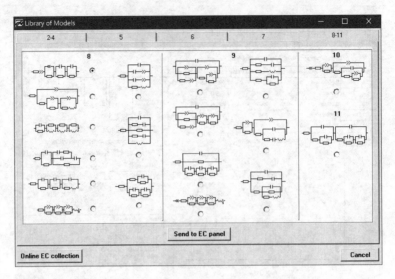

（2）编辑等效电路

当电路库中没有需要的等效电路时就只能自行编辑。具体方法是：在等效电路图形编辑区域，单击蓝色起始线条或某一元件，弹出如下菜单：

- "Series"或"Parallel"：在此元件处添加"串联"或"并联"元件。

- "Edit Element"：选择其他元件替换此元件。

- "Clear Model"：清除整个电路，故需注意随时保存项目文件来保存编辑的等效电路图。

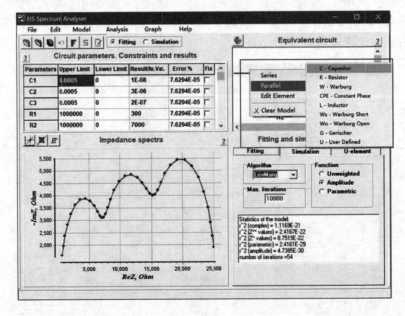

提示：只要在等效电路上添加了一个元件，系统都提供相应的初值范围并可修改。

5. 阻抗曲线的拟合与模拟

阻抗曲线的拟合与模拟都是在给定等效电路模型及其对应元件初值后的数据处理方法。

① 模拟（simulation）。根据选择模型和初值直接叠加显示计算的结果曲线，以方便观察计算结果与实验数据的符合程度，否则可能计算出错，甚至观察不到计算结果曲线。模拟方法可以用来筛选初值。

② 拟合（fitting）。根据选择模型和初值进行自动迭代处理，在满足预先设置的迭代次数或迭代精度情况下停止计算。上次迭代计算的结果就是下次迭代计算的初值。迭代计算最后是否收敛，在模型正确的情况下，多数算法与初值密切相关。

③ 选择算法。提供了以下 4 种算法选择：

a. NM Simp（Nelder-Mead SimpleX，NM 单纯形法）算法。求多元函数局部最小值，不需要函数可导，能较快收敛到局部最小值。属直接搜索算法，也称为简单搜索算法或优化单纯形法，是解决参数估计问题和统计问题的最佳算法之一，Matlab 的 fminsearch 函数即是该算法。此法无需初值。

b. Powell（鲍威尔）算法。又称方向加速法，于 1964 年由 Powell 提出，利用共轭方向加快收敛速度，不需目标函数求导，即使其导数不连续也能应用，是十分有效的直接搜索法（并非下降方向）。此法在循环方向组中矢量系出现线性相关时，计算可能不收敛。

c. LevMarq（莱文贝格-马夸特，Levenberg-Marquardt，LM）算法。带阻尼的高斯-牛顿法，能自动调节增量，使之介于高斯-牛顿法和近梯度下降法。

d. Newton（牛顿）算法。基本算法之一，采用最速下降牛顿算法，收敛速度很快（二阶收敛），属局部收敛；当初值选择不当时，迭代计算可能不收敛。

这些算法各有优缺点：若初值较为准确，则 Newton 法能很快完成；若初值偏离较大，则 Powell 法容易收敛，只是可能稍微慢点。关于不同方法的详细差别，读者可以自行测试之。

④ 数据分段处理方法。以上处理是默认全部阻抗数据，但有时需要进行分段拟合与模拟。此时从菜单"Analysis"中选择"Fragmentary Analysis"，则阻抗图形显示区下方出现左右两个卷动条，分别调节它们，即可选择需要进行处理的数据段。余下步骤则同前面介绍的方法。

6. 目标函数选择

系统可以选择三种目标函数之一用于计算误差（默认幅值权重），如下所示，其中 NM Simp 和 Powell 算法的隐含迭代次数分别是 10000 和 300。

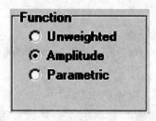

① Unweighted（无权重）——分别计算阻抗实部和虚部的绝对差方和：

$$r_u(\omega, P_1 \cdots P_M) = r_c^2/(N-M)$$

$$r_c^2 = \sum_{i=1}^{N} \left[(Z_i' - Z_{i\,cal}')^2 + (Z_i'' - Z_{i\,cal}'')^2 \right]$$

② Amplitude（幅值权重）——分别计算相对于阻抗幅值平方的实部和虚部的相对差方和：

$$r_a(\omega, P_1 \cdots P_M) = r_c^2/(N-M)$$

$$r_c^2 = \sum_{i=1}^{N} \frac{(Z_i' - Z_{i\,cal}')^2 + (Z_i'' - Z_{i\,cal}'')^2}{Z_i'^2 + Z_i''^2}$$

③ Parametric（参数权重）——分别计算阻抗实部和虚部的相对差方和：

$$r_p(\omega, P_1 \cdots P_M) = r_c^2/(N-M)$$

$$r_c^2 = \sum_{i=1}^{N} \left[\frac{(Z_i' - Z_{i\,cal}')^2 +}{Z_i'^2} + \frac{(Z_i'' - Z_{i\,cal}'')^2}{Z_i''^2} \right]$$

式中，N 是实验数据点数；M 是参数个数；ω 是角频率；$P_1 \cdots P_M$ 是具体的拟合参数。

通过菜单"Analysis"→"Show Residuals"能够显示如下所示的残差分布情况：

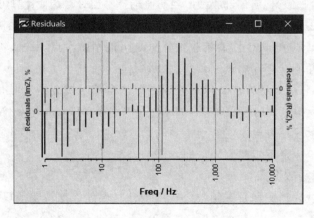

7. 实测阻抗数据的可靠性检验

检验实验测定的阻抗数据是否真实可靠性，有多种方法。相关理论可参考文献[89]，[90]。

EIS Spectrum Analyser 软件提供了如下所示的三种检验方法：线性 K-K 测试、对数 K-K、LOM 分析。分别通过菜单 "Analysis" → "Linear K-K test" "Log-KK" "LOM Analysis" 可以查看。一般而言，残差越小越好。

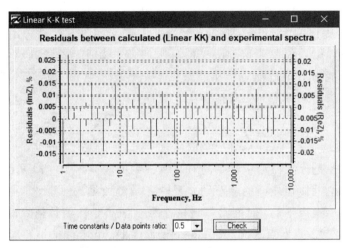

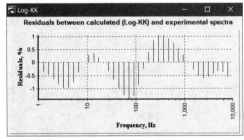

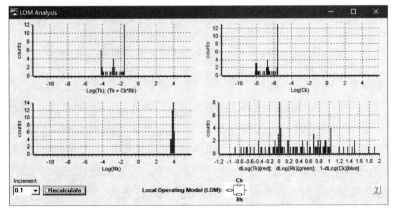

（1）LOM 分析

根据文献[92]提出的"局域运算模型"（local operating model），结合微分阻抗分析法（differential impedance analysis，DIA），有助于直接从实验数据模型识别和结构参数鉴别。

（2）线性 K-K 测试

图示实测阻抗实部（虚部）与（-RC-）模型 Voigt 函数计算阻抗实部（虚部）的残差分布。程序中包含了 Orazem 及其合作者与 Boukamp 等（参见文献[93]，[94]）提出的 Kramers-Kronig 线性 K-K 检验方法。此法采用（-RC-）模型 Voigt 函数拟合代替了 Kramers-Kronig 变换。如果包含合理（-RC-）Voigt 函数模型不能很好地近似等于实测数据，则意味着实测数据是不能进行变换的。具体方法是采用下列公式拟合实测数据：

$$Z'(\omega) = R_s + \sum_{k=1}^{M} \frac{R_k}{1+(\omega\tau_k)^2} \qquad Z''(\omega) = -\sum_{k=1}^{M} \frac{\omega R_k \tau_k}{1+(\omega\tau_k)^2}$$

式中，τ_k 是分布在测量频率的对数范围中的时间常数（$\tau_k=R_kC_k$）。阻抗谱实测值与模型近似值之间的相对残差反映了实测数据的质量。

为了防止噪声平均，时间常数 τ_k 的个数一般小于实测数据点的数量，通过选择"时间常数/数据点之比"（time constants/data points ratio）来实现不同的时间常数的数量。每改变"时间常数/数据点之比"，都要重新点击"Check"按钮才能进行检验。

（3）对数 K-K

图示实验数据阻抗谱模型与计算数据阻抗谱模型之间的残差分布。程序中包含有根据文献[95]提出的近似方法进行对数 Kramers-Kronig 检验。其原理是基于阻抗对数与相角 φ 之间的"两极"（two-pole，即电流/电位）传递函数的相互关联（激励与响应信号之间没有任何延迟），通过实测阻抗与实测相角按下式计算阻抗模值的相对残差及其随角频率关系，实现检验实测数据的有效性：

$$\ln|Z(\omega_o)| \approx \text{const.} + \frac{2}{\pi}\int_{\omega_s}^{\omega_o} \varphi(\omega)\,\mathrm{d}\ln\omega + \gamma\,\mathrm{d}\varphi(\omega_o)/\mathrm{d}\ln\omega_s$$

一般而言，残差图上峰峰值越小，则实测阻抗数据的质量越好。但需注意的是：①由于频率的相移特性和 Log-KK 方法本身的局限性以及实现中的直接数值微积分，即使近乎完美的数据有时也可能产生大的残差图，一般残差小于2%说明数据质量高；②残差图上大的峰峰值可能是噪声产生的。

8. 关于用户自定义元件

此功能拓展了程序的开放性。点击主界面右下方"U-element"可以进行自定义，此时需要分别提供阻抗实部和虚部随角频率 ω 变化等最多五个参数（$P_1,\cdots,P_5$）的表达式：

$$\mathrm{Re}(Z)=f(\omega,P_1,\cdots,P_5)\qquad -\mathrm{Im}(Z)=f(\omega,P_1,\cdots,P_5)$$

程序中的运算符与标准函数表达式包括（pi 为 π）：+、−、*、/、^、exp()、ln()、log()、sin()、cos()、tan()、cot ()、arcsin()、arctan()、arccot()、sinh()、cosh()、tanh()、cotnh()等。也就是说，该软件是通过用户自定义电路的阻抗实部和虚部的具体表达式进行模型输入的。以下界面是含有两个参数（P_1，P_2）的用户自定义元件输入示例：

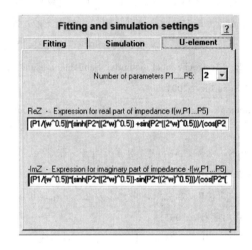

参考文献

［1］张祖训，汪尔康．电化学原理和方法．北京：科学出版社，2000．

［2］张鉴清，等．电化学测试技术．北京：化学工业出版社，2010．

［3］卢小泉，薛中华，刘秀辉．电化学分析仪器．北京：化学工业出版社，2010．

［4］吴守国，袁倬斌．电分析化学原理．2版．合肥：中国科学技术大学出版社，2012．

［5］胡会利，李宁．电化学测量．北京：化学工业出版社，2020．

［6］查全性，等．电极过程动力学导论．3版．北京：科学出版社，2021．

［7］孙世刚，等．电化学测量原理和方法．厦门：厦门大学出版社，2021．

［8］牛利，包宇，刘振邦，等．电化学分析仪器设计与应用．北京：化学工业出版社，2021．

［9］Bard A J，Faulkner L R．Electrochemical methods：Fundamentals and applications．2nd ed．New York：John Wiley & Sons Inc，2001．

［10］Holze R．Experimental electrochemistry：A laboratory textbook．2nd ed．Weinheim：Wiley-VCH，2019．

［11］［美］辛西娅.A.施罗尔，史蒂芬.M.科恩．实验电化学．张学元，王凤平，吕佳，等，译．北京：化学工业出版社，2020．

［12］［美］阿伦.J.巴德，拉黑．R．福克纳．电化学方法——原理和应用．2版．邵元华，等，译．北京：化学工业出版社，2005．

［13］郭鹤桐，姚素薇．基础电化学及测量．北京：化学工业出版社，2009．

［14］曹楚南，张鉴清．电化学阻抗谱导论．北京：科学出版社，2002．

［15］Sayers B．Solartron CellTest® System：Impedance measurement techniques．Solatron Analytical Techical Bulleton，2005．

［16］陈昌国，刘渝萍，吴守国．国内电化学分析测试仪器发展现状．现代科学仪器，2004（6），（3）：8-11.

［17］陈昌国，曹渊．实验化学导论．重庆：重庆大学出版社，2010．

［18］彭军．运算放大器及其应用．北京：科学出版社，2007．

［19］Stratmann L，Heery B，Coffey B．EmStat Pico：支持软件运行的嵌入式小型电化学恒电势器系统化模块．电子产品世界，2020，27（4）：32-36.

［20］孟伟丽．便携式多通道电化学分析仪器的研究．上海：中国科学院大学，2010．

［21］夏勇，杜艳，董晓东，董献堆，朱果逸．USB 插头式微型电化学分析仪的研制及应用．分析化学，2009，37（1）：157-160.

［22］Florence T M．Anodic stripping voltammetry with a glassy carbon electrode mercury-plated in situ．J Electroanal Chem and Interf Electrochem，1970，27：273-281.

[23] Zhang Z X，Ohta S，Shiba S，Niwa O. Nanocarbon film electrodes for electroanalysis and electrochemical sensors. Current Opinion in Electrochem，2022，35：101045.

[24] 薛群基，王立平. 类金刚石碳基薄膜材料. 北京：科学出版社，2016.

[25] Heinze J. Ultramicroelectrodes in electrochemistry. Angew Chem Int Ed，1993，32：1268-1288.

[26] Vilkner T，Janasek D，Manz A. Micro total analysis systems-recent developments. Anal Chem，2004，76（12）：3373-3386.

[27] Zurilla R W，Sen R K，Yeager E. The kinetics of the oxygen reduction reaction on gold in alkaline solution. J Electrochem Soc，1978，125（7）：1103-1109.

[28] Lovric M，Osteryoung J. Linear scan voltammetry at rotating disk electrodes. J Electroanal Chem and Interf Electrochem，1986，197：63-67.

[29] Gao X，White H S. Rotating microdisk voltammetry. Anal Chem，1995，67（22）：4507-4064.

[30] Macpherson J V，Marcar S，Unwin P R. Microjet electrode：A hydrodynamic ultramicroelectrode with high mass-transfer rates. Anal Chem，1994，66（13）：2175-2179 .

[31] 王欢，张勇，冯锐，范海霞，李玉阳，魏琴. 丝网印刷电极在食品安全检测中的应用进展. 分析测试技术与仪器，2012，18（3）：154-158.

[32] 万甡伟，陈家林，李燕华，李俊鹏. 丝网印刷制备银/氯化银电极研究与应用进展. 稀有金属，2021，45（1）：106-116.

[33] 辜敏，李强，鲜晓红，卿胜兰，刘克万. PEG-Cl-添加剂存在下的铜电结晶过程研究. 化学学报，2007，65（10）：881-886.

[34] Shi Q，Hu R Z，Zeng M Q，Zhu M. A diffusion kinetics study of Li-ion in LiV_3O_8 thin film electrode. Electrochim Acta，2010，55：6645-6650.

[35] 孙世刚，王津建. 甲酸在 Pt（100）单晶电极表面解离吸附过程的动力学. 物理化学学报，1992，8（6）：732-735.

[36] Kogoma M，Nakayama T，Aoyagi S. An improved circuit for the galvanostatic double-pulse method. J Electroanal Chem，1972，34（1）：123-127.

[37] 郭兴波，杨桂玲，叶富胜，周雄，戴永年. 用 GITT 测定正极材料 $LiNi_{0.5}Co_xMn_{0.5-x}O_2$ 的 Li^+ 扩散系数. 分子科学学报，2019，35（5）：395-399.

[38] 张昭，张鉴清，李劲风，王建明，曹楚南. 因次分析法在电化学噪声分析中的应用. 物理化学学报，2001，17（7）：651-654.

[39] Gosser D K. Cyclic voltammetry：Simulation and analysis of reaction mechanism. New York：VCH Publisher Inc，1993.

[40] Saveant J M，Vianello E. Potential-sweep chronoamperometry theory of kinetic currents in the case of a first order chemical reaction preceding the electron-transfer process. Electrochim Acta，1963，8：905-923.

［41］Saveant J M，Vianello E. Potential-sweep chronoamperometry: Kinetic currents for first-order chemical reaction parallel to electron-transfer process（catalytic currents）. Electrochim Acta，1965，10: 905-920 .

［42］Wang J，Luo D B，Farias P A M，Mahmoud J S. Adsorptive stripping voltammetry of riboflavin and other flavin analogs at the static mercury drop electrode. Anal Chem，1985，57（1）: 158-162.

［43］Laviron E. Adsorption，autoinhibition and autocatalysis in polarography and in linear potential sweep voltammetry. J Electroanal Chem and Interf Electrochem，1974，52: 355-393.

［44］Hubbard A T，Anson F C. The theory and practice of electrochemistry with thin layer cells// Bard A J. Electroanalytical chemistry. Marcel Dekker，1970，4: 129-214.

［45］Hubbard A T. Study of the kinetics of electrochemical reactions by thin-layer voltammetry. J Electroanal Chem and Interf Electrochem，1969，22: 165-174.

［46］Haiss W，Lackey D，Sass J K，Meyer H，Nichols R J. A determination of copper overlayer structures on Au（111）in the presence of electrolyte additives. Chem Phys Lett，1992，200（4）: 343-349.

［47］Angelstein-Kozlowska H，Conway B E，Sharp W B A. Real condition of electrochemically oxidized platinum surfaces 1. Resolution of component processes. J Electroanal Chem，1973，43（9）: 9-28.

［48］卢国强. C1 分子电化学吸附和反应的表面过程研究——从铂单晶表面到纳米薄层过渡金属表面. 厦门: 厦门大学，1997.

［49］陈昌国，黄宗卿. 银电极表面氧化物的形成与转变. 物理化学学报，1992，7（1）: 1-3.

［50］Xie Q，Pérez-Cordero E，Echegoyen L. Electrochemical detection of C_{60}^{6-} and C_{70}^{6-}: Enhanced stability of fullerides in solution. J Am Chem Soc，1992，114（10）: 3979-3780.

［51］李小芳，张亚利，孙典亭，焦奎. 甲醇、甲醛和甲酸在碳载纳米 Pt 电极上的催化氧化. 青岛大学学报（工程技术版），2004，19（1）: 47-49.

［52］Sun S G，Chen A C，Huang T S，Li J B，Tian Z W. Electrocatalytic properties of Pt（111），Pt（332），Pt（331）and Pt（110）single crystal electrodes towards ethylene glycol oxidation in sulphuric acid solutions. J Electroanal Chem，1992，340: 213-226.

［53］丁俊生，张祖训. 超微盘电极多时域示差阶梯伏安法可逆波理论. 分析化学，1992，20（8）: 888-892.

［54］谢天尧，莫金垣. 阶梯扫描伏安法与线性扫描伏安法相关性的理论研究——简单可逆体系. 分析化学，1996，24（1）: 29-35.

［55］Seland F，Tunold R，Harrington D A. Activating and deactivating mass transport effects in methanol and formic acid oxidation on platinum electrodes. Electrochim Acta，2010，55:

3384-3391.

［56］Zlatev R K，Stoytcheva M S，Salas B V，Magnin J P，Ozil P. Simultaneous determination of species by differential alternative pulses voltammetry. Electrochem Comm，2006，8：1699-1706.

［57］刘迎红，郝海玲，刘快之，齐秀丽. 维生素 A 的微分脉冲伏安法测定. 河南大学学报，2000，30（2）：68-70.

［58］陈小印，王宗花，张菲菲，朱玲艳，李延辉，夏延致. 聚对氨基苯磺酸/碳纳米管复合膜修饰电极对尿酸与抗坏血酸的同时测定. 分析测试学报，2010，29（1）：6-11.

［59］Kounaves S P，O'Dea J J，Chandresekhar P，Osteryoung J. Square wave voltammetry at the mercury film electrode：Theoretical treatment. Anal Chem，1986，58（4）：3199-3202.

［60］Whelan D P，O'Dea J J，Osteryoung J，Aoki K. Square wave voltammetry at small disk electrodes：Theory and experiment. J Electroanal Chem and Interf Electrochem，1986，202（1-2）：23-36.

［61］何佩鑫，陈晓明. 差分三角波交流伏安法. 复旦大学学报，1990，29（2）：203-207.

［62］Bond A M. Cyclic fundamental and second harmonic a.c. voltammetry with phase-selective detection. J Electroanal Chem and Interf Electrochem，1974，50：285-291.

［63］李明华，赵常志，蒙毅，徐福海. 聚色氨酸膜电极相敏交流伏安法测定肾上腺素. 分析试验室，2006，25（4）：5-8.

［64］Tan S Y，Unwin P R，Macpherson J V，Zhang J，Bond A M. Probing electrode heterogeneity using Fourier-transformed alternating current voltammetry：Application to a dual-electrode configuration. Anal Chem，2017，89：2830-2837.

［65］Clarke A P，Jandik P，Rocklin R D，Liu Y，Avdalovic N. An integrated amperometry waveform for the direct，sensitive detection of amino acids and amino sugars following anion-exchange chromatography. Anal Chem，1999，71：2774-2781.

［66］丁永胜，牟世芬. 氨基酸的直接分析方法——离子交换色谱-积分脉冲安培法. 分析仪器，2001（2）：45-47.

［67］Strunz W. Artefact：Appearance and reality in impedance spectroscopy-detection and prevention of artefacts in impedance measurements. Kronach Impedance Days，2009，Practical Course 5.

［68］Zahner. Thales manual——Electrochemical impedance spectroscopy. 2008.

［69］Mirabedini S M，Thompson G E，Moradian S，Scantlebury J D. Corrosion performance of powder coated aluminium using EIS. Prog in Org Coatings，2003，46：112-120.

［70］钱建刚，李荻，王纯，郭宝兰. 镁合金阳极氧化膜腐蚀过程的电化学阻抗谱研究. 稀有金属材料与工程，2006，35：1280-1284.

［71］Keddam M，Mattos O R，Takenouti H. Reaction model for iron dissolution studied by electrode impedance I . Experimental results and reaction model. J Electrochem Soc，1981，128（2）：257-266.

［72］庄全超，魏涛，魏国祯，董全峰，孙世刚. 尖晶石 LiMn$_2$O$_4$ 中锂离子嵌入脱出过程的电化学阻抗谱研究. 化学学报，2009，67（19）：2184-2192.

［73］Chen C G，Li L G，Si Y J，Liu Y P. AC impedance characteristics of capacitively coupled contactless conductivity detector cell in capillary electrophoresis. Electrochim Acta，2009，54：6959-6962.

［74］曲涛，田彦文，翟玉春. 采用 PITT 与 EIS 技术测定锂离子电池正极材料 LiFePO$_4$ 中锂离子扩散系数. 中国有色金属学报，2007，17（8）：1255-1259.

［75］Xie J，Kohno K，Matsumura T，Imanishi N，Hirano A，Takeda Y，Yamamoto O. Li-ion diffusion kinetics in LiMn$_2$O$_4$ thin films prepared by pulsed laser deposition. Electrochim Acta，2008，54：376-381.

［76］邵素霞，朱振东，王蓉蓉，彭文. 三种方法测定电极材料的扩散系数. 电池，2021，51（6）：577-581.

［77］陈长风，姜瑞景，张国安，郑树起. 双极性半导体钝化膜空间电荷电容分析. 物理化学学报，2009，25（3）：463-469.

［78］Ragoisha G A，Bondarenko A S. Potentiodynamic electrochemical impedance spectroscopy for solid state chemistry. Solid State Phenom，2003，90-91：103-109.

［79］Ragoisha G A，Bondarenko A S. Potentiodynamic electrochemical impedance spectroscopy. Electrochim Acta，2005，50：1553-1563.

［80］赵景茂，谷丰，赵旭辉，左禹. 铝阳极氧化膜的半导体特性. 物理化学学报，2008，24（1）：147-151.

［81］张俊喜，乔亦男，曹楚南，张鉴清，周国定. 不锈钢载波钝化膜的半导体性质. 化学学报，2002，25（1）：30-36.

［82］Wang Q J，Zheng M S，Zhu J W. Semi-conductive properties of passive films formed on copper in chromate solutions. Thin Solid Films，2009，517：1995-1999.

［83］Feller H G，Ratzer-Scheibe H J，Wendt W. Anodic dissolution of Ni in 1 N H$_2$SO$_4$ studied by dynamic impedance measurements. Electrochim Acta，1972，17：187-195.

［84］Emery S B，Hubbley J L，Roy D. Time resolved impedance spectroscopy as a probe of electrochemical kinetics: The ferro/ferricyanide redox reaction in the presence of anion adsorption on thin film gold. Electrochim Acta，2005，50：5659-5672.

［85］Garcia-Jarego J J，Navarro J J，Roig A F，Scholl H，Vicente F. Impedance analysis of Prussian blue films deposited on ITO electrodes. Electrochim Acta，1995，40（9）：1113-1119.

［86］Zhou Y B，Yang C X，Zhou W F，Liu H T. Comparison of Pb-Sm-Sn and Pb-Ca-Sn alloys for the positive grids in a lead acid battery. J Alloys and Comp，2004，365（1-2）：108-111.

［87］Darowicki K，Krakowiak S，Slepski P. The time dependence of pit creation impedance spectra. Electrochem Commun，2004，6（8）：860-866.

［88］Scribner Associates Inc. Impedance/gain phase graphing and analysis software ZView® 4.0, Operating Manual. 2021.

［89］Esteban J M，Orazem M E. On the application of the Kramers-Kronig relations to evaluate the consistency of electrochemical impedance data. J Electrochem Soc，1991，138（1）：67-76.

［90］刘福国，张有慧，马桂君，陆长山. Kramers-Kronig 转换在电化学阻抗中的适用性及应用. 中国表面工程，2009，22（5）：26-30.

［91］You C，Zabara M A，Orazem M E，Ulgu B. Application of the Kramers-Kronig relations to multi-sine electrochemical impedance measurements. J Electrochem Soc，2020，167：020515.

［92］Vladikova D，Stoynov Z. Secondary differential impedance analysis——A tool for recognition of CPE behavior. J Electroanal Chem，2004，572：377-387.

［93］Boukamp B A. A linear Kronig-Kramers transform test for immittance data validation. J Electrochem Soc，1995，142（6）：1885-1894.

［94］Agarwal P，Orazem M E，Garcia-Rubio L H. Application of measurement models to impedance spectroscopy：Ⅲ. Evaluation of consistency with the Kramers-Kronig relations. J Electrochem Soc，1995，142（12）：4159-4168.

［95］Schiller C A，Richter F，Gulzow E，Wagner N. Validation and evaluation of electrochemical impedance spectra of systems with states that change with time. Phys Chem & Chem Phys，2001，3：374-378.